工业和信息化高职高专"十三五"规划教材立项项目

高等职业教育电子技术技能培养规划教材

Gaodeng Zhiye Jiaoyu Dianzi Jishu Jineng Peiyang Guihua Jiaocai

智能楼宇技术

（第3版）

王用伦 邱秀玲 主编 谢扬 叶婧靖 副主编

Intelligent Building Technology

（3rd Edition）

人民邮电出版社

北 京

图书在版编目（ＣＩＰ）数据

智能楼宇技术 / 王用伦，邱秀玲主编. -- 3版. --
北京：人民邮电出版社，2018.6（2024.1重印）
高等职业教育电子技术技能培养规划教材
ISBN 978-7-115-47532-9

Ⅰ．①智… Ⅱ．①王… ②邱… Ⅲ．①智能化建筑－
自动化技术－高等职业教育－教材 Ⅳ．①TU855

中国版本图书馆CIP数据核字(2017)第315565号

内 容 提 要

本书根据智能建筑的发展，全面介绍智能建筑的概念、组成、设计和管理等主要技术。

全书共分 10 章，分别为智能建筑概述、楼宇智能化的关键技术、建筑设备自动化系统、安全防范系统、火灾自动报警系统、通信自动化系统、音频系统、办公自动化系统、综合布线系统和智能建筑系统集成及物业智能化管理等知识。本书从实际应用出发，对楼宇智能化技术所涉及的基本原理和理论做了简要介绍，突出了实际工程所必需的知识和技能。

本书可作为高职高专楼宇自动化技术、电气工程、建筑工程等相关专业的教材，也可作为高等学校本科应用技术相关专业的教材，还可作为从事楼宇智能化工作的工程技术人员的参考书。

◆ 主　　编　王用伦　邱秀玲
　　副 主 编　谢　扬　叶婧靖
　　责任编辑　王丽美
　　责任印制　马振武

◆ 人民邮电出版社出版发行　北京市丰台区成寿寺路 11 号
　　邮编　100164　电子邮件　315@ptpress.com.cn
　　网址　http://www.ptpress.com.cn
　　固安县铭成印刷有限公司印刷

◆ 开本：787×1092　1/16
　　印张：14.5　　　　　　　　　2018 年 6 月第 3 版
　　字数：365 千字　　　　　　2024 年 1 月河北第 14 次印刷

定价：42.00 元

读者服务热线：(010)81055256　印装质量热线：(010)81055316
反盗版热线：(010)81055315
广告经营许可证：京东市监广登字20170147号

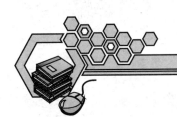

第 3 版前言

随着我国社会主义现代化建设的快速发展和城市化进程的加快,信息化技术已经渗透到各行各业,智能建筑发展势头非常迅猛,智能大厦和智能小区如雨后春笋般遍布全国各地。智能建筑是融合了建筑技术、计算机技术、通信技术和自动控制技术的现代新型建筑,具有强大的生命力和旺盛的发展势头。智能建筑为建筑行业带来了强大的发展空间和技术革命,已经成为新的经济增长点和衡量一个国家经济、技术发展水平的标志。我国智能建筑发展虽然只有短短的 20 多年时间,发展速度却让世界瞩目。社会需要大量的建筑智能化技术人才和日常管理维护人才,为了适应现代化建设发展的步伐,满足应用型人才培训和学习的需要,我们编写了本书。

本书重点介绍了智能建筑所需的基本理论和先进、成熟、实用的相关工程技术,具有很强的实用性。智能建筑是多种学科、多种技术的交叉融合,本书力求用较少的篇幅把基本原理讲清,并将重点放在实际应用上,以方便工作在第一线的设计、施工、管理、运行、维修人员熟悉和掌握相应的高新技术知识和技能。

本书在第 2 版的基础上进行了适应教学改革需要的改编。根据高等职业教育的特点和需要,结合最新的国家标准,本版突出了理论与实践相结合,充实了理论知识,增加了很多的实物图片,以便学生理解认识。为了强化学生职业技能的培养,本书还增加了实训内容,并根据智能建筑新技术的发展,介绍了一些新内容。

为了加深学生对知识、技能的理解与掌握,本书在每章后面都给出了复习与思考题,并介绍了一些工程实例,以供读者参考。

本书由王用伦、邱秀玲任主编,谢扬、叶婧靖任副主编。其中,第 1 章、第 3 章、第 10 章由王用伦编写,第 2 章、第 4 章、第 7 章由邱秀玲编写,第 6 章、第 9 章由谢扬编写,第 5 章、第 8 章由叶婧靖编写,全书由王用伦统稿。

本书参考了有关楼宇智能化技术方面的国家标准和相关的书刊资料,引用了部分参考文献的内容,在此谨向这些书刊资料的作者表示衷心的感谢!

由于编者水平有限,加之楼宇智能化技术的发展日新月异,很多理论和工程技术问题还需要进一步研究,书中不足之处在所难免,敬请广大读者批评指正。

编　者
2017 年 8 月

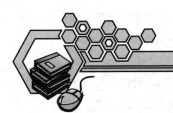

目　录

第1章
智能建筑概述

1.1 智能建筑的概念

随着科学技术的迅猛发展，世界迎来了信息时代。作为信息时代高新科技和建筑技术相结合的产物，智能建筑应运而生。

智能建筑（Intelligent Building，IB）也称智能大厦、智能楼宇，它是将建筑技术、通信技术、计算机技术和自动控制技术等各方面的先进科学技术相互融合、合理集成为最优化的整体，具有工程投资合理、设备高度自动化、信息管理科学、服务高效优质、使用灵活方便和环境安全舒适等特点，是能够适应信息化社会发展需要的现代化新型建筑。

智能建筑的概念在 20 世纪 70 年代末诞生于美国。1984 年 1 月，由美国联合科技集团（UTBS）在美国康涅狄格州（Connecticut State）哈特福德市（Hartford City）建成了名为"都市大厦"的世界第一幢智能建筑。这座大楼是一座出租型大楼，为了实现"办公高效、工作环境舒适安全及具有经济性"的目标，它将一幢旧金融大厦进行改建，楼内主要增添了计算机、数字程控交换机等先进的办公设备和高速通信线路等基础设施。大楼的客户不必购置设备就可以进行语音通信、文字处理、电子邮件传递、情报资料检索、市场行情查询和科学计算服务等。此外，大楼里的暖通空调、给排水、供配电、照明、保安、消防、交通等系统均由计算机控制，实现了自动化综合管理，使用户感到非常安全、舒适和方便，这引起了人们的关注，从而第一次出现了"智能建筑"这一名称。都市大厦的建成，可以说是完成了传统建筑与新兴信息技术相结合的尝试。从此，智能建筑在美国、日本、欧洲及世界其他国家和地区蓬勃发展。根据统计，美国新建和改造的办公大楼约71%是智能建筑，智能建筑的数量已经过万。日本从 1985 年开始建设智能建筑，并制订了一系列的发展计划，成立了智能化组织；新加坡计划建成"智能城市花园"；印度计划建设"智能城"；韩国计划将其半岛建成"智能岛"。

对于智能建筑，目前各国没有统一的定义。我国国家标准《智能建筑设计标准》（GB 50314—2015）规定智能建筑的含义：以建筑物为平台，基于对各类智能化信息的综合应用，集架构、系统、应用、管理及优化组合为一体，具有感知、传输、记忆、推理、判断和决策的综合智慧能力，形成以人、建筑、环境互为协调的整合体，为人们提供安全、高效、便利及可持续发展功能环境的建筑。

信息设施系统（Information Technology System Infrastructure，ITSI）是为满足建筑物的应用与管理对信息通信的需求，将各类具有接收、交换、传输、处理、存储和显示等功能的信息系统整合，形成建筑物公共通信服务综合基础条件的系统。

信息化应用系统（Information Technology Application System，ITAS）是以信息设施系统和建筑设备管理系统等智能化系统为基础，为满足建筑物的各类专业化业务、规范化运营及管理的需要，由多种类信息设施、操作程序和相关应用设备等组合而成的系统。

建筑设备管理系统（Building Management System，BMS）是对建筑设备监控系统和公共安全系统等实施综合管理的系统。

公共安全系统（Public Security System，PSS）是为维护公共安全，运用现代科学技术，以应对危害社会安全的各类突发事件而构建的技术防范系统或保障体系。

应急响应系统（Emergency Response System，ERS）是为应对各类突发公共安全事件，提高应急响应速度和决策指挥能力，有效预防、控制和消除突发公共安全事件的危害，具有应急技术体系和响应处置功能的应急响应保障机制或履行协调指挥职能的系统。

机房工程（Engineering of Electronic Equipment Plant，EEEP）是为提供机房内各智能化系统设备及装置的安置和运行条件，以确保各智能化系统安全、可靠和高效地运行与便于维护的建筑功能环境而实施的综合工程。

智能化集成系统（Intelligent Integrated System，IIS）是为实现建筑物的运营及管理目标，基于统一的信息平台，以多种类智能化信息集成方式，形成的具有信息汇聚、资源共享、协同运行、优化管理等综合应用功能的系统。

《智能建筑设计标准》（GB 50314—2015）还对 14 类智能建筑（住宅建筑、办公建筑、旅馆建筑、文化建筑、博物馆建筑、观演建筑、会展建筑、教育建筑、金融建筑、交通建筑、医疗建筑、体育建筑、商店建筑、通用工业建筑）的信息设施系统、信息化应用系统、公共安全系统、机房工程等进行了明确规定。

我国智能建筑起步于 20 世纪 80 年代末 90 年代初，1990 年建成的北京发展大厦具有智能建筑的雏形。1993 年建成的广东国际大厦是我国首座智能化商务大厦，它具有比较完善的 3A 系统，即楼宇自动化系统、办公自动化系统、通信自动化系统，通过卫星可以直接接收国外的经济信息，同时还提供了安全、舒适的居住和办公环境。我国智能建筑虽起步较晚，但发展迅猛，令世界瞩目。20 多年来，在北京、上海、广州等大城市，相继建成了若干具有高水平的智能建筑，如北京的京广中心，上海的金茂大厦、上海博物馆，广东的国际大厦等，开创了国内智能建筑的先河。目前，智能建筑和智能小区的建设已经在各大城市和沿海地区蓬勃兴起。智能建筑的建设已经成为一个迅速发展的新兴产业，智能建筑已经成为一个国家综合经济实力的具体表征。

1.2　智能建筑的组成和主要功能

1.2.1　智能建筑的组成

智能建筑主要由楼宇自动化系统（Building Automation System，BAS，也称为建筑设备自动化系统）、办公自动化系统（Office Automation System，OAS）、通信自动化系统（Communication Automation System，CAS）、综合布线系统（Premises Distribution System，PDS）和系统集成中心（System Integrated Center，SIC）5 大部分组成。智能建筑中的 "3A" 是最重要，且是必须具备的基本功能，因此，形成了 "3A" 智能建筑。智能建筑的主要控制设备一般放置在系统集成中心。它通过综合布线系统与各种终端设备，如通信终端（电话机、传真机等）、各种传感器进行连接，"感知" 建筑物内的各种信息，再通过计算机处理后进行相应的控制，使建筑具备所谓的 "智能"。智能建筑的组成如图 1-1 所示。

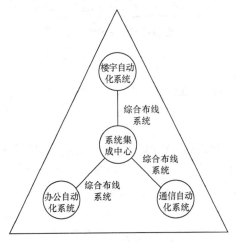

图 1-1　智能建筑的组成

智能建筑的智能等级通常可根据建筑物内智能化子系统设置的内容和设备的功能水平来确定。国家标准《智能建筑设计标准》（GB/T 50314—2006，已废止）把智能建筑划分为甲、乙、丙三级。甲级适用于配置智能化系统标准高而齐全的建筑；乙级适用于配置基本智能化系统而综合性较强的建筑；丙级适用于配置部分主要智能化系统，并有发展和扩充需要的建筑。

智能建筑内各个系统的主要组成部分和基本内容如图 1-2 所示。

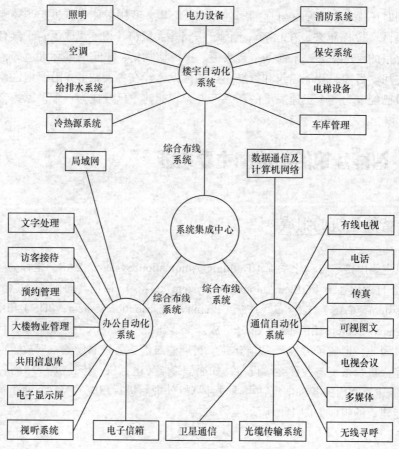

图 1-2　智能建筑的主要组成部分和基本内容

1.2.2　智能建筑的主要功能

1. 楼宇自动化系统

楼宇自动化系统是将建筑物内的供配电、照明、给排水、暖通空调、保安、消防、运输、广播等设备通过信息通信网络组成分散控制、集中监视与管理的管控一体化系统，随时检测、显示其运行参数，监视、控制其运行状态，根据外界条件、环境因素、负载变化情况自动调节各种设备使其始终运行于最佳状态，从而保证系统运行的经济性和管理的科学化、智能化，并在建筑物内形成安全、舒适、健康的生活环境和高效节能的工作环境。

2. 办公自动化系统

办公自动化系统是服务于具体办公业务的人-机交互信息系统，它是把计算机技术、通信技术、系统科学和行为科学应用于现代化的办公手段和措施。它利用先进的科学技术，不断使人的部分办公业务活动物化于人以外的各种设备中，并且由这些设备和办公人员构成服务于某种目标的人-机信息处理系统。其目的是尽可能充分利用信息资源，完成各类电子数据处理，对各类信息进行有效管理，提高劳动效率和工作质量，同时能进行辅助决策。

传统的办公系统和现代化的办公自动化的本质区别就是信息存储和传输的介质不同。传统的办公系统是利用纸张记录文字、数据和图形，利用录音机记录声音，利用照相机或者录像机记录影像。这些都属于模拟存储介质，所使用的各种设备之间没有自动地配合，难以实现高效率的信息处理和传输。而现代化的办公自动化系统是利用计算机把多媒体技术和网络技术结合起来，使信息用数字化的形式在系统中存储和传输，软件系统管理各种设备自动地按照协议配合工作，极大地提高了办公的效率。办公自动化技术的发展将使办公活动朝着数字化的方向发展，最终实现无纸化办公。

3. 通信自动化系统

智能建筑中的通信自动化系统具有对于来自建筑物内外的各种语音、文字、图形、图像和数据信息进行收集、存储、处理和传输的能力，能为用户提供快速、完备的通信手段和高速、有效的信息服务。通信自动化系统包括语音通信、图文通信、数据通信和卫星通信 4 个部分，具体负责建立建筑物内外各种信息的交换和传输。

4. 综合布线系统

综合布线系统是智能建筑物内所有信息的传输通道，是智能建筑的"信息高速公路"。综合布线由线缆和相关的连接硬件设备组成，它是智能建筑必备的基础设施。在 GB 50311—2016《综合布线系统工程设计规范》中，对综合布线的定义：综合布线系统是能够支持电子信息设备相连的各种缆线、跳线、接插软线和连接器件组成的系统，应能支持语音、数据、图像、多媒体等业务信息传递的应用。也就是说，智能建筑中的综合布线是将建筑中的弱电系统——建筑设备自动化系统、安全防范系统、火灾自动报警系统、通信自动化系统、办公自动化系统，采用积木式结构、模块化设计，通过统一规划、统一标准、统一建设实施来满足智能建筑信息传输高效、可靠、灵活性等要求。

从设计和施工上考虑，一般可以把综合布线系统分成 7 个部分，即工作区子系统、配线子系统、干线子系统、管理子系统、设备间子系统、进线间子系统和建筑群子系统。

5. 系统集成中心

系统集成中心是智能建筑的最高层控制中心，监控管理整个智能建筑的运转。系统集成中心具有通过系统集成技术，汇集各个自动化系统的信息，进行各种信息综合管理的功能。系统集成中心通过综合布线系统把智能建筑中的各个自动化系统连接成为一体，同时在各子系统之间建立起一个标准的信息交换平台。系统集成中心通过软硬件把各个分离的设备、功能和信息等集成为一个相互关联、统一和协调的系统，使资源达到充分的共享，从而实现集中、高效和方便的管理和控制。

1.3 智能建筑的技术基础

智能建筑是多种高新技术的结晶，是建筑技术、计算机技术、通信技术和自动控制技术相结合的产物，即所谓的 3C+A 技术（Computer，Control，Communication，Architecture）。其中，建筑提供建筑物环境，是支持平台。计算机技术与通信技术的高度结合提供了信息基础设施。计算机技术与自动控制技术的结合（计算机控制技术）为人们创造了高度安全、感觉舒适、快捷便利、高效节能的工作环境。通信技术和计算机技术的结合（现代通信技术）使多元信息的传输、控制、处理和利用变得便利，而丰富的信息资源，以及完善、快速的信息交换，大大提高了人们的工作效率。

1. 计算机控制技术

计算机控制技术是计算机技术与自动控制技术相结合的产物，是构成楼宇自动化系统的核心技术之一。

计算机控制系统由硬件和软件组成，硬件由执行控制功能的微型计算机与 D/A、A/D 等接口电路、执行装置、被控对象、测量元件和变送单元等组成，如图 1-3 所示。软件是完成控制功能的各种程序。

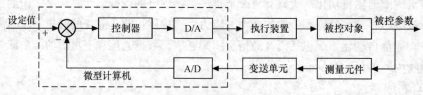

图 1-3　计算机控制系统框图

计算机控制系统的控制过程可归纳为以下步骤。

（1）发出控制初始指令。

（2）数据采集。对被控参数的瞬时值进行检测并发送给计算机。

（3）控制。对采集到的表征被控参数的状态量进行分析，并按给定的控制规律，决定控制过程，适时地对控制机构发出控制信号。

上述过程不断重复，整个系统就能够按照一定的品质指标进行工作，并能对被控参数和设备本身出现的异常状态及时监督并做出迅速处理。由于控制过程是连续进行的，计算机控制系统通常是一个实时控制系统，它能够保证系统始终工作在最佳状态。

计算机控制系统由硬件和软件组成。硬件是指计算机本身及外部设备实体，软件是指管理计算机的系统程序和进行控制的应用程序。计算机控制系统中，硬件是基础，软件是灵魂，只有硬件和软件有机地配合，才能充分发挥计算机控制系统的优势。

智能建筑中的计算机控制系统是集散型监控系统（DCS）。该系统采用具有微内核技术的实时多任务、多用户、分布式操作系统，把多个数据处理装置通过计算机网络有机地连接成为一个具有整体功能的系统，强调的是分布式计算机和并行处理，系统的硬件和软件均采用标准化、模块化、系列化设计，系统的配置具有通用性强、系统组合灵活、控制功能完善、数据处理方便、显示操作简单、人—机界面友好，以及系统安装、调试、维修简单等特点。该系统能够实现硬件和软件资源的共享，具有更快的响应速度、更大的输入/输出能力和更高的可靠性，极大地提高了智能建筑的集中管理能力和系统扩展能力。

2. 现代通信技术

现代通信技术建立在通信技术和计算机技术相结合的基础上，是实现智能建筑内部、智能建筑与外部进行信息交流不可缺少的关键技术。现代通信的内容涵盖了语音通信、多媒体通信、移动通信、卫星通信、计算机网络等。通过综合布线系统，在一个通信网上同时实现语音、数据、图像、文本等信息的传输，通信网络已由模拟走向数字、由单一业务走向综合业务、由服务到家转变为服务到人、由电气通信走向光通信、由封闭式网络结构走向开放式网络结构。由于物联网技术的发展，智能建筑已经实现了从以前的信息连接到现在具体物体的连接，极大地提高了智能化程度和工作效率。

1.4 智能建筑的基本要求和功能特点

1.4.1 智能建筑的基本要求

智能建筑能够为建筑使用人员提供舒适、安全、便利的环境和气氛，有利于提高工作效率，激发人们的创造性。智能建筑提供的是一种优越的生活环境和高效率的工作环境，应具有以下"六性"的基本要求。

（1）舒适性。使在智能建筑中生活和工作的人们，无论是在心理上还是在生理上都感到舒适。

（2）高效性。能够提高办公业务、通信、决策方面的工作效率，节省人力、物力、时间、资源、能耗和费用，提高建筑物所属设备系统使用管理方面的效率。

（3）方便性。除了办公设备使用方便外，还应具有高效的信息服务功能。

（4）适应性。对办公组织结构的改变、办公方法和程序的变更及办公设备的更新变化等，具有较强的适应性；对服务设施的变更稳妥迅速，当办公设备、网络功能发生变化和更新时，不妨碍原有系统的使用。

（5）安全性。除了要保证建筑物内人们生命、财产、信息的安全外，还要防止信息网中发生信息的泄漏和被干扰，特别是防止信息、数据被破坏、删除和篡改，以及系统的非法或不正确使用。

（6）可靠性。具有发现故障早、排除故障快、故障影响小、波及面窄的特点。

智能建筑的安全性、舒适性、方便性和高效性如表 1-1 所示。

表 1-1　　　　智能建筑的安全性、舒适性、方便性和高效性汇总

安全性方面	舒适性方面	方便性和高效性方面
火灾自动报警	空调监控	综合布线
自动喷淋灭火	供热监控	用户程控交换机
防盗报警	给排水监控	VSAT 卫星通信
闭路电视监控	供配电监控	专用办公自动化系统
保安巡更	卫星电缆电视	内联网（Intranet）
电梯运行监控	背景音乐	宽带接入
出/入控制	装饰照明	物业管理
应急照明	视频点播	一卡通

1.4.2 智能建筑的功能

智能建筑应具有以下功能。

（1）智能建筑应具有信息处理功能，而且信息的范围不局限于建筑物内部，还应能够在城市、

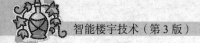

地区或国家间进行。

（2）智能建筑应能对建筑物内照明、电力、暖通、空调、给排水、防灾、防盗、运输设备等进行综合自动控制，使其能够充分发挥效力，实现舒适安全、节能环保。

（3）智能建筑应能够实现各种设备运行状态监视和统计记录的设备管理自动化，并实现以安全状态监视为中心的防灾自动化。

（4）建筑物应具有充分的适应性和可扩展性，它的所有功能应能随着技术进步和社会需要而发展。

智能建筑总体功能如表 1-2 所示。

表 1-2　　　　　　　　　　　智能建筑总体功能汇总

办公自动化系统	建筑设备管理系统			通信网络系统
	安全防范自动化系统	火灾自动报警系统	建筑设备自动化系统	
文字处理	出/入控制	火灾自动报警	空调监控	程控电话
公文流转	防盗报警	消防自动报警	冷热源监控	有线电视
档案管理	视频监控		照明监控	卫星电视
电子账务	电子巡更		给排水监控	公共广播
信息服务	停车库管理		电梯监控	公共通信网接入
一卡通				VSAT 卫星通信
电子邮件				视频会议
物业管理				可视图文
专业办公自动化系统				数据通信
				宽带传输

1.4.3　智能建筑的优越性

与普通建筑相比，智能建筑的优越性主要体现在以下几个方面。

（1）提供了安全、健康、舒适和高效便捷的工作、生活环境。智能建筑首先能够确保安全和健康，其消防与安保系统要求智能化；其暖通空调系统能够监测出空气中的有害污染物含量，并能自动消毒，使其成为"安全健康大厦"。智能建筑能对温度、湿度、照度进行自动调节，甚至控制色彩、背景噪声与味道，使人们能像在家里一样心情舒畅，从而大大提高工作效率。

（2）节约能源。在现代化建筑中，空调和照明的能耗很大，约占建筑总能耗的 70%。因此，节约能源是智能建筑必须重视的。在满足使用者对环境要求的前提下，智能建筑应通过其具备的"智慧"，尽可能利用自然光和大气冷量（或热量）来调节室内环境，最大限度地减少能源消耗；还可以按照事先在日历上确定的程序，区分"工作"与"非工作"时间，对室内环境实施不同标准的自动控制，下班后自动降低室内照度与温度、湿度控制标准，已经成为智能建筑的基本功能。利用空调与控制等行业的最新技术，最大限度地节省能源是智能建筑的主要特点之一，其经济性也是智能建筑得以迅速推广的重要原因。

（3）能够满足不同用户的使用要求。智能建筑要求建筑结构必须是开放式、大跨度框架结构，允许用户迅速而方便地改变建筑物的使用功能或重新规划建筑平面。室内办公所需的通信与电力供应具有极大的灵活性，通过综合布线系统在室内的多种标准化的弱电与强电插座，只需改变跳接线，就可以快速改变插座功能，实现用户的要求。在智能建筑中，一天之内使办公环境面目一新已经不足为奇。

（4）节省设备运行维护费用。管理的科学化、智能化，使建筑物内各种机电设备的运行管理、保养维护更加自动化。设备运行维护的经济性主要体现在 3 个方面：一是设备能够正常运行，充分发挥作用就可以降低设备的维护成本；二是由于系统的高度集成，操作和管理也高度集中，人员安排更合理，从而使人工成本降到最低；三是系统的智能化，能够及时发现存在的问题，并及早解决，提高系统的可靠性和经济性。

（5）高新技术的应用能大大提高工作效率。在智能建筑中，由于采用了"3C"高新技术，用户可以通过国际直拨电话、可视电话、电子邮件、电视会议、信息检索与统计分析等多种手段，及时获得全球性金融、商业情报及各种数据库系统中的最新信息。通过国际计算机网络，可以随时和世界各地的企业或机构进行商贸等各种业务活动。快速的信息交换，非常有利于决策和参与竞争，这也是现代化公司或机构竞相租用或购买智能建筑的原因。

（6）为用户提供优质服务。智能建筑由于采用了智能化管理，能够及时、方便、快捷地把相关信息提供给用户，并通过各种自动化手段，方便地完成各种功能，如三表（水、电、气）的自动抄报，通过网络的交费等，方便用户，节省时间，为用户提供优质服务。近年来，物联网应用技术在智能建筑中得到了广泛应用，更是将以前为用户提供的信息服务发展为信息与物体的一体化服务，更加快捷、便利与高效。

1.5 智能建筑的发展趋势

智能建筑的发展是科学技术和经济水平的综合体现，已经成为一个国家综合经济实力的具体表现，也是一个国家、地区和城市现代化水平的重要标志之一。随着社会的进步、科技的腾飞、经济的发展，人们的生活水平日益提高，智能建筑的需求量会越来越大，其发展趋势主要表现在以下几个方面。

（1）智能建筑向规范化方向发展。智能建筑越来越受到政府的高度重视，国家出台了相关政策，制定了相关的规范，使设计、施工有了明确的要求和标准，进一步引导智能建筑向规范化方向发展。

《智能建筑设计标准》（GB 50314—2015）是中华人民共和国住房和城乡建设部 2015 年 3 月 8 日批准发布的国家标准，2015 年 11 月 1 日实施。新版标准在内容上进行了技术提升和补充完善，并按照各类建筑物的功能予以分类，后附各类建筑的智能化系统配置表，相比旧版标准把智能建筑各系统划分甲、乙、丙三级的说明方法，新版标准能更有效地满足各类建筑的智能化系统工程设计要求。

（2）智能建筑正迅速发展成为一个新兴产业。智能建筑因为需要大量的自动化技术和设备，极大地提升了建筑的技术水平，越来越多地得到了各大学、科研单位及有关厂商的密切关注和积极投入。大量智能建筑的建设，已经成为国民经济一个新的增长点，也正在发展成为一个新兴产业。21 世纪，智能建筑将成为建筑业发展的主流。

（3）智能建筑向多元化方向发展。由于用户对智能建筑功能要求有很大的差别，智能建筑正朝多元化发展。例如，智能建筑的种类已经在不断增加，从办公写字楼向公共场馆、医院、宾馆、厂房、住宅等领域扩展。智能建筑也正在向智能小区、智能化城市发展。

智能建筑设计师将根据不同的用户需求，有针对性地设计符合用户要求的智能建筑。例如，智能办公建筑主要提供完善的办公自动化服务、各种通信服务设施，并保证有良好的环境；智能医疗建筑装备完善的计算机设备和通信网络，其综合医疗信息系统可用来进行医疗咨询、远程诊断、药品管理、各种医疗信息管理等；智能住宅侧重于提高住宅安全水平和生活舒适性，需要具备安全防卫自动化、身体健康自动化、家务劳动自动化，以及文化、娱乐、信息自动化等方面的功能。

（4）建筑智能化技术与绿色生态建筑相结合。绿色生态建筑是综合应用现代建筑学、生态学及其他技术科学的成果，它在不损害生态环境的前提下，提高人们的生活质量和环境质量，其"绿色"的本质是物质系统的首尾相接，无废无污，高效和谐，开放式、闭合性良性循环。通过建立建筑物内外的自然空气、水分、能源及其他各种物资的循环系统来进行绿色建筑的设计，并赋予建筑物生态学的文化和艺术内涵。在生态建筑中，采用智能化系统来监控环境的空气、温度、湿度并进行废水、废气、废渣的处理等，为居住者提供自然气息浓厚、方便舒适、节省能源、没有污染的居住环境。

（5）智能化水平不断提高。近年来，随着物联网等新信息技术的发展，各种新技术、新的协议和标准不断出现，充分利用各种新型传感器、无线传输技术和数据处理技术，使智能建筑的系统集成化、管理综合化程度不断提高，有效地提高了智能化水平。

1.6 智能建筑的认识实训

1. 实训目的

参观一个比较典型的公共智能建筑（如博物馆、空港航站楼等），结合实际分析讨论，并与普通建筑进行对比，建立对智能建筑的总体认识。

2. 实训条件

根据实际条件，选择一个具有代表性的智能建筑。

3. 实训内容

（1）结合理论知识，参观考察该智能建筑。

（2）结合实际分析讨论，初步认识智能建筑。

4. 实训要求

（1）记录该智能建筑有哪些智能化系统。

（2）写出参观考察报告。

本章小结

智能建筑是建筑技术、计算机技术、通信技术和自动控制技术相结合的现代建筑，是多种高新技术的结晶。智能建筑由楼宇自动化系统、办公自动化系统、通信自动化系统、综合布线系统和系统集成中心5部分组成。综合布线系统是连接3个自动化系统的"信息高速公路"，系统集成中心把3个自动化系统有机融合。智能建筑为人们提供了安全、舒适、便利、高效的生活环境。智能建筑已经成为一个国家、地区和城市现代化水平的重要标志之一。尽管智能建筑出现的时间不长，但是发展迅猛，目前正向规范化、多元化方向发展，智能化水平也在不断提高。

复习与思考题

1. 什么样的建筑才是智能建筑？
2. 智能建筑是由哪几部分组成的？各自的主要作用有哪些？
3. 与传统建筑相比，智能建筑的优势体现在哪些方面？
4. 智能建筑的支持技术有哪些？
5. 简述智能建筑应具备的"六性"。
6. 简述智能建筑的产生过程及发展趋势。

第2章

楼宇智能化的关键技术

知识目标

（1）了解传感器的作用及组成。

（2）掌握智能楼宇中典型被测量的检测方法。

（3）掌握智能楼宇中典型传感器的应用。

（4）理解执行器的工作，掌握执行器的应用。

能力目标

（1）能够对温度、湿度、压力、流量等智能楼宇中的典型被测量进行测量。

（2）能够运用温度传感器、压力传感器等典型传感器。

（3）能够选用适合的执行器。

2.1 传感器技术及应用

随着现代测量、控制和自动化技术的发展，传感器技术越来越受到人们的重视。特别是近年来，由于科学技术、经济发展及生态平衡的需要，传感器在各个领域中的作用也日益显著。在工业生产自动化、能源、交通、灾害预测、安全防卫、环境保护、医疗卫生等方面所开发的各种传感器，不仅能代替人的感官功能，并且在检测人的感官所不能感受的参数方面创造了十分有利的条件。

从作用来看，传感器实质上就是代替人体的 5 种感觉（视、听、触、嗅、味）器官的装置。智能机器人的作用就是能同时替代、扩展人类的体力劳动和脑力劳动。图 2-1 所示为人类与智能机器人之间的某种对应关系，形象地表达了传感器的作用，即传感器能感知外界各种被测信号。

在微型计算机广为普及的今天，如果没有各种类型的传感器提供可靠、准确的信息，计算机控制就难以实现。

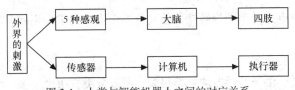

图 2-1　人类与智能机器人之间的对应关系

传感器技术是利用各种功能材料实现现代信息检测的一门应用技术，它是检测（传感）原理、材料科学和工艺加工 3 个要素的最佳结合。传感技术的研究和开发，不仅要求原理正确，选材合理，而且要求有先进、高精度的加工装配技术。

2.1.1　传感器概述

1. 传感器的定义

楼宇智能化技术中，有很多待测量都是非电量，如水位、温度、湿度等，而非电量不能被计算机接收和处理，所以必须先把待测的非电量转换成电量。

国家标准《传感器通用术语》（GB/T 7665—2005）对传感器（Transducer 或者 Sensor）下的定义：能感受被测量并按照一定的规律转换成可用输出信号的器件或装置，通常由敏感元件和转换元件组成。

传感器是一种检测装置，能感受到被测量的信息，并能将检测和感受到的信息，按一定规律变换成电信号或其他所需形式的信息输出，即把各种非电量（包括物理量、化学量、生物量等）按一定规律转换成便于处理和传输的另一种物理量（一般为电量），以满足信息的传输、处理、存储、显示、记录和控制等要求。它是实现自动检测和自动控制的首要环节。

简单地讲，传感器就是将外界被测信号转换为电信号的电子装置。这种发生能量变换的过程称为"传感"，传感器又叫换能器、变换器、探测器或一次仪表。

2. 传感器的组成

传感器一般由敏感元件、转换元件和测量电路 3 个部分组成，有时还需要加辅助电源，如图 2-2 所示。

图 2-2　传感器的组成

（1）敏感元件。在完成非电量到电量的变换时，并非所有的非电量都能利用现有手段直接变换成电量，往往是将被测非电量预先变换为另一种易于变换成电量的非电量，然后再将其变换为电量。能够完成预变换的器件称为敏感元件，又称为预变换器。例如，在传感器中各种类型的弹性元件常被称为敏感元件，并统称为弹性敏感元件。

（2）转换元件。将感受到的非电量直接转换为电量的器件称为转换元件，如压电晶体、热电偶等。

需要指出的是，并不是所有传感器都包括敏感元件和转换元件，如热敏电阻、光电器件等。

（3）测量电路。将转换元件输出的电量变成便于显示、记录、控制和处理的有用电信号的电路称为测量电路。测量电路的类型视转换元件的分类而定，经常采用的有电桥电路及其他特殊电路，如振荡电路等。

3. 传感器的分类及命名

（1）传感器的分类。由于传感器的种类很多，所以分类方法也较多。按能量传递方式可分为有源传感器和无源传感器，按输出信号的性质可分为模拟量传感器和数字量传感器。

最常用的分类方法有两种：第一种是按工作原理分类，如应变式、光电式、电动式、电热式、压电式、压阻式、电感式、电容式、电化学式等；第二种是按被测量分类，如位移传感器、加速度传感器、温度传感器、湿度传感器、流量传感器、压力传感器等。这两种分类方法的共同缺点是都只强调了一个方面，所以在许多场合是将上述两种分类方法综合使用，如应变式压力传感器、压阻式压力传感器等。

（2）传感器的命名

传感器的名称由4部分构成：主题词（传感器，代号C）、被测量（用一个或两个汉语拼音的第一个大写字母标记）、转换原理（用一个或两个汉语拼音的第一个大写字母标记）、特征描述（用阿拉伯数字或阿拉伯数字和字母标记，厂家自定，用来表征产品设计特性、性能参数、产品系列等）。例如，"CWY-WL-10"表示序号为10的电涡流位移传感器，"CY-YZ-2A"表示序号为2A的压阻式压力传感器。

2.1.2 智能楼宇中的典型传感器

智能楼宇中的传感器通常需要将压力、振动、声音、光、位移等转换成相应的电信号，再经过放大、滤波、整形等处理，使其成为易于传输的数字或模拟信号。

目前，常用的传感器主要有温度传感器、湿度传感器、压力传感器、超声波传感器、红外传感器和液位传感器等。

下面介绍几种典型的传感器及其应用。

1. 温度传感器

温度传感器是检测温度的器件，用于测量水管或风管中介质的温度，以此来控制相应的水泵、风机、阀门和风门等执行元件的开度。

（1）定温式探测器。定温式探测器是温度达到或超过预定值时响应的火灾探测器，它有点型和线型两种结构。

① 点型定温式探测器利用双金属片、易熔合金、热电偶、热敏电阻等元件，在规定的温度值上产生火灾报警信号。双金属片定温式探测器是由热膨胀系数不同的双金属片和固定触点组成的，其结构示意如图2-3所示。当环境温度升高时，双金属片由于热膨胀系数不同而向上弯曲，达到一定温度，触点便闭合，输出报警信号。其常用结构形式有圆筒状和圆盘状两种。

② 线型定温探测器是在两根导线之间用一种在常温下呈绝缘特性的材料填充隔离，一旦发生火灾，在失火范围的电缆温度升高到预定值时，该绝缘材料熔化，使两根导线短路而发出报警信号。

（2）差温式探测器。差温式探测器是在规定时间内，火灾引起的温度上升速率超过某个规定值时启动报警的火灾探测器。它也有线型和点型两种结构。线型差温式探测器是根据广泛的热效应而动作的，点型差温式探测器是根据局部的热效应而动作的，主要感温元件是空气膜盒、热敏电阻元件等。

空气膜盒差温式探测器结构示意如图 2-4 所示，感温外罩与底座形成密闭的气室，称感温室。孔径很小的泄漏孔和大气相通，当环境温度缓慢变化时，气室内外的空气通过泄漏孔的调节作用使内外压力保持平衡。如遇火灾，由于升温速率很快，气室内空气来不及外溢迅速受热膨胀，使气室压力增高将波纹片凸起，接通触点发出报警信号。

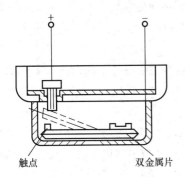

图 2-3　双金属片定温式探测器结构示意

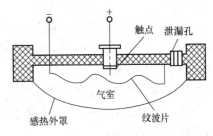

图 2-4　空气膜盒差温式探测器结构示意

（3）差定温式探测器。顾名思义，这是一种兼有差温和定温两种功能的感温式火灾探测器，当其中某一种功能失效时，另一种功能仍能起作用，因而大大提高了可靠性。差定温式探测器一般多为空气膜盒式或热敏电阻等点型的组合式。

（4）感温元件

① 热敏电阻。热敏电阻是敏感元件的一类，其电阻值会随着热敏电阻本体温度的变化呈现出阶跃性的变化，具有半导体特性。

热敏电阻按照温度系数的不同分为正温度系数热敏电阻（简称 PTC 热敏电阻）和负温度系数热敏电阻（简称 NTC 热敏电阻）。正温度系数热敏电阻其电阻值随着 PTC 热敏电阻本体温度的升高呈现出阶跃性的增加，温度越高，电阻值越大。负温度系数热敏电阻其电阻值随着 NTC 热敏电阻本体温度的升高呈现出阶跃性的减小，温度越高，电阻值越小。负温度系数的热敏电阻常用于空调系统的温度测定。

② 热电偶。热电偶也是工业上最常用的温度检测元件之一，其工作原理是基于赛贝克（Seebeck）效应，即两种不同成分的导体两端连接成回路，如果两连接端温度不同，则在回路内产生热电流的物理现象。热电偶的优点如下所述。

a. 测量精度高。因热电偶直接与被测对象接触，不受中间介质的影响，所以其测量精度较高。

b. 测量范围广。常用的热电偶从 -50～$+1\,600$℃ 均可连续测量，某些特殊热电偶最低可测到 -269℃（如镍铬-金铁），最高可达 $+2\,800$℃（如钨-铼）。

c. 构造简单。

2. 湿度传感器

湿度传感器主要用来检测现场的湿度，一般由湿敏元件（湿敏元件多种多样，如氯化锂湿敏元件、半导体陶瓷湿敏元件、热敏电阻湿敏元件、高分子膜湿敏元件等）、控制电路和信号输出 3 部分组成。湿敏元件利用湿敏材料吸收空气中的水分而导致本身电阻值发生变化的原理而制成。

在楼宇控制中，湿度传感器主要用于室内的湿度检测，从而控制加湿阀的启停。

湿度传感器依据所使用的材料不同，分为电解质型、陶瓷型、高分子型和半导体型等。

（1）电解质型湿度传感器。以氯化锂为电解质的湿度传感器为例，它在绝缘基板上制作一对电极，涂上氯化锂盐胶膜。氯化锂极易潮解，并产生离子电导，随湿度升高而电阻减小。

（2）陶瓷型湿度传感器。它一般以金属氧化物为原料，通过陶瓷工艺，制成一种多孔陶瓷，利用多孔陶瓷的阻值对空气中水蒸气的敏感特性而制成。

（3）高分子型湿度传感器。高分子型湿度传感器先在玻璃等绝缘基板上蒸发梳状电极，通过浸渍或涂覆，使其在基板上附着一层有机高分子感湿膜。有机高分子的材料种类有很多，工作原理也各不相同。

（4）半导体型湿度传感器。半导体型湿度传感器所用材料主要是硅单晶，利用半导体工艺制成二极管湿敏元件和金属氧化物半导体场效应晶体管（MOSFET）湿敏元件等。其特点是易于和半导体电路集成在一起。

半导体湿敏元件具有较好的热稳定性，较强的抗沾污能力，能在恶劣、易污染的环境中测得准确的湿度数据，而且有响应快、使用温度范围宽（可在150℃以下使用）、可加热清洗等优点，在实际应用中占有很重要的地位。

3. 压力传感器

能够检测压力值并提供远传信号的装置统称为压力传感器。压力传感器的结构形式多种多样，常见的有应变式、压阻式、电容式、压电式、振荡式等，此外，还有光电式、光纤式、超声式等。现介绍以下几种主要的压力传感器。

（1）应变式压力传感器。各种应变元件与弹性元件配用，组成应变式压力传感器。应变元件的工作原理是基于导体和半导体的"应变效应"，即当导体和半导体材料发生机械变形时，其电阻将发生变化。电阻值的相对变化与应变的关系为

$$\frac{\Delta R}{R} = K\varepsilon \tag{2-1}$$

式中：ε 为材料的应变；K 为材料的电阻应变系数，金属材料的 K 值为 2～6，半导体材料的 K 值可达 60～180。

应变式压力传感器所用弹性元件可根据被测介质和测量范围的不同而采用各种类型，常见的有圆膜片、弹性梁、应变筒等，精度都较高，测量范围可达几百兆帕。

（2）压阻式压力传感器。压阻式压力传感器是基于半导体的压阻效应，它不同于应变式压力传感器所用的半导体型应变元件，而是用集成电路工艺直接在硅平膜片上按一定晶向制成扩散压敏电阻。硅平膜片在微小变形时有良好的弹性特性，当硅片受压后，膜片的变形使扩散电阻的阻值发生变化。其相对电阻变化可表示为

$$\frac{\Delta R}{R} = \pi e \sigma \tag{2-2}$$

式中：πe 为压阻系数；σ 为应力。

压阻式压力传感器的灵敏度高，频率响应好，结构简单，可以小型化，可用于静态、动态压力测量；应用广泛，测量范围有 0～0.0005MPa、0～0.002MPa 和 0～0.210MPa；其精确度为 ±0.02%～±0.2%。

（3）压电式压力传感器。压电式压力传感器是利用压电材料的压电效应将被测压力转换为电

信号的。它是动态压力检测中常用的传感器，不适宜测量缓慢变化的压力和静态压力。

压电效应是指某些介质在力的作用下，产生形变，引起介质表面带电，这是正压电效应；反之，施加激励电场，介质将产生机械变形，称逆压电效应。在正压电效应中，单位面积产生的电荷数与应力成正比；在逆压电效应中，应变与电场强度成正比。

在智能楼宇中，可用压电式玻璃破碎传感器来进行报警，其电路图如图 2-5 所示。对某块玻璃实施冲撞，导致玻璃碎裂或在玻璃上留下一个孔洞（或裂缝），这种结果称为破碎。

把这种基于正压电效应技术与数字信号处理相结合的传感器通过一种黏合剂粘接在玻璃表面上，然后通过电缆和报警电路相连，它能对玻璃破碎时通过玻璃传送的冲击波做出响应。

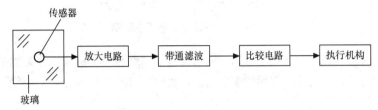

图 2-5 压电式玻璃破碎传感器电路

除易碎的玻璃以外，相类似的振动传感器还可以粘贴在待保护的门、墙、屋顶等物体表面，适当调节灵敏度，确保最佳探测性能和抗误报功能，对于屋外的风、雨或路过汽车等引起的干扰不会产生误报，而对敲击振荡却有极高的灵敏度，发出电信号报警。

为了提高报警器的灵敏度，信号经放大后，需经带通滤波器进行滤波，要求它对选定的频谱带通内衰减小，而带通外衰减要尽量大。由于物体振动的波长在音频和超声波的范围内，这就使带通滤波器成为电路中的关键元件，当传感器输出信号高于设定的值时，比较电路才会输出报警信号，驱动报警执行机构。

另外，有时候也用玻璃破碎的声音和振荡时的次声波来报警。

2.2　智能楼宇中的典型执行器

2.2.1　执行器概述

执行器由执行机构和调节机构组成，它接收来自调节器的调节信号，由执行机构转换成角位移或线位移输出，再驱动调节机构改变被调介质的物质的量（或能量），以达到要求的状态。执行器是自控调节系统中的重要环节。

执行机构与调节机构的连接有直接连接和间接连接两种方式。

（1）直接连接。执行机构一般安装在调节机构（如阀门）的上部，直接驱动调节机构，这类执行机构有直行程电动执行机构、电磁阀的线圈控制机构、电动阀门的电动装置、气动薄膜执行机构和气动活塞执行机构等。

（2）间接连接。执行机构与调节机构分开安装，通过转臂及连杆连接，转臂做回转运动。此类执行机构有角行程电动执行机构、长行程气动执行机构。

按使用的能源种类不同，执行器可分为气动、电动和液动 3 种。智能楼宇的空调系统中常用

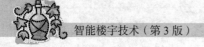

电动和气动两种执行器。

2.2.2　电动执行器

电动执行器的组成一般采用随动系统的方案，如图 2-6 所示。

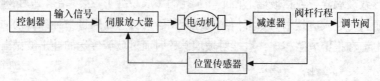

图 2-6　电动执行器随动系统框图

由图 2-6 可见，从控制器来的输入信号通过伺服放大器驱动电动机，经减速器带动调节阀，同时经位置传感器将阀杆行程反馈给伺服放大器，组成位置随动系统，恢复位置负反馈，保证输入信号准确地转换为阀杆的行程。

电动执行机构根据配用的调节机构不同，其输出方式有直行程（见图 2-7（a））、角行程（见图 2-7（b））和多转式 3 种类型。在结构上，电动执行机构除可与调节阀组装成整体的执行器外，常单独分装以适应各方面需要，使用比较灵活。

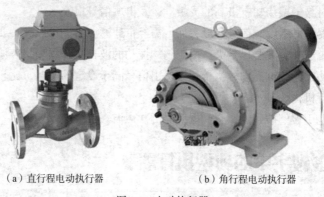

（a）直行程电动执行器　　　　　（b）角行程电动执行器

图 2-7　电动执行器

智能楼宇中，空调、通风控制系统常用的电动执行器有以下几种。

（1）电磁阀。电磁阀是常用的电动执行器之一，其结构简单，价格低廉，结构原理如图 2-8 所示。它利用线圈通电后产生的电磁吸力提升活动铁心，带动阀塞运动控制气体或液体通断。

（2）电动调节阀。电动调节阀在空调控制中使用比较普遍，其基本结构由电动执行机构和调节阀两大部分组成，电动调节阀是以电动机为动力元件，将控制器输出信号转换为阀门开度。它是一种连续动作的执行器。

图 2-9 所示为直线移动的电动调节阀结构原理，阀杆的上端与执行机构相连接，当阀杆带动阀芯在阀体内上下移动时，改变了阀芯与阀座之间的流通面积，即改变了阀的阻力系数，其流过阀的流量也就相应地改变，从而达到了调节流量的目的。

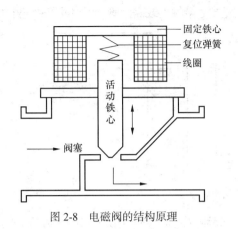

图 2-8　电磁阀的结构原理

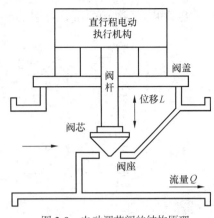

图 2-9　电动调节阀的结构原理

电动调节阀因结构、安装方式及阀芯形式不同，可分为多种类型，以阀芯形式分类，有平板型、柱塞型、窗口型和套筒型等。不同的阀芯结构，其调节阀的流量也不一样。

空调中的调节介质为水和蒸汽，压力较低，使用情况单一，一般采用两通阀和三通阀，如图 2-10 所示。

两通阀：它有直通单座和直通双座两种形式。单座阀适用于低压差场所；双座阀有两个阀芯、阀座，结构复杂，流体作用于上下阀芯的两个推力方向相反，大小近似相等，相互抵消，因此，阀芯的不平衡力非常小，适用于阀前后压差较大的场合。

三通阀：这种阀由 3 个出入口与 3 条管道连接，按作用方式分为合流式和分流式两种。合流式是两路流体汇合成一路，而分流式则是由一路流体分为两路流出。

（a）两通阀　　　　（b）三通阀

图 2-10　两通阀和三通阀

空调中使用合流式三通阀时，是将两种不同温度的水混合成空调中所需要的、介于两种水温之间的某一温度的水，以供温度、湿度调节用。由于这种三通阀有两个入口、一个出口，当两个阀芯同时上下移动时，一路流量增加，另一路流量减少，相当于与两个阀门反并联，并且联动工作。

在实际应用中应了解调节阀的流量特性，根据控制系统的要求选择不同特性的调节阀。调节阀的流量特性是指流过阀门的相对流量值与阀门的相对开度值之间的关系。

（3）风门。在智能楼宇的空调系统和通风系统中，使用较多的执行器还有风门。风门用来精确控制风的流量，其结构原理如图 2-11 所示。

风门由若干叶片组成，当叶片转动时改变风道的等效截面积，即改变了风门的阻力系数，其流过的风量也就相应地改变，从而达到了调节风流量的目的。

叶片的形状将决定风门的流量特性，同调节阀一样，风门也有多种流量特性供应用选择。风门的驱动可以是电动的，也可以是气动的，在智能楼宇中一般采用电动式风门。单叶式蝶阀结构简单，密封性能好；多叶式风阀又分为平行叶片式、对开叶片式及菱形等。菱形风阀是通过改变菱形叶片的张角来调节风量。风门如图 2-12 所示。

（4）电加热器的执行设备。在采用电加热器的空调温度自动调节系统中，执行元件一般是电气控制设备；在采用位式调节的系统中，执行元件为继电器、接触器或晶闸管（可控硅）交流开关等。

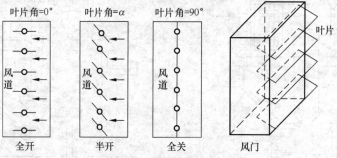

图 2-11　风门的结构原理

由于晶闸管的特性近似于开关特性，所以采用双向晶闸管或者由两个反并联的普通晶闸管组成的交流开关的基本电路很简单。而且，因为晶闸管交流开关具有无触点、动作迅速、寿命长和几乎不用维修等优点，又没有通常电磁式开关的拉弧、噪声和机械疲劳等缺点，所以得到广泛应用。

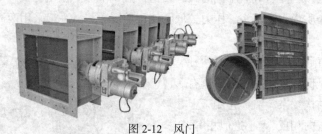

图 2-12　风门

2.2.3　气动执行器

气动执行器就是驱动方式为气动的调节阀。气动调节阀具有结构简单、动作可靠、性能稳定、安全价廉以及维修方便等特点。它可以经电/气转换器或电/气转换阀门定位器与电动调节器配套使用。但由于受气源的限制，气动调节阀在空调中不如电动调节阀应用普遍。

气动调节阀也是由执行机构和调节阀两部分组成的。

执行机构一般分为气动薄膜式和活塞式两种。活塞式输出力大，适用于高静压、高压差、大口径等场合。在空调中一般使用薄膜式气动调节阀。

与执行机构配套的调节阀有气开式和气关式两种。气开式即气动信号压力增大时，阀开启；气关式即在气动信号压力增大时，阀关闭。气开式和气关式是由执行机构的正、反作用及调节阀的正、反方式决定的。

2.3　智能楼宇的检测技术

除传感器外，智能楼宇还需要一定的检测技术，用于有选择地实现信号转换。检测技术就是针对复杂问题的检测方法、检测结构及检测信号处理等方面的综合研究。

2.3.1　温度检测技术

温度反映物体的冷热程度。温度检测原理就是选择合适的物体作为温度敏感元件，其某一物理性质随温度变化而变化的特性为已知，通过温度敏感元件与被测对象的热交换，测量相关的物理量，即可确定被测对象的温度。

温度检测的方式有接触式测温和非接触式测温两大类。采用接触式测温时，温度敏感元件与被测对象有良好的热接触，通过传导或对流进行热交换。但因测温元件与被测介质需要进行充分的热交换，它往往会破坏被测对象的热平衡，存在置入误差，而且需要一定的时间才能达到热平衡，同时受耐高温材料的限制，不能应用于很高温度的测量，如热电阻传感器等。采用非接触式测温时，温度敏感元件不与被测对象接触，而是通过热辐射进行热交换，或者是温度敏感元件接收被测对象的部分热辐射能，由热辐射能的大小推出被测对象的温度，这种方法测温响应快，对被测对象干扰小，可测量高温、运动的被测对象或用于有强电磁干扰、强腐蚀的场合，但受到物体的发射率、测量距离、烟尘和水蒸气等外界因素的影响，其测量误差较大，如红外高温传感器、光纤高温传感器等。

温度检测方法的分类如表 2-1 所示。

表 2-1　　　　　　　　　　　　　　　温度检测方法的分类

测温方法	类　别	原　　理	典型仪表	测温范围/℃
接触式	膨胀类	利用液体、气体的热膨胀及物质的蒸汽压变化	玻璃液体温度计	-100～600
			压力式温度计	-100～500
		利用两种金属的热膨胀差	双金属温度计	-80～600
	热电类	利用热电效应	热电偶	-200～1 800
	电阻类	利用固体材料的电阻随温度而变化	铂热电阻	-260～850
			铜热电阻	-50～150
			热敏电阻	-50～300
	其他电学类	利用半导体器件的温度效应	集成温度传感器	-50～150
		利用晶体的固有频率随温度而变化	石英晶体温度计	-50～120
非接触式	光纤类	利用光纤的温度特性或作为传光介质	光纤温度传感器	-50～400
			光纤辐射温度计	200～4 000
	辐射类	利用普朗克定律	光电高温计	800～3 200
			辐射传感器	400～2 000
			比色温度计	500～3 200

温度检测仪的结构有壁挂式、风道式、水管式等，如图 2-13 所示。

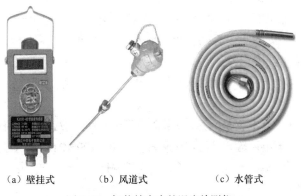

（a）壁挂式　　　　（b）风道式　　　　（c）水管式

图 2-13　智能楼宇中的温度检测仪

图 2-14 所示为 T7420A 快速浸入式温度传感器，用于加热、制冷或生活用热水温度控制，区域性采暖或制冷控制。其工作范围是-10～+110℃，传导延时小于 2s，配有 1m 长的电缆线，它可以将探头直接插入介质。

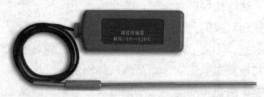

图 2-14　T7420A 快速浸入式温度传感器

2.3.2　湿度检测技术

在智能化楼宇中对湿度的检测主要用于室内外的空气湿度、风道的排风和回风的湿度检测等。

湿度是指大气中所含的水蒸气量。最常用的表示方法有两种，即绝对湿度和相对湿度。绝对湿度是指一定大小空间中水蒸气的绝对含量，用 g/m^3 表示。绝对湿度也可称为水蒸气浓度或水蒸气密度。

绝对湿度可用水蒸气压力表示。设空气中水蒸气密度为 ρ_V，根据理想气体状态方程，得出如下关系式。

$$\rho_V = \frac{p_V M}{RT} \qquad (2\text{-}3)$$

式中：M 为水蒸气的摩尔质量；R 为摩尔气体常数；p_V 为水蒸气压力；T 为热力学温度。

相对湿度为某一被测气压与相同温度下饱和水蒸气压力比值的百分数，常用%RH 表示，这是一个无量纲值。显然，绝对湿度给出了水分在空间的具体含量，相对湿度则给出了大气的潮湿程度，故使用广泛。

湿度的检测方法很多，传统的方法是露点法、毛发膨胀法和干湿球温度测量法。随着科学技术的发展，利用潮解性盐类、高分子材料、多孔陶瓷等材料的吸湿特性可以制成湿敏元件，构成各种类型的湿度检测仪器。

干湿球湿度计的使用十分广泛，常用于测量空气的相对湿度。这种湿度计由两个温度计组成，一个温度计用来直接测量空气的温度，称为干球温度计；另一个温度计在感温部位包有被水浸湿的棉纱吸水套，并经常保持湿润，称为湿球温度计。当棉套上的水分蒸发时，会吸收湿球温度计感温部位的热量，使湿球温度计的温度下降。水的蒸发速度与空气的湿度有关，相对湿度越高，蒸发越慢；反之，相对湿度越低，蒸发越快。所以，在一定的环境温度下，干球温度计和湿球温度计之间的温度差与空气湿度有关。

图 2-15 所示为阿斯曼干湿球湿度计，其外层镀铬，装有两个温度计和一个干湿计，干湿计上配有机械通风设备。

图 2-16 所示为 HM1500 湿度检测器，采用高分子聚合物湿敏元件设计而成，带防护棒式封装，5V 直流供电，1～4V 直流电压输出，湿度量程范围为 0～100%RH，精度为±3%RH，防灰尘，可有效抵抗各种腐蚀性气体物质，具有非常低的温度依赖性。

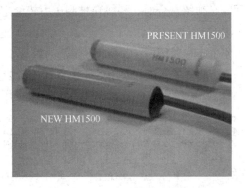

图 2-15　阿斯曼干湿球湿度计　　　　　　　　图 2-16　HM1500 湿度检测器

有时，会把温度和湿度检测功能在一个装置中完成，制成温湿度检测仪器。如 RSB525-4 型温湿度检测器，其测量范围：温度为 0～50℃，精度为±0.5℃；湿度为 0～100%RH，精度为±3%RH；温度的响应时间小于 30s，湿度的响应时间小于 15s，供电电压为+24V，功耗小于 200mW。

智能楼宇空调系统中常用到温湿度检测仪表。

2.3.3　压力检测技术

1. 压力的检测方法及分类

压力定义为垂直均匀地作用于单位面积上的力，通常用 p 表示。主要的压力检测方法及分类有如下几种。

（1）重力平衡方法。重力平衡方法分液柱式压力计和负荷式压力计，前者基于液体静力学原理，利用被测压力与一定高度的工作液体产生的重力相平衡，将被测压力转换为液柱高度来测量，其典型仪表是 U 形管压力计，该压力计读数直观、价格低，但信号不能远传，可以测量压力、负压和压差；后者基于重力平衡原理，其主要形式为活塞式压力计。

（2）机械力平衡方法。这种方法是将被测压力经变换元件转换成一个集中力，用外力与之平衡，通过测量平衡时的外力，再由变送器变成标准输出信号，可以测知被测压力。机械力平衡式仪表可以达到较高精度，但是结构复杂。这种类型的压力变送器、差压变送器在电动组合仪表和气动组合仪表中应用较多。

（3）弹性力平衡方法。这种方法利用弹性元件的弹性变形特性进行测量。被测压力使测压弹性元件产生变形，因弹性变形而产生的弹性力与被测压力相平衡，测量弹性元件的变形大小即可知被测压力。

（4）物性测量方法。此种方法基于在压力的作用下，测压元件的某些物理特性发生变化的原理。

2. 压力检测仪

（1）压力检测仪的选用。压力检测仪的选用依据主要有以下几个方面。

① 控制系统对压力检测的要求。例如，测量精度、被测范围及对附加装置的要求等。

② 被测介质的性质。例如，介质温度高低、黏稠度大小、有无腐蚀和易燃易爆情况等。

③ 现场环境条件。例如，高温、腐蚀、潮湿、振动等。

除此之外，对弹性式压力表，为了保证弹性元件在弹性变形的安全范围内可靠地工作，在选择压力表量程时必须留有余地。一般在被测压力较稳定的情况下，最大压力值应不超过满量程的 3/4；在被测压力波动较大的情况下，最大压力值应不超过满量程的 2/3。为保证测量精度，被测压力最小值应不低于全量程的 1/3 为宜。

（2）压力检测装置的原理。常用的压力自动检测装置原理如图 2-17 所示，它是位移式开环压力变送器。

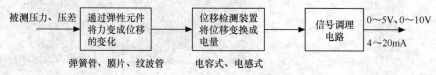

图 2-17　压力自动检测装置原理

在智能化楼宇中，压力的检测主要用于风道静压、供水管压、差压的检测，有时也用来测量液位的高度，如水箱的水位等，大部分的应用属于微小压力的测量，量程在 0～5 000Pa。

图 2-18 所示为 AST4500 压力检测器，其能够提供 700bar（1bar=10^5Pa）压力范围内的测量和 1～5V 及 4～20mA 的输出。

图 2-18　AST4500 压力检测器

2.3.4　流量检测技术

1. 流量及流量的检测方法

流体的流量是指在短暂时间内流过某一流通截面的流体数量与通过时间之比，该时间足够短，以至于可认为在此期间的流动是稳定的。流体数量以体积表示称为体积流量，以质量表示称为质量流量。

流量检测方法可以归为体积流量检测和质量流量检测两种方式。

2. 流量计

（1）流量计的分类。测量流量的仪器称为流量计，流量计种类繁多，适合于不同的工作场合。按照检测原理分类的典型流量计如表 2-2 所示。

表 2-2　　　　　　　　　　　流量计的分类

类　　别		仪表名称
体积流量计	容积式流量计	椭圆齿轮流量计、腰轮流量计、皮模式流量计等
	差压式流量计	节流式流量计、匀速管流量计、弯管流量计、靶式流量计、浮子流量计等
	速度式流量计	涡轮流量计、电磁流量计、超声波流量计等
质量流量计	推导式质量流量计	补偿式质量流量计等
	直接式质量流量计	科里奥利流量计、热式流量计、冲量流量计等

（2）流量计的选用。安装在流通管道中的流量计实际上是一个阻力件，在流体通过流量计时将产生压力损失，这会带来一定的能源消耗，这也是流量计选型时的一个重要指标——压

力损失。

在使用流量计时不仅要考虑控制系统容许压力损失，最大、最小额定流量，使用场所的环境特点及被测流体的性质和状态，而且也要考虑仪表的精度要求及显示方法等。

（3）典型流量计的原理及应用。下面简介几种流量计的原理及应用。

① 容积式流量计。如图 2-19 所示，这种流量计是直接根据排出体积进行流量累计的仪表，它利用运动元件的往复次数或转速与流体的连续排出量成比例，对被测流体进行连续的检测。多数容积式流量计可以水平安装，也可以垂直安装，在流量计上要加装过滤器，调节流量的阀门应位于流量计下游。安装时要注意流量计外壳上的流向标志应与被测流体的流动方向一致。

② 超声波流量计。这种流量计利用超声波在流体中的传播特性实现流量测量。超声波在流体中传播，将受到流体速度的影响，检测接收的超声波信号可以测知流速，从而求得流体流量。超声波流量计可夹装在管道外表面，如图 2-20 所示，仪表阻力损失极小，还可以做成便携式仪表，探头安装方便，可以测量各种液体的流量，

图 2-19　容积式流量计

包括腐蚀性、高黏度、非导电性流体。由于其价格较高，目前多用在不宜采用其他流量计的地方。

③ 差压式流量计。如图 2-21 所示，这种流量计是基于在流通管道上设置流动阻力件，流体通过阻力件时将产生压力差，此压力差与流体流量之间有确定的数值关系，通过测量差压值可以求得流体流量。

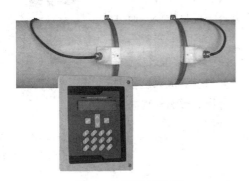

图 2-20　超声波流量计

图 2-21　差压式流量计

2.3.5　液位检测技术

1. 液位检测的方法

液位指设备和容器中液体介质表面的高度。液位检测按测量方式可分为连续测量和定点测量两大类。连续测量方式能持续测量液位的变化；定点测量方式则只检测液位是否达到上限、下限或某个特定的位置，定点测量仪表一般称为液位开关。

按工作原理分类，液位检测方法有直读式、静压式、浮力式、电气式、超声波式等。

（1）直读式液位检测。该检测采用侧壁开窗口或旁通管方式，直接显示容器中液位的高度，方法可靠、准确，但是只能就地指示，主要用于液面不高和压力较低的场合。

（2）静压式液位检测。该检测基于流体静力学原理，容器内的液面高度与液柱重量所形成的静压力成比例关系，当被测介质密度不变时，通过测量参考点的压力可测知液位。此类仪表有压力式、吹气式和差压式等类型。

（3）浮力式液位检测。其工作原理基于阿基米德定律，即漂浮于液面上的浮子或浸入液体中的浮筒，在液面变动时其浮力会产生相应的变化，从而可以检测液位。此类仪表有各种浮子式液位计和浮筒式液位计。

图2-22所示为UHF型磁性浮子式液位计。它是以磁性浮子为感应元件，并通过磁性浮子与显示色条中磁性体的耦合作用，反映被测液位或界面的测量仪表。此液位计和被测容器形成连通器，保证被测量容器与测量管间的液位相等。当液位计测量管中的浮子随被测液位变化时，浮子中的磁性体与显示条上显示色标中的磁性体作用，使其翻转，红色表示有液，白色表示无液，以达到就地准确显示液位的目的。

图2-22　UHF型磁性浮子式液位计

用户还可根据工程需要，配合磁控液位计使用，可就地显示，或输出4～20mA的标准远传电信号，以配合磁性控制开关或接近开关使用，对液位监控报警或对进/出液设备进行控制。

智能楼宇中，给排水系统均接入楼宇自控系统中。常规做法：在生活水箱和污水池中，至少安装两个水位开关（液位传感器）。就生活水箱而言，低位开关动作时应启泵，高位开关动作时应停泵。实际工程中，更多的情况是安装4个水位开关，即增加超高报警和超低报警水位。

（4）电气式液位检测。其检测原理是将电气式液位敏感元件置于被测介质中，当液位变化时，其电气参数如电阻、电容等也将改变，通过检测这些电量的变化可知液位。

（5）超声波式液位检测。图2-23所示为西门子生产的便携式7ML5221超声波式液位计。这种液位计能够连续测量液位，最大量程为12m；使用自动虚假回波抑制技术可避免固定的障碍物的影响，提高声噪比，使精度达到量程的0.15%或6mm；内置的温度传感器可以对不同的温度变化进行补偿。

图2-23　便携式7ML5221超声波式液位计

2. 液位检测的影响因素

在实际的测量过程中，被测对象很少有静止不动的情况，因此会影响液位测量的准确性，影响液位测量的因素对于不同介质各有不同，影响因素包含在液位测量的特点中，具体如下所述。

① 稳定的液面是一个规则的表面，但是当液体流进流出时，会有波浪使液面波动，在某些情况下还可能出现沸腾或起泡沫的现象，使液面变得模糊。

② 大型容器中常会有各处液体的温度、密度和黏度等物理量不均匀的现象。

③ 容器中的液面呈高温、高压、高黏度，或含有大量杂质、悬浮物等。

2.4　智能楼宇中常用物理量的测量实训

1. 实训目的

通过实训，熟悉智能楼宇技术中常用的物理量，掌握其测量方法，掌握这些测量方法中使用的传感器的安装和连接方法。

2．实训条件

智能楼宇实训考核装置 KYL 楼宇自控系列一套。

3．实训内容

（1）传感器的安装与连接。

（2）温度测量。

（3）水位测量。

（4）流量测量。

（5）压力测量。

4．实训方法和步骤

（1）传感器的安装与连接：KYLY-15 楼宇空调监控系统实验实训装置中温度传感器的安装与连接、水阀门驱动器的安装与连接、风门驱动器的安装与连接、压差传感器的安装与连接；KYLY-16 楼宇给排水监控系统实验实训装置中水位传感器的安装与连接；KYLY-21 楼宇冷冻监控系统实验实训装置中水泵及各种传感器的安装与连接。

（2）温度测量：KYLY-15 楼宇空调监控系统实验实训装置中回风温度及室内温度测量；KYLY-17 楼宇暖通监控系统实验实训装置中给水监控系统楼宇热水水温测量；KYLY-21 楼宇冷冻监控系统实验实训装置中水温测量。

（3）水位测量：KYLY-17 楼宇暖通监控系统实验实训装置中楼宇锅炉水位测量。

（4）流量测量：KYLY-21 楼宇冷冻监控系统实验实训装置水流测量。

（5）压力测量：KYLY-21 楼宇冷冻监控系统实验实训装置水压测量；KYLY-17 楼宇暖通监控系统实验实训装置中楼宇锅炉水蒸气压力测量。

5．实训要求

（1）掌握常用传感器的安装和连接。

（2）掌握智能楼宇中常用物理量的测量。

（3）找出回风温度、室内温度、热水温度的测量方法以及使用到的传感器的异同？

（4）写出实训报告。

本章小结

本章主要介绍了智能楼宇中使用的典型的传感器、执行器以及检测技术。

智能楼宇的控制中往往需要检测许多非电量，传感器就可以感受这些非电量的变化并把它们转换成电量，以供后续信号的处理和分析，智能楼宇中常用到的传感器有温度传感器、湿度传感器、压力传感器等。

智能楼宇中需要有相应的检测技术配合上述典型的传感器工作，来实现被测信号的选择、感知、转换和处理。本章简单介绍了智能楼宇相关的温度检测、湿度检测、压力检测、流量检测和液位检测等检测技术。

信号处理完毕后要传递到相应的执行机构和调节机构进行处理，这就是所说的执行器，它是自控调节系统的重要环节，完成被测量的调控，实现所谓的智能化。

复习与思考题

1. 简述智能楼宇空调系统典型的执行器及其应用。
2. 简述温度测量的分类，以及常用的温度测量仪。
3. 简述湿度测量的特点，以及常用的湿度测量方法。
4. 说明超声波流量计的工作原理，并说明超声波流量计的灵敏度与哪些因素有关。
5. 流量检测有哪些方法？
6. 有哪些因素影响液位、压力、温度、湿度的测量？应该如何克服？
7. 常用的液位测量方法有哪些？在智能楼宇中会用到哪些？

第3章

建筑设备自动化系统

知识目标

（1）掌握智能建筑设备自动化系统的组成及功能。

（2）掌握供配电监控系统的组成及功能。

（3）掌握照明监控系统的实现方法。

（4）掌握暖通空调监控系统的组成及工作过程。

（5）掌握智能建筑给排水系统的基本原理及实现。

（6）掌握智能建筑中电梯及停车场的工作原理。

能力目标

（1）会检测供配电监控系统的相关参数。

（2）能够判断、排除照明监控系统的故障。

（3）能够根据环境需要，正确使用暖通空调系统并排除简单故障。

（4）会分析给排水系统。

（5）能正确使用电梯和停车场相关设备，并会排除简单故障。

　　建筑设备是指在建筑物中，为建筑物提供舒适、安全的使用环境和高效、完善的管理功能的各种服务设施和装置。建筑设备功能的强弱、自动化水平的高低是建筑物现代化程度的重要标志。智能建筑设备自动化系统（Building Automation System，BAS）是智能建筑不可缺少的重要组成部分，其任务是对建筑物内部的能源使用、环境、交通及安全设施进行监测、控制与管理，给建筑物的使用者提供一个安全可靠、节约能源、舒适宜人、绿色环保的工作和生活环境。

3.1 建筑设备自动化系统的组成及功能

3.1.1 建筑设备自动化系统的组成

建筑设备自动化系统通常包括建筑物内的供配电、照明、暖通空调、给排水、电梯、停车场、安全防范、消防等子系统。根据我国的行业标准，建筑设备自动化系统又可分为设备运行监测、控制及自动化管理子系统和消防与安全防范子系统，如图 3-1 所示。由于消防与安全防范子系统在建筑物内自成体系，可不纳入建筑设备自动化系统。如果把消防与安全防范系统独立设置，应与监控中心建立通信联系，以便灾情发生时，能够按照预定方案进行控制，进行一体化的协调控制。

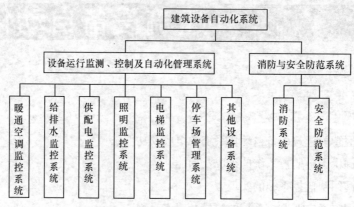

图 3-1　建筑设备自动化系统的组成

3.1.2 建筑设备自动化系统的监控功能

建筑设备自动化系统的监控功能如下。

（1）自动监视并控制智能建筑中的各种机电设备的启动/停止，显示它们的运行状态。

（2）自动检测、显示、打印各种设备的运行参数及其变化趋势或历史数据，如温度、湿度、流量、压差、电流、电压、用电量等。当参数超出正常范围时，自动实现超限报警。

（3）根据外界条件、环境因素、负载变化等情况，自动调节各种设备，使其始终运行在最佳状态。例如，照明系统可以根据室外天气和室内情况，自动调节室内灯光。空调设备可以根据气候变化、室内人员的多少进行自动调节，自动优化到既节约能源又让人感觉舒适的最佳状态。

（4）监测并及时处理各种意外突发事件。如检测到煤气泄漏等偶然事件时，可以按照预先确定的方案及编制的程序进行快速、正确的处理，把事故消灭在萌芽状态，减轻突发事故的损失。

（5）实现对建筑物内各种设备的统一管理、协调控制。例如，火灾发生时，不仅消防系统必须立即自动投入运行，而且整个建筑内的所有相关系统都将自动转换方式，协同工作。供配电系统要立即切断普通电源，确保消防电源；空调系统要自动停止送风，启动排烟风机；电梯系统自动停止使用普通电梯并自动降到底层，自动启动消防电梯；照明系统自动接通事故照明和避难诱导灯；广播系统自动转到紧急广播，指挥人员安全疏散等。整个建筑设备自动化系统将自动实现"一体化"的协调运转，将火灾的损失降到最低。

（6）设备管理。对建筑物内的所有设备建立档案、设备运行报表和设备维修管理等，充分发挥设备的作用，提高使用效率。

（7）能源管理。自动进行对水、电、气等的计量与收费，实现能源管理自动化。自动提供最佳能源控制方案。自动监测、控制用电设备以实现节能，如下班后及节假日室内无人时，自动关闭空调及照明等。

（8）楼宇物业智能化管理。依托 3A 系统和相关的设备系统，实现对业主信息、报修、收费、综合服务等的计算机网络化管理，以完善业主的生活、工作环境和条件，充分发挥智能物业的价值。

3.2 供配电监控系统

供配电监控系统是智能建筑的动力系统，是保证智能建筑各个系统正常工作的充分必要条件。供配电监控系统属于智能建筑中的能效监管系统，它的主要设备包括高压配电和变电设备、低压配电和变电设备、电力变压器、电力参数检测装置、功率因数自动补偿装置、应急备用电源和监测控制装置。供配电监控系统对供配电设备的运行状况进行监测，并对出现的异常情况采取相应的控制，从而保证智能建筑安全、可靠地供电，合理调配用电负荷，最大限度地实现节能。

3.2.1 监控对象

智能建筑供配电监控系统主要用来检测建筑内的供配电设备和备用发电机组与蓄电池组的工作状态及供电质量，一般可以分为以下几部分。

（1）高/低压进线、出线与中间联络断路器状态检测和故障报警设备，电压、电流、功率、功率因数的自动测量、自动显示及报警装置。

（2）变压器二次侧电压、电流、功率、温升的自动测量、显示及高温报警装置，电能计量。

（3）直流操作柜中交流电源主进线开关状态监视设备，直流输出电压、电流等参数的测量、显示及报警装置。

（4）备用电源系统，包括备用发电机组与蓄电池组的启动/停止及供电断路器工作状态的监测与故障报警设备，电压、电流、功率、功率因数、频率、油箱油位、冷却水温度、水箱水位等参数的自动测量、显示及报警装置。

3.2.2 供配电监控系统的功能

（1）检测运行参数。供配电监控系统主要对电气运行参数进行检测，包括高/低压进线电压、电流、有功功率、无功功率、功率因数等参数的检测，变压器温度检测，直流输出电压、电流等参数的检测，备用发电机组与蓄电池组各参数的检测等，并且为正常运行时的计量管理、发生事故时的故障原因分析提供相关数据。

（2）监视电气设备运行状态。供配电监控系统主要对高/低压进线断路器、母线联络断路器等各种类型开关的当前分/合状态、是否正常运行，变压器断路器状态，直流操作柜断路器状态，发电机运行状态等进行监测和故障报警，提供电气主接线图开关状态画面；如果发现故障，则自动报警，并显示故障位置、相关电压、电流等数值。

（3）发生火灾时，供配电监控系统切断相关区域的非消防电源。

（4）对用电量进行统计及电费计算与管理。供配电监控系统主要对建筑物内所有用电设备，包括空调、电梯、给排水、消防等公共用电和照明用电的用电量进行统计和计算，并且实现自动抄表、用户电费单据输出，还可以绘制用电负荷曲线等。

（5）对各种电气设备的检修、保养、维护进行管理。供配电监控系统建立设备档案，包括设备配置、参数档案；设备运行、检修、事故档案；生成定期维修操作单并存档，能够提高设备的使用寿命和可靠性。

（6）备用发电机组与蓄电池组的监控。为了保证消防泵、消防电梯、紧急疏散照明、防排烟设施和电动卷帘门等消防用电，必须设置自备应急发电机组，按照一级负荷对消防设施供电。自备应急发电机组应启动迅速、自动启动控制方便，电网停电后能在 10～15s 内接待应急负荷。

高层建筑物内的高压配电室的继电保护要求严格，一般的纯交流或整流操作难以满足要求，必须设置蓄电池组，以提供控制、保护、自动装置及事故照明等。

应急发电机组与蓄电池组的监控原理如图 3-2 所示。

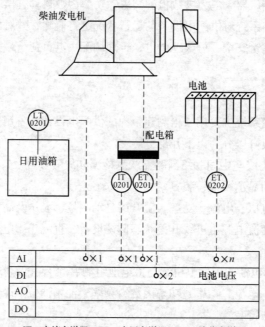

IT—电流变送器；ET—电压变送器；LT—液位变送器

图 3-2　应急发电机组与蓄电池组的监控原理

3.3　照明监控系统

电气照明是建筑物的重要组成部分。智能建筑是多功能的建筑，不同用途的区域对照明有不同的要求。因此，应根据使用的性质和特点，对照明设施进行不同的控制。照明按照使用功能，可以分为普通照明和特殊照明。特殊照明是指为美化建筑进行的泛光照明、节日彩灯、广告霓虹灯、喷泉彩灯、航空障碍灯等。

照明监控系统与节能有直接、重大的关系。因为在大型建筑中，照明所消耗的电能仅次于空调系统。通过照明监控，可以节电 30%～50%。这主要通过在计算机上设定控制程序，自动控制照明时间，并结合传感器技术控制照明灯具的启动/关闭，从而实现节能。

3.3.1　智能建筑对照明系统的要求

智能建筑中，照明监控系统的任务主要有两个方面：一是环境照度控制，为了保证建筑物内各区域的照度及视觉环境而对灯光进行控制，实现舒适照明；二是照明节能控制，以节能为目的对照明设备进行控制，以达到最大限度地节能。

1. 环境照度控制

智能建筑中的视觉环境应当与室内的色彩、家具等环境相协调。除需要在设计时确定照明灯具的布置和照明方式外，还必须对光源（灯具）进行控制。在智能化照明系统中，通常采用以下方法对环境照度进行控制。

（1）定时控制。这种方式是事先设定好照明灯具的开启/关闭时间，以满足不同阶段的照度需要。由于采用计算机系统作为控制装置，可以通过监控站设定，所以该方式容易实现。但是，如果遇到天气变化或者临时更改作息时间，则必须进行相应的修改。因此，这种方式的灵活性较差。

（2）合成照度控制。这种方式是利用自然光的强弱，对照明灯具的发光亮度进行调节，既可以充分利用自然光，达到节能的目的，又可以提供一个基本不受季节和外部气候影响，相对稳定的视觉环境。

2. 照明节能控制

照明节能控制有以下 3 种方式。

（1）区域控制。区域控制是指把照明范围划分为若干个区域，在照明配电盘上给每个区域都设置开关装置，这些开关装置被照明监控系统控制。在照明监控系统的控制下，就可以根据不同区域的使用情况合理地开启/关闭该区域的照明灯具，以达到节能的目的。

（2）定时控制。定时控制是指对于照明有规律的使用场所，以一天为单位，设定照明控制程序，自动根据程序定时开启/关闭该区域的照明灯具，以达到节能的目的。

（3）室内检测控制。室内检测控制是指利用光电、红外等传感器，检测照明区域里的人员活动情况，如果人员离开该区域，照明监控系统则按照预先设定的照明控制程序，延时一定的时间后，自动切断照明配电盘中相应的开关装置，以实现节能。

3.3.2　照明监控系统及其功能

照明监控系统既能保证实现舒适照明，又能达到节能的目的。其具体的监控功能如下。

（1）按照预先设定的照明控制程序，自动监控室内、户外不同区域的照明设备的开启和关闭。

（2）根据室内外的情况及室内照度的要求，自动控制照明灯具的开启和关闭，并能进行照度的调节。

（3）室外的景观照明、广告灯可以根据要求进行分组控制，产生特殊的效果。

（4）正常照明供电发生故障时，该区域的事故照明应立即投入运行。

（5）发生火灾时，能够按照灾害控制程序关闭有关的照明设备，开启应急灯和疏散指示灯。

（6）当有保安报警时，把相应区域的照明灯打开。

作为建筑设备自动化系统的子系统，照明监控系统既要对照明区域的设备进行控制，还要能够与上位计算机进行通信，接受其管理控制。

3.4 暖通空调监控系统

暖通空调系统是智能建筑设备系统中最主要的组成部分，其作用是保证建筑物内具有适宜的温度和湿度以及良好的空气品质，为人们提供舒适的工作、生活环境。暖通空调系统的子系统主要有供暖系统、通风系统和空调系统。暖通空调系统由制冷系统、冷却水系统、空气处理系统和热力系统组成。暖通空调系统中，设备种类多、数量大、分布广，消耗的电能占建筑物的70%左右。暖通空调监控系统是对建筑物的所有暖通空调设备进行全面管理并实施监控的系统，主要任务就是采用自动化装置监测设备的工作状态和运行参数，并根据负荷情况及时控制各设备的运行状态，实现节能。

3.4.1 暖通空调系统的工作原理

1. 暖通空调系统的作用

空气调节的目的就是创造一个良好的空气环境，即根据季节变化提供合适的空气温度、相对湿度、气流速度和空气洁净度。按照需要，对房间或公共建筑物内的空气状态参数进行调节，主要是对空气的温度、湿度进行调节，为人们的工作和生活创造一个温度适宜、湿度恰当的舒适环境。

按照人类的生理特征和生活习惯，温度调节要求居住和工作环境与外界的温差不宜过大。对于大多数人来说，居住室温夏季保持在25～27℃，冬季保持在20℃左右是比较适宜的。

从生活经验可知，空气过于干燥或过于潮湿都会使人感到不舒适。一般来说，相对湿度冬季在40%～50%，夏季在50%～60%，人体感觉比较良好。

影响室内空气环境参数变化的因素，一是外部原因，如太阳照射和外界气候变化；二是室内设备和人员的散热量、散湿量等。当室内空气环境参数偏离设定值时，就需要采取相应的空气调节措施和方法，使其恢复到规定值。

2. 暖通空调系统的组成

一个完整独立的暖通空调系统基本可分为冷热源（包括锅炉、热水/蒸汽、制冷机、冷冻水/液态制冷剂、冷却塔）、空气处理设备（空调机组）、空气输配系统（包括新风、送风、回风和排风）及冷热水输配系统、室内末端设备。如图3-3所示，图中的A表示可以对空气进行局部处理，图中的B表示可以对空气进行集中处理。

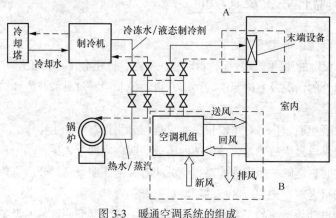

图 3-3　暖通空调系统的组成

空调系统夏季由制冷机（冷源）提供冷冻水/液态制冷剂，冬季由锅炉（热源）提供热水或蒸汽。通过冷热水输配系统将冷热水送至空调机组（空气处理设备）将空气处理到送风状态点，通过空气输配系统将处理后的空气送入室内消除热湿负荷，或者将冷热水送至房间末端设备（空气处理设备）换热来满足房间负荷要求。

（1）空气输配系统包括新风、送风、回风和排风。根据人对空气新鲜度的生理要求，空调系统必须有一部分空气从室外进来，称为新风。新风是指向室内空间中送入新鲜空气，排除废旧空气的过程。新风的主要目的是为了保证室内空气品质，适当的新风也可以降低室内空间的温度。新风包含自然进风和机械（强制）进风两种形式。空气的进风口和风管等组成了进风部分。由进风部分引入的新风，必须先经过一次预过滤，以滤除颗粒较大的尘埃。一般空调系统都装有预过滤器和主过滤器两级过滤装置。输送新风和空气过滤由新风机组完成。空气的输送和分配是将调节好的空气均匀地输入和分配到房间内，保证合适的温度场和速度场。它由风机和不同形式的管道组成。

（2）空气处理设备（空调机组）是对空气进行热湿处理，把空气加热、冷却、加湿和减湿等不同的处理过程组合在一起，统称为空调系统的热湿处理部分。

（3）冷热源。为了保证空调系统具有加温和冷却的能力，空调系统必须具备冷热源。能够对空气进行热湿处理并提供冷热量的物质和装置，都可以作为空调系统的冷热源，冷热源有自然冷热源和人工冷热源两种。自然冷热源有地下水、冰、地热等，人工冷热源装置主要是各种制冷设备和锅炉。

冷水机组是中央空调系统采用最多的冷源，它是将制冷设备（制冷机、冷却塔）组装成一个整体，可向空调系统提供处理空气所需的冷冻水。目前常用的冷水机组有两大类：一是电力驱动的蒸汽压缩式机组；二是热力驱动的吸收式冷水机组。

人工热源有蒸汽和热水，热源装置可以分为锅炉和热交换器两大类。

由于自动化设备的大量使用，内部发热量大，因此，智能建筑中的空调系统主要以供冷为主。

3．暖通空调系统的类型

（1）按使用目的分类。按照使用目的分类，空调系统可分为舒适性空调和工艺性空调。

① 舒适性空调。舒适性空调要求温度适宜，环境舒适，对温度、湿度的调节精度无严格要求。它常用于住房、办公室、影剧院、商场、体育馆、汽车、船舶、飞机等。

② 工艺性空调。工艺性空调对温度、湿度有一定的调节精度要求，另外对空气的洁净度也要有较高的要求。它用于电子器件生产车间、精密仪器生产车间、计算机房、生物实验室等。

（2）按设备布置情况分类。按照空气处理设备的布置情况，空调系统可以分为集中式、半集中式和全分散式 3 类。

① 集中式（中央）空调将所有空气处理设备（包括风机、冷却器、加热器、加湿器、过滤器等）都设在一个集中的空调机房内。经过集中处理的空气，通过风管送到各个房间的空调系统。因此，该系统便于集中管理和维护，适用于面积大、房间集中、各房间热湿负荷比较接近的场所，如商场、超市、餐厅、船舶、工厂等。系统维修管理方便，设备的消声隔振比较容易解决，但集中式空调系统的输配系统中风机、水泵的能耗较高。如图 3-3 所示，如果没有空气局部处理 A，只有集中处理 B 来进行空气调节，此系统就属于集中式。

② 半集中式空调，除了集中的空调机房外，还设有分散在被调节房间内的二次设备（又称为末端装置），它可以进行二次调节。这种系统比较复杂，可以达到较高的调节精度。它适用于宾馆、

酒店、办公楼等有独立调节要求的民用建筑。半集中式空调的输配系统能耗通常低于集中式空调系统。常见的半集中式空调系统有风机盘管系统和诱导式空调系统。图 3-3 中既有空气局部处理A，又有集中空气处理 B，二者共同作用，此系统就属于半集中式。

③ 全分散系统也称为局部空调机组。这种机组通常把冷、热源和空气处理、输送设备（风机）集中设置在一个箱体内，形成一个紧凑的空调系统。空调器可直接装在房间里或装在邻近房间里，就地处理空气，适用于面积小、房间分散、热湿负荷相差大的场合，如办公室、机房、家庭等。其设备可以是单台独立式空调机组，也可以是由管道集中给冷热水的风机盘管式空调器组成的系统，各房间按需要调节本室的温度。房间空调机就属于此类机组，它具有使用灵活、安装方便的特点。该类系统可以满足不同房间的送风要求，但是装置的总功率必然较大。

目前，智能建筑常用的空调系统即俗称的中央空调系统，主要采用集中式、半集中式系统。

（3）按承担负荷介质分类。按承担负荷介质分类，空调系统可分为全空气系统、全水系统和空气–水系统。

① 全空气系统。全空气系统仅通过风管向空调区域输送冷热空气。全空气系统的风管类型：单区风管、多区风管、单管或双管、末端再热风管、定空气流量、变空气流量系统以及混合系统。在典型的全空气系统中，新风和回风混合后通过制冷剂盘管处理后再送入室内，对房间进行采暖或制冷。图 3-3 中如果只有集中处理 B 进行空气调节，就属于全空气系统。

② 全水系统。全水系统的特点是房间负荷由集中供应的冷、热水负担。中央机组制取的冷冻水循环输送到空气处理单元中的盘管（也称为末端设备或风机盘管）对室内进行空气调节。采暖是通过热水在盘管中的循环流动来实现。当环境只要求制冷或采暖时，或要求采暖和制冷不同时进行时，可以采用两管制系统。采暖所需的热水是由电加热器或锅炉制取的，利用对流换热器、脚踢板热辐射器、翅片管辐射器、标准风机盘管等进行散热。图 3-3 中如果只有冷媒水进行局部空气处理 A，就属于全水系统。近年来，还出现了利用江河水进行空气温度调节的节能环保空调。

③ 空气–水系统。空气–水系统是指空调房间的负荷由集中处理的空气负担一部分，其他负荷由水作为介质进入空调房间，对空气进行再处理。属于空气–水系统的有末端再热系统、新风+风机盘管系统、带盘管的诱导系统。图 3-3 中，如果既有 B 处理过的空气承担部分负荷，又有 A 处理过的冷冻水承担部分负荷，此时为空气–水系统。

（4）按调节区域分类。按调节区域分类，空调系统一般分为区内空调和周边区空调。

① 区内空调方式的总趋势是分散化和个别化，目的是既保持空调环境的舒适性和稳定性，同时又能满足各用户的个别需求。目前多采用背景空调（全场空调）+桌面空调（个人空调）的方式，即"新风机组+终端空调机"的方式。

② 周边区空调方式的主要目的是尽量减少热量的转移和日射的影响，防止冷吹风感，建立一个体感温度均匀分布并有良好辐射情况的舒适的室内环境。同时还要考虑具备多功能性，即能防止混合损失，降低全年能耗量，并具有换气、加班运行以及个别运行等功能。

（5）按风量的控制方式分类。按照风量的控制方式不同，空调系统可以分为定风量空调系统和变风量空调系统。

① 定风量空调系统一般按房间最大热湿负荷确定送风量，风量确定后便全年不变，风机的速度是不变的，送风量固定。

② 变风量空调系统的特点是保持送风温度不变，当房间热湿负荷发生变化时，通过改变风机的速度实现改变送风量来满足房间对冷热负荷的需要。变风量空调系统节能效果好，近年来得到

了广泛应用。

3.4.2　新风机组的监控

新风机组由新风阀、初效过滤器、表冷器/加热盘管、蒸汽加湿器和送风机组成。新风机组监控原理如图 3-4 所示。新风机组的监控内容如下。

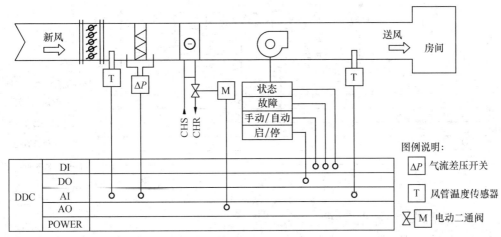

图 3-4　新风机组监控原理

（1）监测功能。监测风机电机运行/停止的状态；监测风机出口空气温度和湿度参数；监测新风过滤器两侧的压差，以了解过滤器是否需要清洗或者更换；监视新风阀打开/关闭的状态。

（2）控制功能。控制风机的启动/停止；温度控制，即根据送风实测温度与送风设定温度的偏差，按照控制要求调节水路电动调节阀的开度，使温度达到设定值；湿度控制，即根据送风实测湿度与送风设定湿度的偏差，按照控制要求调节气路电动调节阀的开度，使湿度达到设定值；实现风机、风门、冷热水阀门、加湿设备和防霜冻连锁控制及与消防系统的连锁控制；按照启动/停止顺序，控制设备的运行/停止。

（3）保护功能。冬季，当某种原因造成热水温度降低或热水停止供应时，应该停止风机工作，关闭新风阀门，以防止机组内温度过低冻裂盘管。当热水恢复正常供应时，应该能够启动风机，打开新风阀，恢复机组正常工作。

根据风压差传感器测量送风机两侧的压差进行判断，当出现异常时进行报警；当空气过滤器两侧的压差超过设定值时，发出报警信号，提醒清洗过滤器。

（4）集中管理功能。智能建筑中各机组的 DDC（直接数字控制）控制装置通过现场总线与相应的中央管理计算机相连，可以显示各机组的状态，并可以根据情况进行启动/停止控制，还可以修改送风参数设定值；当某一机组工作出现异常时，发出报警信号等。

3.4.3　空调机组的监控

空调机组由新风阀、回风阀、排风阀、初效过滤器、表冷器/加热盘管、蒸汽加湿器、送风机和回风机组成。空调机组的调节对象是相应区域的温度、湿度参数。空调机组的监控原理如图 3-5所示，其监控内容如下。

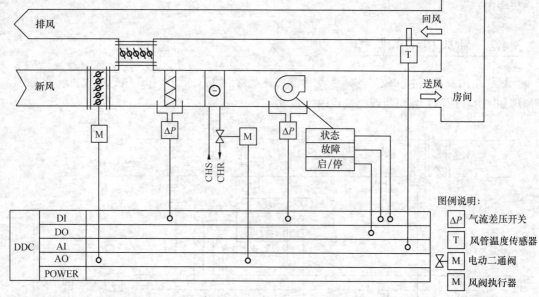

图 3-5　空调机组的监控原理

（1）根据控制程序控制风机的启动/停止。

（2）温度控制，即根据回风实测温度值与系统设定的温度值进行比较，按照调节规律调节水路电动调节阀的开度，使温度达到设定值。

（3）湿度控制，即根据回风实测湿度值与设定湿度值的偏差，按照控制要求调节气路电动调节阀的开度，使湿度达到设定值。

（4）监测风机的运行状态，即根据风机两侧的压差，异常时报警；累计风机的运行时间，当累计值达到设定值时，提醒进行检修。

（5）监测空气过滤器的状态，即当两侧的压差超过设定值时，发出报警信号，提醒清洗或更换过滤器。

（6）风机、风门、冷热水阀、加湿设备及防霜冻连锁控制。设备启动顺序：风机、冷热水阀、加湿设备、调节冷热水阀、调节风门开度。停机顺序：加湿设备、风机、风门、冷热水阀。

（7）防冻保护，即当冬季盘管温度过低时，传感器给出信号，停止风机工作，风阀关闭，以防止盘管冻裂；当温度恢复正常后，重新启动风机，恢复工作。

（8）与消防系统的连锁控制，当发生火灾时，关闭风机等。

对于变风量空调系统，由于送入各个房间的风量是变化的，空调机组的风量也随之变化，因此需要采用调速装置对风机转速进行调节，现在通常采用变频调速装置。当送风机速度调节时，需要引入送风压力检测信号参加控制，以保证各房间内的送风压力不会出现大的变化。

3.4.4　暖通系统的监控

暖通系统主要为建筑提供热源，包括热水锅炉房、换热站及供热网等。根据智能建筑的特点，暖通系统的监控主要是对热水锅炉房进行监控。

热水锅炉房的监控对象可分为燃烧系统和水系统两大部分。

1. 热水锅炉燃烧系统的监控

热水锅炉燃烧系统的监控任务主要是根据对产生热量的要求和锅炉内的燃烧情况，控制鼓风机、引风机的风量，炉膛的压力，热水的温度、流量及燃烧所需要燃料的供应等，使燃烧充分，利用率高，以达到节能、高效的目的。

2. 热水锅炉水系统的监控

热水锅炉水系统的监控主要有以下几个方面。

（1）保证系统安全运行。主要保证主循环泵的正常工作及补水泵的及时补水，使锅炉中的循环水保持正常的水位，防止锅炉缺水燃烧发生危险。

（2）计量和统计。对锅炉的供水量、出水量进行计量统计，从而获得实际供热量和累计供水量的统计信息。

（3）运行工况调整。根据要求改变循环水泵的运行数量或改变循环水泵的转速，调整循环流量，以适应供暖负荷的变化，节省电能。

3.4.5 冷源及其水系统的监控

典型的冷源系统监控原理如图 3-6 所示。智能建筑中的冷源主要包括通过冷水机组制备的冷却水和冷冻水。

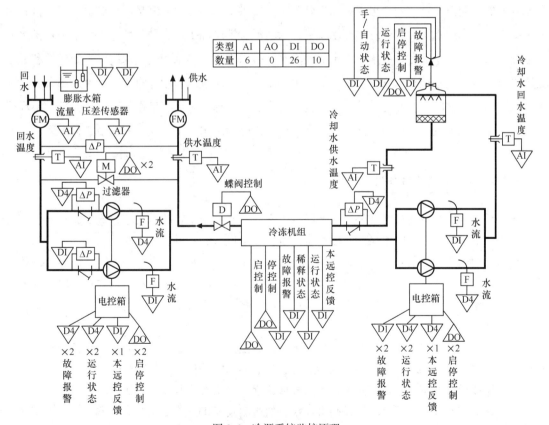

图 3-6 冷源系统监控原理

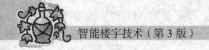

1. 冷却水系统的监控

冷却水是指通过冷却塔、冷却水泵及管道提供的冷水，其作用是为空调提供冷源。对冷却水系统监控的目的主要是保证冷却塔风机和冷却水泵的安全运行，确保制冷机冷凝器侧有足够的冷却水通过，并且能够根据室外气候情况及冷负荷自动调整冷却水运行工况，使冷却水温度始终保持在要求的范围内。

2. 冷冻水系统的监控

冷冻水系统由冷冻水循环泵通过管道连接冷冻机蒸发器及用户的各种冷水设备（如空调机和风机盘管）组成。对冷冻水系统进行监控，主要是保证冷冻机蒸发器通过足够的水量以使蒸发器正常工作。其监控的主要内容：冷冻水的温度和压力，水流量测量及冷量记录，冷冻水循环泵工作状态、异常报警等。在满足使用要求的前提下尽可能减少水泵的耗电，以达到节能的目的。

3.5 给排水监控系统

给排水系统是建筑中的一个重要组成部分。给水系统的任务是为居民和厂矿企业、机关单位等供应生活生产用水的工程以及消防用水、道路绿化用水等，由给水水源、取水构筑物、原水管道、给水处理厂和给水管网组成，具有取集和输送原水改善水质的作用。智能建筑中的给水是将用水管网的水经济合理、安全可靠地输送到各个需要供水的地方，并满足用户对水质、水量和水压的要求。根据给水用途，建筑物给水可以分为生活、消防和生产3种类型。排水系统是排除人类生活污水和生产中的各种废水，多余的地面水。排水系统由排水管网或沟道废水处理厂和最终处理设施组成，通常还包括抽升设施，如排水泵站。排水系统的作用是收集建筑物内部人们日常生活、工作使用过的水，并将其及时、通畅地排到室外，保证生活、工作的正常进行且满足环境保护的要求。根据废水的性质，建筑物排水可以分为生活废水、生产废水和雨水3种类型。

3.5.1 给水系统的监控

给水系统的主要设备：将室外用水管网接入室内给水主干水管的引入管、地下储水池、楼层水箱、生活给水泵、消防给水泵、气压给水设备、配水设备和管道。

普遍采用的给水方式：直接给水，水箱给水，水泵给水，水泵、水池、水箱联合给水，气压给水，分区给水。智能建筑大多是高层建筑，目前应用最多的是分区减压给水方式。建筑物下部较低楼层采用直接给水，上部较高楼层则采用水池、水泵与高位水箱联合给水。

给水系统监控原理如图 3-7 所示。

从图 3-7 中可以看出，给水监控系统的主要任务是监视各种储水装置的水位和各种水泵的工作状态，按照一定的要求控制各类水泵的运行和相应阀门的动作，并对系统内的设备进行集中管理，从而保证设备的正常运行，实现给水的合理调度。给水系统监控功能如下。

（1）地下储水池、楼层水池、地面水池水位的检测及高/低水位超限时的报警。

（2）根据水池（箱）的高/低水位控制水泵的停止/启动，检测水泵的工作状态。当使用的水泵出现故障时，备用水泵能够自动投入运行。

（3）气压装置压力的检测与控制。

（4）设备运行时间累计、用电量的累计。累计运行时间可以为设备的维修提供依据，并能根据每台水泵的运行时间，自动确定作为运行泵还是备用泵。

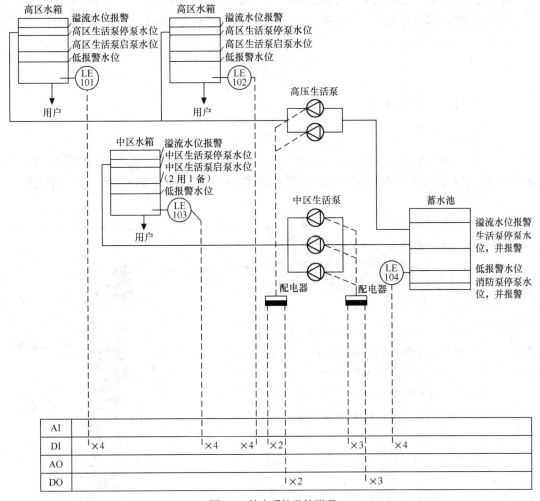

图 3-7　给水系统监控原理

3.5.2　排水系统的监控

排水系统的主要设备有排水水泵、污水集水池、废水集水池等。排水系统监控功能如下所述。

（1）污水集水池、废水集水池的水位检测及超限报警。

（2）根据污水集水池、废水集水池的水位，控制排水水泵的启动/停止。当水位达到高限时，连锁启动相应的水泵，直到水位降低到低限时连锁停止水泵。

（3）排水水泵运行状态的检测及发生故障时报警。

（4）累计运行时间，为设备的定时维修提供依据，并根据每台水泵的运行时间，自动确定作为工作泵还是备用泵。

3.6　电梯与智能停车场监控系统

电梯与停车场是智能建筑中不可缺少的设施。它们作为智能建筑配套的服务设施，不但自身要有良好的性能和自动化程度，而且还要与整个建筑设备自动化协调运行，接受中央计算机的管理及控制。它们的功能，有的属于办公自动化系统，如停车场收费系统；有的则属于安全防范，如电梯间的监控。

3.6.1　电梯监控系统

1. 电梯的分类

电梯是高层建筑的重要设备之一，已经成为人们日常工作与生活中不可缺少的设备。电梯可分为直升电梯和手扶电梯两类。直升电梯按照其用途又可分为客梯、货梯、客货梯、消防梯等。

2. 电梯的组成

电梯主要由曳引系统、导向系统、门系统、轿厢系统、重量平衡系统、电力拖动系统、电气控制系统、安全保护系统等组成，如图 3-8 所示。

（1）曳引系统：曳引系统主要由曳引机、曳引钢丝绳、导向轮、反绳轮组成。曳引系统的主要功能是输出、传递动力，使电梯运行。

（2）导向系统：导向系统主要由导轨、导靴和导轨架等组成。它的作用是限制轿厢和对重的活动自由度，使轿厢和对重只能沿着导轨做升降运动。

（3）门系统：门系统主要由轿厢门、层门、开门机、联动机构、门锁等组成。门系统的主要功能是封住层站入口和轿厢入口。

（4）轿厢系统：轿厢是用来运送乘客或货物的。它由轿厢架和轿厢体组成。轿厢架是轿厢体的承重构架，由横梁、立柱、底梁和斜拉杆等组成。轿厢体由轿厢底、轿厢壁、轿厢顶及照明、通风装置、轿厢装饰件和轿内操纵按钮板等组成。

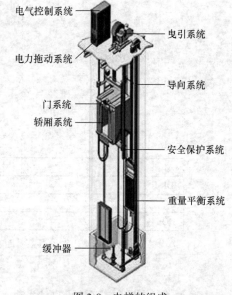

图 3-8　电梯的组成

（5）重量平衡系统：重量平衡系统主要功能是平衡轿厢自重及部分额定载重，在电梯工作中使轿厢与对重间的重量差保持在限额之内，以保证电梯的曳引传动正常。该系统主要由对重和重量补偿装置组成。

电力拖动系统：电力拖动系统由曳引电动机、供电系统、速度反馈装置、电动机调速装置等组成。电力拖动系统的主要功能是提供动力，电梯运行速度控制。

（6）电气控制系统：电气控制系统主要由操纵装置、位置显示装置、控制屏、平层装置、选层器等组成。它的作用是对电梯的运行实行操纵与控制。

（7）安全保护系统：安全保护系统包括机械和电气的各类保护，保护电梯的安全使用，防止一切威胁人身安全的事故发生。安全保护系统主要有限速器、安全钳、缓冲器、极限保护等，电气方面的安全保护在电梯的各个运行环节都有相应的安全设置。

这些部分分别安装在建筑物的井道和机房中。通常采用钢丝绳摩擦传动，钢丝绳绕过曳引轮，两端分别连接轿厢和对重装置，电动机驱动曳引轮使轿厢升降。电梯运行要求安全可靠、输送效率高、平层准确和乘坐舒适等。电梯的基本参数主要有额定载重量、可乘人数、额定速度等。

3．电梯的控制方式

电梯的控制方式可以分为层间控制、简易自动控制、集选控制、有/无司机控制及群控等。

（1）简易自动控制电梯是一种利用按钮操作，具有自动平层功能的电梯。集选控制电梯是一种能够实现无司机操纵的电梯。其主要特点：把轿厢内的选层信号与各层外呼信号集合起来，自动决定上、下运行方向，顺序应答。

（2）集选控制电梯还设置有称量装置，防止超载；轿厢门上通常设置保护装置，防止乘客出入轿厢时被轧伤。

（3）群控电梯是用计算机控制和统一调度多台集中并列的电梯。

4．电梯的自动化程度

电梯的自动化程度体现在两个方面：一是其拖动系统的组成形式；二是其操纵的方便。

（1）电梯拖动系统。电梯的拖动控制系统经历了从简单到复杂的过程。用于电梯的拖动系统主要有单、双速交流电动机拖动系统，交流电动机定子调压调速拖动系统，直流发电机–电动机可控硅励磁拖动系统，可控硅直接供电拖动系统，VVVF 变频变压调速拖动系统。

常见的电梯拖动系统有以下 3 种。

① 双速拖动方式。以交流双速电动机作为动力装置，通过控制系统按时间原则控制电动机的高/低速度，使电梯在运行的各阶段速度做相应的变化。这种方式下电梯的运行速度是有级变化的，舒适感较差，不适用于高层建筑。

② 调压调速拖动方式。用调压装置控制电动机的电压，电动机的速度可以按照要求进行连续变化，因此乘坐的舒适感好，同时拖动系统的结构比较简单。但是由于采用可控调压，会使主电路三相电压波形产生畸变，影响供电质量，电动机严重发热，故不适用于高速电梯。

③ 变压变频拖动方式。它又称为 VVVF 方式，是利用微机控制技术和脉冲调制技术，通过改变曳引电动机电源的电压和频率使电梯的速度按照需要变化。由于采用了先进的调速技术和控制装置，VVVF 电梯具有高效、节能、舒适感好等优点。这种电梯拖动系统是现代化高层建筑中电梯拖动的理想形式。

（2）电梯操纵。电梯要求操纵方便，安全可靠。一般载重比较大（即载人比较多）的客梯，会用到两个操纵箱。特别是上人多、停层多的时候，按按钮比较方便。另外，在普通的操纵箱之外还会加装一个残疾人操纵箱，需要横置，位置应较低，方便残疾人使用。

5．电梯监控系统的内容及功能

电梯监控系统的内容及功能如下所述。

（1）按照时间程序设定的运行时间表启动/停止电梯。

（2）监测电梯的运行状态。

（3）故障检测与报警。故障检测包括电动机、轿厢门、轿厢上下限超限、轿厢运行速度异常等情况；当出现故障后，能够自动报警，并显示故障电梯的地点、发生故障的时间、故障状态等。

（4）紧急状况检测与报警。当发生火灾、故障时是否关人，一旦发生该情况，应立即报警。

（5）配合消防系统协同工作。当发生火灾时，普通电梯直驶首层放客，切断电梯电源；消防电梯由应急电源供电，在首层待命。

（6）配合安全防范系统协同工作，接到相关信号时，根据保安级别，自动行驶到规定的楼层，并对轿厢门进行监控。

作为智能建筑设备自动化系统的子系统，电梯监控系统必须与中央控制计算机和消防控制系统、安全防范系统进行通信，使其成为一个有机的整体。

3.6.2 智能停车场管理系统

1. 智能停车场管理系统的概念和分类

在智能建筑中，停车场管理系统已经成为一个重要的组成部分。停车场管理系统是通过计算机、网络设备、车道管理设备搭建的一套对停车场车辆出入、场内车流引导、收取停车费进行管理的网络系统。它通过采集记录车辆出入情况、场内位置的信息，实现车辆出入和场内车辆的动态和静态的综合管理。系统一般以射频感应卡为载体，通过感应卡记录车辆进出信息，通过管理软件完成收费策略实现、收费账务管理、车道设备控制等功能。停车场按其设备结构和停车位置可以分为空地停车场、室外地下停车场、室内地下停车场、立体停车场等类型。按照所在环境不同又可分为内部停车场管理系统和公用停车场管理系统。近年来，我国停车场自动管理技术已经逐渐走向成熟，停车场管理正向大型化、复杂化、高技术化和智能化方向发展。

2. 智能停车场管理系统的组成

智能停车场管理系统可以分为硬件和软件两部分。

（1）硬件。智能停车场管理系统的硬件如图 3-9 所示，由下列几部分组成。

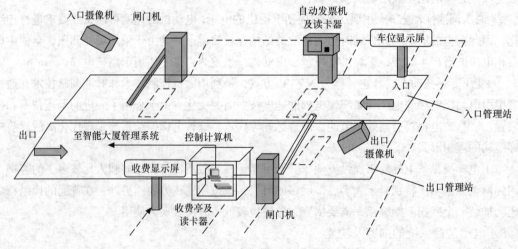

图 3-9　智能停车场管理系统的硬件组成

① 入口管理站。入口管理站设有地下感应线圈、闸门机、感应式阅读器、入口电子显示屏、摄像机等。

② 出口管理站。出口管理站设有地下感应线圈、闸门机、感应式阅读器、出口电子显示屏、自动计价收银机、摄像机等。

③ 计算机监控中心。计算机监控中心包括计算机主机、显示器、票据打印机、对讲机等。

（2）管理系统的软件。智能停车场全部采用计算机自动管理，管理人员可以通过主控计算机对整个停车场进行监控管理。

管理软件由实时监控、设备管理、系统设置和数据统计等模块组成。操作人员可以通过鼠标操作完成大部分功能。

① 实时监控。实时监控模块包括监控设备的工作模式、工作状况和情况等。当读卡器读出车辆的信息时，计算机根据工作模式，在屏幕上实时显示出/入口车辆的卡号、时间、车主等信息。如果有临时车辆出入车库，计算机还要向电子显示屏输出显示信息，并控制相应的设备进行相应的动作。

② 设备管理。设备管理的功能是对出入口（读卡器）和控制器等硬件设备的参数和权限等进行设置。

③ 系统设置。系统设置是指对软件自身的参数和状态进行修改、设置和维护，包括口令设置、修改软件参数、系统备份和修复、进入系统保护状态等。系统设置的安全功能是指对系统设置相应的保安措施，限定工作人员的操作级别，管理人员需要输入操作密码才可以在自己管理的权限上操作。

④ 数据统计。数据统计包括系统车流量统计、收费状况统计，并可以根据统计数据自动生成各种报表。统计的数据还可以进行查询和结算。

停车场监控系统近年来在我国得到了快速发展，以前主要是引进欧美等国家的设备和技术，现在已经有了我国自主知识产权的系统。

3．智能停车场管理系统的功能

（1）计算机监控中心。该系统可以对整个停车场的情况进行监控和管理，包括出/入口管理和车库管理，并将采集的数据和系统工作状态信息存入计算机，以便进行统计、查询和打印报表等工作。该中心还要与安全防范系统进行通信，组成一个全方位的智能建筑的安全防范体系。计算机监控中心的特点是采用计算机图像比较，用先进的非接触感应式智能卡技术，自动识别进入停车场用户的身份，并通过计算机图像处理来识别出入车辆的合法性。车辆进出停车场，完全是在计算机的监控下。同时，车辆的收费、车库车位的管理、防盗等完全智能化，具有方便快捷、安全可靠的特点。

（2）入口管理。当车辆驶进入口时，可以看到所显示的停车场信息，标志牌显示入口方向与车库内部车位的情况。当车辆通过地下感应线圈时，监控室可以监测到有车辆即将进入，如果车库车位已经停满，则车库车满灯亮，拒绝车辆进入；如果车库还有车位，则允许车辆进入。车辆开到入口机处，使用感应卡确认，若该卡符合进入权限，会自动开启闸门机，及时让车辆通过进入车库，然后自动关闭闸门，防止后面的车辆进入。车辆进入时，摄像机拍摄下进入车辆的图像、车牌号码及停车凭证数据（进库日期、时间等），全部存入计算机，以便该车出车库时进行车辆图像等信息的比较，确认该车是否合法出车库。

（3）出口管理。出口管理的主要任务是对驶出的车辆进行自动收费。当车辆驶近出口电动栏杆处时，驾驶员出示感应卡、停车凭证，经过读卡机识别，此时驶出车辆的编号、出库时间、出口摄像机提供的数据与读卡机数据一起被送到管理系统，进行核对和计算，出口管理站检验确认票/卡有效并核实正确后，出口电动栏杆升起放行。

出口站如果确认票/卡无效，则由出口管理站收回或还给驾驶员，拒绝车辆驶出停车场，显示屏将显示相应的信息。

本章小结

　　智能建筑设备自动化系统是对建筑物内部的能源使用、环境、交通及安全设施进行监测、控制与管理，包括供配电、照明、暖通空调、给排水、电梯与停车场，以及消防与安防等系统。智能建筑设备自动化系统能根据外部条件、环境因素和负载变化等情况进行自动调节，始终运行在最佳状态，给建筑物的使用者提供一个安全可靠、节约能源、舒适宜人、绿色环保的工作和生活环境。

复习与思考题

1. 智能建筑设备自动化系统由哪些部分组成？
2. 智能建筑设备自动化系统应具有哪些功能？
3. 供配电监控系统有哪些主要监控内容？
4. 照明监控系统有哪些监控内容？
5. 暖通空调机组由哪些部分组成？
6. 新风机组有哪些监控内容？
7. 空调机组有哪些监控内容？
8. 冷热源及其水系统有哪些监控内容？
9. 给排水监控系统的主要监控内容是什么？
10. 电梯的组成及主要监控内容是什么？
11. 智能停车场管理系统的组成及主要监控内容是什么？

第4章

安全防范系统

知识目标

（1）掌握安全防范系统的组成及应用。

（2）掌握出/入口控制系统的组成及应用。

（3）掌握入侵报警系统的组成及应用。

（4）掌握视频安全防范监控系统的组成及应用。

能力目标

（1）能正确使用出/入口控制系统，分析故障原因，并进行简单的系统设计。

（2）能正确使用入侵报警系统，并进行简单的系统设计。

（3）能正确使用视频安全防范监控系统，并进行简单的系统设计。

　　安全防范系统以智能建筑各重点出/入口、通道、特定区域或设备为监视控制对象进行监控与管理，为用户提供安全的生活、工作环境。因此，安全防范系统的基本任务之一就是保证智能建筑内部人身、财产的安全。另外，在信息社会中，计算机和计算机网络的应用非常普遍，大量的文件和数据信息都存放在计算机中，保护信息化知识资产也是安全防范系统的基本任务。在科技飞速发展的今天，出现了很多新的犯罪手段，对保安系统提出了许多新课题。仅仅依靠人力来保卫人民的生命、财产安全是远远不够的，借助现代化高科技的电子、红外、超声波、微波、光电和精密机械等技术来辅助人们进行安全防范是一种最理想的方法，也就是常说的"人防加技防"。智能建筑需要全方位、多层次、内外保护的立体化的安全防范系统。

4.1　安全防范系统的组成及功能

　　根据智能建筑安全防范系统应具备的功能，安全防范系统一般由以下4部分组成。

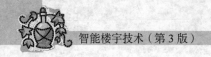

1．出/入口控制系统

出/入口控制系统控制各类人员的出/入及其在相关区域的行动，通常也称之为门禁控制系统。它的控制原理是：按照人的活动范围，预先制作出各种层次的卡或预先设定密码，在相关的出/入口安装磁卡识别器或密码键盘，用户持有效卡或输入密码才能通过和进入，否则自动报警。目前出/入口控制系统已经成为智能建筑的标准配置之一。

出/入口控制系统要与入侵报警系统、视频安全防范监控系统和消防系统联动，才能有效地实现安全防范。出/入口控制系统形成了智能建筑的第一个层次的防护，能够在侵入发生的第一时间发现并防止侵入。

2．入侵报警系统

入侵报警系统就是利用各种探测器对建筑物内外的重要地点和区域进行布防，当探测到有非法入侵者时，系统将自动报警，并将信号传输到控制中心，有关值班人员接到报警后，根据情况采取相应的措施，控制事态的发展。入侵报警系统除了自动报警功能外，还要有联动功能，用于启动相应的防护设施。

对入侵报警系统要求能对设防区域的非法入侵进行实时、可靠和正确无误的报警和复核。漏报是绝对不允许的，误报警应降低到最小的限度。为了预防抢劫和其他危害人员生命的情况发生，系统还应设置紧急报警装置和与110接警中心联网的接口。同时，系统还提供安全、方便的设防和撤防等功能。

入侵报警系统是安全防范系统的第二个层次。

3．电子巡更系统

电子巡更系统是把以前的夜间人工巡逻向电子化、自动化方向转变，是把人工防范与技术防范相结合的一个重要手段，提高了安全防范的能力。智能建筑均采用电子巡更系统。

电子巡更系统属于安全防范系统的第三个层次。

4．视频安全防范监控系统

视频安全防范监控系统利用视频技术探测、监视设防区域并实时显示、记录现场图像。

视频安全防范监控系统是安全防范系统的第四个层次。

安全防范系统正是具备了4个层次的防护，通过人防和技防的结合，形成了立体化的防护体系，大大提高了智能建筑的安全性。

4.2　出/入口控制系统

出/入口控制系统是对进入智能建筑的人员进行识别并控制通道门开启的系统，因为它采用门禁控制方式提供安全保障，故又称为门禁控制系统。

4.2.1　出/入口控制系统的组成及功能

1．出/入口控制系统的组成

出/入口控制系统一般由出/入口目标识别子系统、出/入口控制执行机构和出/入口信息管理子系统3部分组成。

（1）出/入口目标识别子系统。出/入口目标识别子系统是直接与人打交道的设备，包括读卡器、指示灯、门传感器。该系统通常采用各种卡式识别装置和生物辨识装置。卡式识别装置是利用各种识别卡进行辨识，如利用磁卡、IC 卡、射频卡、智能卡等进行识别，如图 4-1 所示。生物辨识装置是利用人的生物特征进行辨识，如利用人的指纹、掌纹、视网膜等进行识别，如图 4-2 所示。卡式识别装置由于价格低，使用广泛。生物辨识装置由于每个人的生物特征不同，安全性极高，一般用于安全性要求很高的部门，或者银行的金库等地方的出/入口控制系统。

图 4-1　出/入口门禁卡式识别装置

（a）指纹识别　　　　　　　　　　　　（b）人脸识别

图 4-2　出/入口门禁生物辨识装置

（2）出/入口控制执行机构。出/入口控制执行机构由控制器、电动锁、出口按钮、报警传感器和喇叭等组成。控制器接收出/入口目标识别子系统发来的相关信息，与自己存储的信息进行比较后做出判断，然后发出处理信息，控制电动锁。如果出/入口目标识别子系统与控制器存储的信息一致，则打开电动锁开门。如果门在设定的时间内没有关上，则系统就会发出报警信号。单个控制器就可以组成一个简单的出/入口控制系统，用来管理一个或几个门。多个控制器由通信网络与计算机连接起来，就组成了可集中监控的出/入口控制系统。

（3）出/入口信息管理子系统。出/入口信息管理子系统由管理计算机、相关设备及管理软件组成。它管理着系统中所有的控制器，向它们发送命令，对它们进行设置，接收其送来的信息，完成系统中所有信息的分析与处理。

出/入口控制系统可以与视频安全防范监控系统、电子巡更系统、火灾报警系统等连接起来，形成综合安全管理系统。

2. 出/入口控制系统的功能

出/入口控制系统的主要功能如下。

（1）设定卡片权限。出/入口控制系统可以管理并制作相应的通行证，设置各种进出权限，即每张卡可进入哪道门，需不需要密码等。凭有效的卡片、代码和特征，根据其进出权限允许进出或者拒绝进出，属于黑名单者将报警。

（2）设定电动锁的开关时间。门的状态和被控信息记录到上位机中，可方便查询。

（3）能够对人员的进出情况或者某人的出/入状况进行统计、查询和打印。

（4）可与考勤系统结合。通过设定班次和时间，系统可以对存储的记录进行考勤统计。如查询某人的上下班情况，正常上下班次数，迟到、早退次数等，从而进行有效管理，结合考勤的门禁装置如图 4-3 所示。

图 4-3　结合考勤的门禁装置

（5）通过设置传感器检测门的状况。如果读卡机没有读卡或者没有接到开门信号，传感器检测到门被打开，则会发出报警信号。

（6）当接到火灾报警信号时，系统能够自动开启电动锁，保障人员疏散。

4.2.2　出/入口控制系统的主要设备

出/入口控制系统的主要设备如下。

1. 识别卡

按照工作原理、制作材料和使用方式的不同，可以将识别卡分为不同的类型，如磁卡和 IC卡、接触式和非接触式等。它们的作用都是作为电子钥匙使用，只是在使用的方便性、系统识别的保密性等方面有所不同。

（1）磁卡。磁卡是一种磁记录介质卡片，如图 4-4 所示。它由高强度、耐高温的塑料涂覆磁性材料制成，能防潮且有一定的柔性，携带方便，使用较为稳定可靠。通常磁卡的一面印刷有指示性信息，如插卡方向等；另一面则有磁层或磁条，具有两三个磁道记录有关数据信息。磁卡成本低，可以随时修改密码，使用相当方便。虽然磁卡有易被消磁的缺点，但仍然是目前最普及的卡片，广泛用于智能楼宇的出/入口和停车场管理系统中。

（2）IC 卡。IC 卡（Integrated Circuit Card）又称集成电路卡，如图 4-5 所示，它把一个集成电路芯片镶嵌在塑料基片中，封装成卡的形式，外形与磁卡相似。其优点是体积小、保密性好、无法仿造等。

图 4-4　磁卡

图 4-5　IC 卡

IC 卡可分为接触式和非接触式（感应式）两种。

① 接触式 IC 卡是由读/写设备的触点与卡上的触点相接触而接通电路进行信息的读/写。与磁卡相比，接触式 IC 卡除了存储容量大以外，还可以一卡多用，可靠性比磁卡高，寿命比磁卡长，读/写机构比磁卡读/写机构简单、可靠，维护方便，造价便宜等，所以接触式 IC 卡得到了广泛的应用。

② 非接触式 IC 卡由 IC 芯片和感应天线组成，并完全密封在一个标准的 PVC 卡片中，无外露部分。

非接触式 IC 卡的读/写，通常由非接触式 IC 卡与读卡器之间的无线电波来实现。非接触式 IC 卡本身是无源体，当读卡器对卡进行读/写操作时，读卡器发出的信号由两部分叠加组成，其中一部分是电源信号，该信号被卡接收后，与卡内的振荡电路产生谐振，产生一个瞬间能量来供给芯片工作；另一部分则结合数据信号，指挥芯片完成数据的修改、存储等，并返回给读卡器。

非接触式 IC 卡因为卡上无外露触点，不会造成污染、磨损等，提高了可靠性；因为不需要进行卡的插拔，提高了操作的便利性和使用速度；因为卡内数据读/写时，都经过了复杂的数据加密和严格授权，提高了安全性。正因为非接触式 IC 卡具有以上优点，它的应用现在到处可见，如公共汽车自动售票系统、学校的食堂等。

2. 读卡器

读卡器分为接触式读卡器和非接触式（感应式）读卡器，如图 4-6 所示。

读卡器设置在出/入口处，通过它可以把门禁卡的信息读入，并将所读取的数据信息由控制器分析判断，准入则打开电动锁，人员可以通过；禁入则电动锁不动作，并且立即报警，同时进行相应的记录。

（a）接触式读卡器　　　　　　　　　　　（b）非接触式读卡器

图 4-6　读卡器

3．写入器

写入器是对各种识别卡写入各种标志、代码和数据（如金额、防伪码）等，如图 4-7 所示。

4．控制器

控制器是出/入口控制系统的核心，由一台管理计算机和相应的外围设备组成，如图 4-8 所示。它完成对识别卡的识别和信息的分析判断，并按照预先设定的程序进行相应的控制。它还可以与上一级计算机进行通信，组成联网式出/入口控制系统。

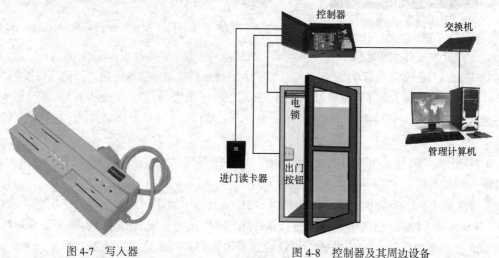

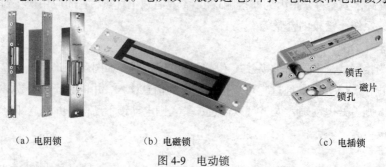

图 4-7　写入器　　　　　　　　　图 4-8　控制器及其周边设备

5．电动锁

出/入口控制系统所使用的电动锁可以在控制器的控制下自动打开。它有 3 种类型：电阴锁、电磁锁和电插锁，如图 4-9 所示。电动锁需要根据门的具体情况选择。电阴锁和电磁锁一般可用于木门和铁门，电插锁则用于玻璃门。电阴锁一般为通电开门，电磁锁和电插锁为通电锁门。

（a）电阴锁　　　　　　（b）电磁锁　　　　　　　　（c）电插锁

图 4-9　电动锁

电磁锁的设计和电磁铁一样，是利用电生磁的原理，当电流通过硅钢片时，电磁锁会产生强大的吸力紧紧地吸住吸附铁板达到锁门的效果。只要小小的电流，电磁锁就会产生很大的磁力，控制电磁锁电源的门禁系统识别人员正确后即断电，电磁锁失去吸力即可开门。

6. 管理计算机

出/入口控制系统的管理计算机通过专用的管理软件对系统所有的设备和数据进行管理。它应有简洁、直观的人-机界面，方便完成下述功能，为此该计算机应设置密码和操作权限。它的主要功能如下。

（1）设备管理。当系统中增加设备或卡片时，需要进行登记注册，并可以对已注册的卡片设定级别，使其有效。在减少设备或卡片遗失时，通过管理计算机可以使其无效。

（2）时间管理。通过管理计算机，可以设定某些控制器在什么时间可以或不可以允许持卡人通过，哪些卡在什么时间可以或不可以通过哪些门等。

（3）数据库管理。对系统所记录的数据进行存储、备份、存档等处理，并保存在数据库中，以备日后查询。同时，可以把存储的数据生成报表。

（4）网间通信。出/入口控制系统的管理计算机要有与智能建筑中的其他系统进行通信的功能，以实现相关系统的联动，形成统一协调、高度自动化的大系统。

4.2.3　楼宇对讲系统

在智能住宅小区中，楼宇对讲系统已经得到普遍的应用。它也是一种出/入口控制系统。通过该系统，入口处的来访者可以直接或通过门卫与室内主人建立声音、视频通信联络，主人可以与来访者通话，并通过声音或安装在家里的分机显示屏幕上的影像来辨认来访者。当来访者被确认后，主人可利用分机上的门锁控制键，打开电控门锁，允许来访者进入。楼宇对讲系统按功能可分为单对讲型和可视对讲型两种。

1. 室内可视对讲分机

室内可视对讲分机，如图 4-10 所示，用于住户与来访者或管理中心人员的通话、观看来访者的影像及开门，同时也可以监控门口的情况。它由装有黑白或彩色显示屏、电子铃、电路板的机座，监视按钮、呼叫按钮、开门按钮等功能键和电话机组成。室内可视对讲分机具有双向对讲通话功能，呼叫为电子铃声，显示屏现在一般为小面板液晶显示器，图像比较清晰。室内可视对讲分机通常安装在住户房门后的墙壁上，它与门口主机配合使用。

图 4-10　室内可视
对讲分机

2. 门口主机

门口主机用来实现来访者与住户的可视对讲通话，如图 4-11 所示。门口主机内装有摄像头、扬声器、麦克风和电路板，面板设有多个功能键。门口主机一般安装在特制的防护门上或墙壁上。

3. 电源

楼宇对讲系统采用 220V 交流电源供电，经过整流变成满足门口主机和室内可视对讲分机所需的直流电源。为了保证在停电时系统能够正常使

图 4-11　门口主机

用，应加入充电电池作为备用电源。

4. 电控锁

电控锁安装在入口门上，受控于住户和保安人员，平时锁闭。当确认来访者可以进入后，主人通过室内可视对讲分机上的开门键来打开电控锁，来访者才可以进入。进门后电控锁自动锁闭。另外，也可以通过钥匙、密码或门内的开门按钮打开电控锁。

5. 控制中心主机

在大多数楼宇可视对讲系统中都设有控制中心主机，通常设在保安人员值班室。控制中心主机装有电路板、电子铃、功能键和电话机（有的主机带有显示屏和扬声器），并可以外接摄像机和监视器。楼宇可视对讲系统如图 4-12 所示。

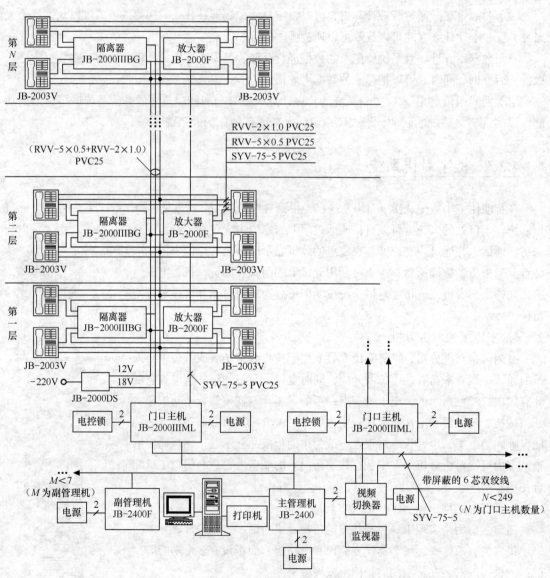

图 4-12　楼宇可视对讲系统

4.3 入侵报警系统

4.3.1 入侵报警系统的基本组成

入侵报警系统的基本组成如图 4-13 所示。

图 4-13　入侵报警系统的基本组成

1. 探测报警器

按照各种防范要求和使用目的，在防范的区域和地点安装一定数量的探测报警器，负责探测受保护区域现场的任何入侵活动。探测报警器由传感器和前置信号处理电路两部分组成。可以根据不同的防范场所来选用不同的探测报警器。

2. 信号传输系统

信号传输系统负责将探测器所探测到的信息传送到报警控制中心。它有两种传送方式：一是有线传输，就是利用双绞线、电话线、电力线、电缆或光缆等有线介质传输信息；二是无线传输，是将探测到的信号经过处理后，用无线电波进行传输，需要发射和接收装置。

3. 报警控制中心

报警控制中心由信号处理器和报警装置等设备组成，负责处理从各保护区域送来的现场探测信息，若有情况，控制器就控制报警装置，以声、光形式报警，并可在屏幕上显示。对于较复杂的报警系统，还要求对报警信号进行复核，以检验报警的准确性。报警控制中心通常设置在保安人员工作的地方，还要与 110 接警中心进行联网。当出现报警信号后，保安人员应迅速出动，赶往报警地点，抓获入侵者。同时，还要与其他系统联动，形成统一、协调的安全防范体系。

4.3.2 常用的探测报警器

1. 常用的探测报警器

在入侵报警系统中需要采用不同类型的探测报警器，以适应不同场所、不同环境、不同地点的探测要求。根据传感器的原理不同，探测报警器可以分为以下几种类型。

（1）开关报警器。开关报警器是一种可以把防范现场传感器的位置或工作状态的变化转换为控制电路通断的变化，并以此来触发报警电路的探测报警器。由于这类探测报警器的传感器类似于电路开关，因此称为开关报警器。它作为点控型报警器，可分为以下几种类型。

① 磁控开关型。磁控开关由带金属触点的两个簧片封装在充有惰性气体的玻璃管（也称干簧管）和一块磁铁组成，如图 4-14 所示。

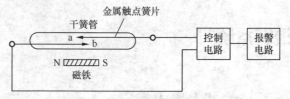

图 4-14　磁控开关报警器结构示意

从图 4-14 可以看出，当磁铁靠近干簧管时，管中带金属触点的两个簧片在磁场作用下被吸合，a、b 两点接通；当磁铁远离干簧管时，管中带金属触点的两个簧片由于干簧管附近磁场减弱或消失，靠自身弹性作用回到原来的位置，则 a、b 两点断开。

使用时，一般把磁铁安装在被防范物体（如门、窗）的活动部位，把干簧管安装在固定部位（如门框、窗框），如图 4-15 所示。磁铁与干簧管需要保持适当的距离，以保证门、窗关闭时干簧管触点闭合，门、窗打开时干簧管触点断开，控制器产生断路报警信号。

② 微动开关型。微动开关是一种依靠外部机械力的推动实现电路通断的电路开关，其结构如图 4-16 所示。

图 4-15　门磁装置

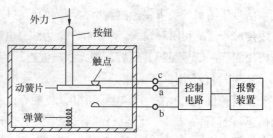

图 4-16　微动开关报警器结构示意

从图 4-16 可看到，当外力通过按钮作用于动簧片上时，簧片末端的动触点 a 与静触点 b 快速接通，同时断开点 c；当外力撤除后，动簧片在弹簧的作用下，迅速回复原位，则 a、c 两点接通，a、b 两点断开。

在使用微动开关作为开关报警传感器时，需要把它固定在被保护物之下。一旦被保护物被意外移动或抬起时，控制电路发生通断变化，引起报警装置发出声光报警信号。

③ 压力开关型。压力开关是利用压力控制开关的通断。压力垫就是典型的应用。压力垫由两条长条形金属带平行且相对应地分别固定在地毯背面，两条金属带相互隔离。当有入侵者踏上地毯时，两条金属带就接触上，相当于开关点闭合产生报警信号。

（2）玻璃破碎报警器。玻璃破碎报警器能对高频的玻璃破碎声音（10～15kHz）进行有效检测，而对 10kHz 以下的声音信号（如说话、走路声）有较强的抑制作用。玻璃破碎声发射频率的高低、强度的大小同玻璃厚度、面积有关。

玻璃破碎报警器，如图 4-17 所示，按照工作原理的

图 4-17　玻璃破碎报警器

不同大致分为两大类：一类是声控型的单技术玻璃破碎报警器，它实际上是一种具有选频作用（带宽 10～15kHz）的、有特殊用途（可将玻璃破碎时产生的高频信号去除）的声控探测报警器；另一类是双技术玻璃破碎报警器，其中包括声控-震动型和次声波-玻璃破碎高频声响型。

① 声控-震动型是将声控与震动探测两种技术组合在一起，只有同时探测到玻璃破碎时发出的高频声音信号和敲击玻璃引起的震动，才输出报警信号。

② 次声波-玻璃破碎高频声响双技术报警器是将次声波探测技术和玻璃破碎高频声响探测技术组合到一起，只有同时探测到敲击玻璃和玻璃破碎时发出的高频声响信号和引起的次声波信号才触发报警。

玻璃破碎报警器要尽量靠近所要保护的玻璃，尽量远离噪声干扰源，如尖锐的金属撞击声、铃声、汽笛的啸叫声等，以减少误报警。

（3）周界报警器。周界报警器的传感器可以固定安装在围墙、栅栏上或者地下，当入侵者接近或越过周界时产生报警信号。周界报警器有以下几种类型。

① 泄漏电缆传感器。埋地式泄漏电缆是一种隐蔽的入侵探测传感器，如图 4-18 所示，在埋地式泄漏电缆周围产生不可见的电磁场，当有人干扰该电磁场时，就会触发报警。在网络系统模式下，报警立即通过泄漏电缆传到基于计算机的中央管理系统。埋地式泄漏电缆采用的是一种大的空间场，对移动目标的导电性、体积、移动速度进行探测。人或车通过该电磁场都会被探测到，而小动物或鸟类却不会引起报警。通过自适应算法可以滤除环境的影响，如植被、雨、雪、风沙等。由于泄漏电缆不影响整个建筑物的美观，且探测场不可见，所以入侵者感觉不到埋地式泄漏电缆的存在，且不知具体位置，更没法绕过或破坏。

② 平行线周界传感器。这种周界传感器是由多条平行导线构成的，如图 4-19 所示。在多条平行导线中有部分导线与振荡频率为 1～40kHz 的信号发生器连接，称为场线。工作时，场线向周围空间辐射电磁场。另一部分平行导线与报警信号处理器连接，称为感应线。场线辐射的电磁场在感应线中产生感应电流。当入侵者靠近或穿越平行导线时，就会改变电磁场的分布状态，相应地使感应线中的感应电流发生变化，报警信号处理器检测出此电流变化量后作为报警信号发出。

图 4-18　埋地式泄漏电缆

图 4-19　平行线周界报警装置

③ 光纤传感器。把光纤固定在长距离的围栏上，当有入侵者翻越围栏压迫光缆时，会使光纤中的光传输模式发生变化，就可探测出有入侵者侵入，报警器便发出报警信号。

（4）声控报警器。声控报警器是用微音器作传感器，用来监测入侵者在防范区域内走动或作案时发出的声响，并将此声响转换为电信号经传输线送到报警控制器。此声响也可供值班人员对防范区域进行监听。

声控报警器通常与其他类型的报警装置配合使用，作为报警复核装置，可以大大降低误报和漏报的概率。因为任何类型的报警器都存在误报和漏报现象，在配有声控报警器的情况下，当其他报警器报警时，值班人员可以监听防范现场有无相应的声音，若没有，就可以认为是误报；而在其他报警器虽未报警，但是从声控报警器听到有异常响声时，也可以认为现场已有入侵者，而其他报警器已漏报，应进行相应的检修。

（5）微波报警器。微波报警器是利用微波来进行探测和报警的。按照工作原理的不同，可分为微波移动报警器和微波阻挡报警器两种。

① 微波移动报警器。微波移动报警器由探头和控制器两部分组成，探头安装在防范区域，控制器设在值班室。探头中的微波振荡源产生一个固定频率的微波并通过天线向所防范的空间发射，同时接收反射波，当有物体在探测区域内移动时，反射波的频率与发射波的频率有差异，两者频率差称为多普勒频率。探测器就是根据多普勒频率来判定探测区域中是否有物体移动的。这种报警器对静止物体不产生反应，无报警信号输出。由于微波具有方向性，它的辐射可以穿透水泥墙和玻璃，在使用时需要考虑安放的位置与方向，通常适合于开放的空间。

② 微波阻挡报警器。这种报警器由微波发射机、微波接收机和信号处理器组成。使用时将发射天线和接收天线相对放置在监控场地的两端，发射天线发射微波直接送到接收天线。当没有运动目标阻挡微波波束时，微波能量被天线接收，发出正常工作信号，当有运动目标阻挡微波波束时，接收天线接收的能量将减弱或消失，此时产生报警信号。

（6）超声波报警器。超声波报警器与微波报警器一样，都是利用多普勒效应的原理实现的。不同的是，它们所采用的波长不同。通常把20kHz以上的声波称为超声波。当有入侵者在探测区内移动时，超声反射波会产生±100Hz的频率偏移，接收机检测出发射波与反射波之间的频率差异后，就发出报警信号。超声波报警器容易受到震动和气流的影响。使用时，不要放在松动的物体上，同时还要注意周围是否有其他超声波存在，防止干扰。

（7）红外线报警器。红外线报警器是利用红外线能量的辐射及接收技术制成的报警装置。按照工作原理，可以分为主动式和被动式两种类型。

① 主动式红外线报警器。图 4-20 所示的主动式红外线报警器由发射、接收装置两部分组成。发射装置向安装在几米甚至几百米远的接收装置发射一束红外线光束，此光束被遮挡时，接收装置就发出报警信号。因此它也是阻挡式报警器，或称为对射式报警器。红外线对射探头要选择合适的响应时间：太短容易误报，如小鸟飞过、小动物穿过等，甚至刮风都可以引起误报；太长则会漏报。一般以 10m/s 的速度来设定最短遮光时间。例如，人的宽度为 20cm，则最短遮挡时间为 20ms，大于 20ms 报警，小于 20ms 不报警。

主动式红外线报警器有较远的传输距离，因红外线属于非可见光源，入侵者难以发觉与躲避，防范效果明显。

② 被动式红外线报警器。图 4-21 所示的被动式红外线报警器不向空间辐射任何形式的能量，而是采用热释电探测器作

图 4-20　主动式红外线报警器

为红外探测器件，探测监视活动目标在防范区域内引起的红外辐射能量的变化，从而启动报警装

置。当有入侵者进入防范区域时，原来稳定不变的热辐射被破坏，产生一个变化的热辐射，红外传感器接收处理后，发出报警信号。

图 4-21　被动式红外线报警器

被动式红外线报警器具有功耗小、抗干扰能力强、不受噪声影响等优点。

（8）双鉴探测报警器。各种报警器各有优缺点，单一类型的报警器因为环境干扰和其他因素容易引起误报警的情况。为了减少误报，人们提出了互补探测技术的方法，即把两种不同探测原理的探测器组合起来，组成具有两种技术的组合报警器，称为双鉴探测报警器。这种双技术组合必须符合以下条件。

① 组合中的两个探测器有不同的误报机理，而且两个探测器对目标的探测灵敏度又必须相同。

② 当上述条件不能满足时，应选择对警戒环境产生误报率最低的两种类型的探测器，如果两种类型的探测器对外界环境的误报率都很高，当两者组合成双鉴探测器时，不会显著降低误报率。

③ 选择的两种类型的探测器都应为对外界经常或连续发生的干扰不敏感的探测器，且两者都能为对方的报警互相做鉴证，即必须同时或者在短暂时间间隔内相继探测到目标后，经过鉴别才发出报警信号。

常用的双鉴探测报警器有微波与超声波、超声波与被动式红外线、微波与被动式红外线等。

各种探测器误报率的比较如表 4-1 所示。从表中可以看出，微波/被动式红外线双鉴探测报警器的误报率最低，可信度最高，因而应用最广泛。

表 4-1　　　　　　　　　　　各种探测器误报率的比较

类　　别	报警器类别	误　报　率	可　信　度
单一类型探测器	超声波报警器 微波报警器 声控报警器 红外线报警器	4.21%	低
双鉴式探测器	超声波/被动式红外线 被动式红外线/微波 微波/超声波	2.70%	中
	微波/被动式红外线	1%	高

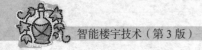

2. 探测报警器的选用

上述各种探测报警器的主要差别在于探测器，而探测器的选用依据则主要有以下几个方面。

（1）保护对象的重要程度。对于保护对象必须根据其重要程度选择不同的保护，特别重要的应采用多重保护。

（2）保护范围的大小。根据保护范围选择不同的探测器，小范围可采用感应式报警器或发射式红外线报警器；要防止人从门、窗进入，可采用电磁式探测报警器；大范围可采用遮断式红外线报警器等。

（3）防范对象的特点和性质。如果主要是防范人进入某区域活动，则采用移动探测报警器，可以考虑微波报警器或被动式红外线报警器，或者同时采用微波与被动式红外线两者结合的双鉴探测报警器。

4.3.3 系统的监控功能

入侵报警系统就是利用各种探测器对建筑物内外的重点区域和重要地点进行布防，防止非法入侵。它应具有以下几个方面的功能。

1. 布防与撤防

在正常工作时，工作人员频繁出/入探测器所在区域，报警控制器即使接收到探测器发来的报警信号也不能发出报警，这时就需要撤防。在工作人员下班后，需要布防。此时如果报警控制器接收到探测器发来的报警信号，就马上发出报警。布防与撤防一般利用报警控制器的键盘来完成。

2. 布防后的延时

如果布防时，操作人员正好在探测区域内，此时布防就不能马上生效，需要报警控制器能够延时一段时间，等操作人员离开后再生效。这就是报警控制器的延时功能。

3. 防破坏

如果有人对线路和设备进行破坏，报警控制器也应当发出报警信号。常见的破坏是线路短路或断路。报警控制器可在连接探测器的线路上加上一定的电流，如果断线，则线路上的电流为零；如果短路，则电流大大超过正常值。这两种情况中发生任何一种，都会引起控制器报警，从而达到防止破坏的目的。

4. 计算机通信联网功能

作为智能保安设备，需要有通信联网功能，这样才能够把本区域的报警信号送到控制中心，由控制中心的计算机来进行数据分析处理，提高系统的自动化程度。

4.4 电子巡更系统

随着现代技术的高速发展，智能建筑的巡更管理已经从传统的人工方式向电子化、自动化方式转变。电子巡更系统是将人工防范和技术防范相结合的安全防范手段。

4.4.1 电子巡更系统功能

电子巡更系统是在防范区域内按设定程序路径上的巡更开关或读卡器，使保安人员能够按照预定的顺序在安全防范区域内的巡视站进行巡逻，可以同时保障保安人员及智能建筑的安全。电子巡更系统通过对小区内各区域及重要部位的安全巡视和巡更点的确认，可以实现不留任何死角的小区巡更网络。

巡更管理系统可以指定保安人员巡逻的巡更路线，并管理巡更点。对保安巡更人员携带巡更器按照指定的路线和时间到达巡更点进行记录，并将记录信息传送到物业管理中心。管理人员可以调阅、打印各保安人员的工作情况，加强保安人员的管理，从而实现人工防范和技术防范的结合。

4.4.2　电子巡更系统的组成及要求

1. 电子巡更系统的组成

电子巡更系统一般由电子巡更仪和巡更仪用智能钥匙组成，如图 4-22 所示。电子巡更仪一般安装在小区四周的重要巡更确认点，当保安人员巡逻到巡更确认点时，对于卡式巡更仪，巡更人员只需要刷卡就可以了；对于使用钥匙的巡更仪，巡更人员只需将智能钥匙插入巡更仪即可。电子巡更系统的组成如图 4-23 所示。

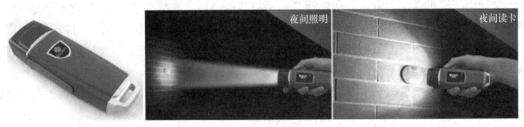

图 4-22　电子巡更仪

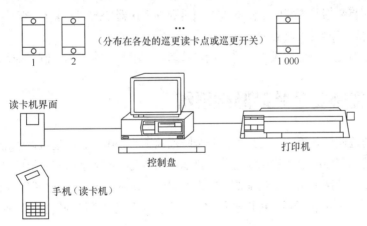

图 4-23　电子巡更系统的组成

2. 智能小区的巡更要求

智能小区应实现 24h 的昼夜巡逻，每个巡逻队一般不少于两人。

巡逻路线是根据防范要求，确定实际路线、距离及每一个巡更点所需要的巡更人员两次到达该处的时间间隔等情况，经过计算机优化组合而形成的若干条巡更路线，并保存在巡更管理计算机数据库中。在巡更过程中，巡更管理计算机动态显示整个小区内各组保安巡逻队的巡逻情况，记录巡逻队到达每个巡更点的时间，并指示下一个要到达的巡更点。如果在规定的时间内巡更人员未到达规定的巡更点，则意味着可能发生了意外情况，物业管理监控中心应立即通过对讲机与巡更人员联系，在联系不上的情况下，随即通知离事发地点最近的保安人员赶赴现场。

当保安巡逻人员在巡逻过程中发现异常情况时，可以通过对讲机报告物业管理监控中心，也可以通过就近的电子巡更仪与物业管理监控中心联络。

4.4.3　电子巡更系统的数据采集方式

目前，电子巡更系统有两种数据采集方式，即在线式和离线式。

1. 在线式

在各巡更点安装控制器，通过有线或无线方式与中央控制计算机联网，有相应的读入设备，保安巡逻人员用接触式或非接触式卡把自己的信息输入控制器并送到控制中心。在线式的最大优点就是它的实时性好。如果巡更人员在规定的时间内未到达规定的巡更点，物业管理监控中心就能立即发觉并做出相应的反应。在线式电子巡更系统特别适合对实时性要求高的场合。

2. 离线式

这种电子巡更系统由带信息传输接口的手持式巡更器（数据采集器）、数据变送器、信息纽扣（安装在预定的巡更点）及管理软件组成。数据采集器具有内存储器，可以一次性存储大量的巡更记录，内置时钟能够准确记录每次工作的时间。数据变送器与计算机进行串行通信。信息纽扣内设随机产生终身不可改变的唯一编码，并具有防水、防腐蚀功能，特别适合室外恶劣环境。系统管理软件具有巡更人员、巡更点登录，随机读取数据、记录数据和修改设置等功能。

巡更人员携带手持式巡更器到各个指定的巡更点，采集巡更信息，完成数据采集。管理人员只需要在主控室将数据采集器中记录的数据通过数据变送器传送到安装有管理软件的计算机中，就可以查阅、打印各巡更人员的情况。

离线式电子巡更系统是无线式，巡更点与管理监控中心没有距离限制，应用场所相当灵活。

4.5　视频安全防范监控系统

视频安全防范监控系统是电视技术在安全防范领域的应用。它通过摄像机记录现场的情况，使管理人员在控制室便能看到建筑物内外重要地点的情况，增加了保安系统的视野，从而大大加强了保安的效果。该系统除了起到正常的监视作用外，还可以记录现场情况，在接到报警系统和出/入口控制系统的报警信号后，可以进行实时录像，录下报警现场的情况，以便取得证据和分析案情。

4.5.1　视频安全防范监控系统的基本组成

视频安全防范监控系统一般由摄像、传输、控制、显示与记录 4 部分组成，各个部分之间的关系如图 4-24 所示。

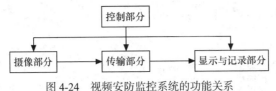

图 4-24　视频安防监控系统的功能关系

1. 摄像部分

摄像部分一般安装在现场，它的作用是对所监视区域的目标进行摄像，把目标的光、声信号变成电信号，然后送到系统的传输部分。

摄像机是摄像部分的核心设备，它是光电信号转换的主体设备。如今随着光电技术的快速发展，摄像机有很多的类型和品种，而摄像机在使用时必须根据现场的实际情况来进行选择，才能保证使用效果。

2. 传输部分

传输部分的任务是把现场摄像机发出的电信号传送到控制中心，它一般包括线缆、调制与解调设备、线路驱动设备等。传输的方式有两种：一是利用同轴电缆、光纤等有线介质进行传输；二是利用无线电波等无线介质进行传输。

3. 显示与记录部分

显示与记录部分是把从现场传送来的电信号转换成图像在监视设备上显示并记录，它包括的设备主要有监视器、录像机、视频切换器、画面分割器等。

4. 控制部分

控制部分一般安放在控制中心机房，通过有关的设备对系统的摄像、传输、显示与记录部分的设备进行控制，以及图像信号的处理。其中，对系统的摄像、传输部分进行的是远距离的遥控。被控制的主要设备有电动云台、云台控制器和多功能控制器等。

典型的视频安全防范监控系统的结构如图 4-25 所示。

4.5.2　视频安全防范监控系统主要设备

视频安全防范监控系统的主要设备有摄像机以及与之配套的镜头、云台、防护罩、云台镜头控制器、画面处理器、视频处理器、监视器和录像机等。

1. 摄像机

在视频安全防范监控系统中，摄像机是摄像头和摄像机镜头的总称。根据摄像机的原理和功能可以有如下分类。

（1）按照性能分类

如图 4-26 所示，摄像机按照性能可分为四大类。

① 普通摄像机：工作于室内正常照明或者室外白天，如图 4-26（a）所示。

② 暗光摄像机：工作于室内无正常照明的环境里，如图 4-26（b）所示。

③ 微光摄像机：工作于室外月光或星光下，如图 4-26（c）所示。

④ 红外摄像机：工作于室外无照明的场所，如图 4-26（d）所示。

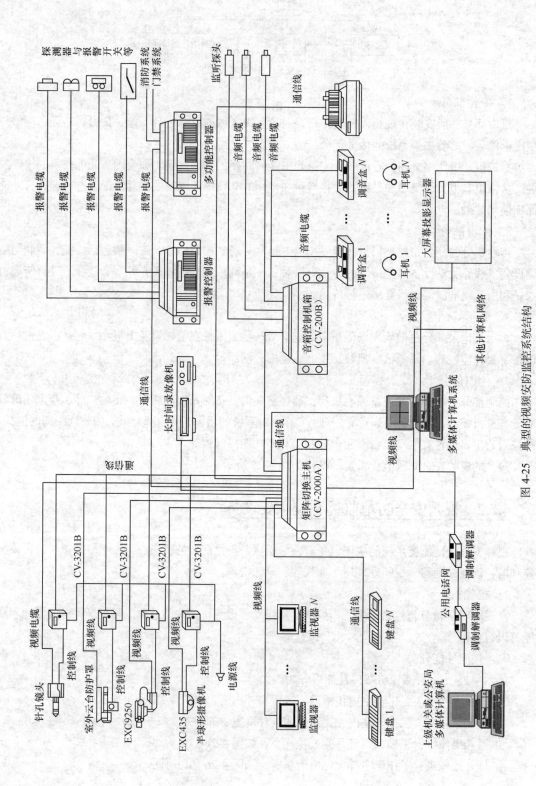

图 4-25 典型的视频安防监控系统结构

（a）普通摄像机　　　　　　　（b）暗光摄像机

（c）微光摄像机　　　　　　　（d）红外摄像机

图 4-26　按性能分类的摄像机

（2）按照功能分类

如图 4-27 所示，摄像机按照功能可分为三大类。

① 视频报警摄像机：在监视范围内，如果有目标在移动，就能向控制器发出报警信号。

② 广角摄像机：用于监视大范围的场所。

③ 针孔摄像机：用于隐蔽监视局部范围。

（a）视频报警摄像机　　　　（b）广角摄像机　　　　　　（c）针孔摄像机

图 4-27　按功能分类的摄像机

（3）按照使用环境分类

如图 4-28 所示，摄像机按照使用环境可分为两大类。

（a）室内摄影机　　　　　　　（b）室外摄影机

图 4-28　按使用环境分类的摄像机

① 室内摄像机：摄像机外部无防护装置，使用环境有要求。

② 室外摄像机：用于室外的监视，必须考虑室外恶劣的工作环境。在摄像机外要安装防护罩，内设遮阳罩、降温风扇、雨刷、加热器等。

（4）按照结构分类

如图4-29所示，摄像机按结构可分为四大类。

① 固定式摄像机：用于监视固定目标。

② 旋转式摄像机：带旋转云台的摄像机，可做上、下、左、右旋转。

③ 球形摄像机：可以根据监视的范围，进行90°垂直旋转、360°水平旋转、预置旋转等。

④ 半球形摄像机：吸顶安装，可做上、下、左、右旋转。

（a）固定式摄影机

（b）旋转式摄影机

（c）球形摄影机

（d）半球形摄影机

图4-29　按结构分类的摄像机

（5）按照图像颜色分类

① 黑白摄像机：图像颜色只有黑白两种颜色，清晰度和灵敏度高，但不能显示图像的真实颜色。它适用于光线不足和一般监视。

② 彩色摄像机：能够显示图像的真实颜色，适用于景物细部辨别等要求较高的监视。

2. 摄像机镜头

（1）镜头概述

摄像机镜头是视频监视系统的最关键设备，它相当于人眼的晶状体，如果没有晶状体，人眼就看不到任何物体。镜头质量的优劣直接影响摄像机的整体质量。因此，摄像机镜头的选择是否合适，既关系到系统质量，又关系到工程造价。

镜头的分类可以有多种方法，归纳起来如表4-2所示。

表4-2　镜头的分类

按外形功能分	按尺寸大小分	按光圈分	按变焦类型分	按焦距长短分
球面镜头	1英寸（25mm）	自动光圈	电动变焦	长焦距镜头
非球面镜头	1/2英寸（13mm）	手动光圈	手动变焦	标准镜头
针孔镜头	1/3英寸（8.5mm）	固定光圈	固定焦距	广角镜头
鱼眼镜头	2/3英寸（17mm）			

从表 4-2 中可以看到，镜头的主要技术指标有尺寸大小、光圈类型、变焦类型、焦距的长短等。

（2）光圈类型

镜头的光圈是指通光量，以镜头的焦距和通光孔径的比值来衡量。光阑系数 F 为

$$F=f/d^2$$

式中：f 为焦距；d 为通光孔径。F 值越小，则光圈越大。如镜头上光圈指数序列的标值为 1.4、2、2.8、4、5.6、8、11、16、22 等，其规律是前一个标值的曝光量正好是后一个标值对应曝光量的 2 倍。因此，光圈指数越小，则通光孔径越大，成像靶面上的照度也就越大。

镜头类型有手动光圈和自动光圈之分。手动光圈镜头适合于亮度不变的应用场合。自动光圈镜头因亮度变化时其光圈也进行自动调整，故适用于亮度变化的场合。

焦距的计算公式为

$$f=wL/W \text{ 或 } f=hL/H$$

式中：w 为图像的宽度（被摄物体在 CCD 靶面上的成像宽度）；W 为被摄物体的宽度；L 为被摄物体至镜头的距离；h 为图像的高度（被摄物体在 CCD 靶面上的成像高度）；H 为被摄物体的高度。

（3）焦距

焦距的大小决定着视场角的大小。焦距数值小，视场角大，所观察的范围也大，但是距离远的物体分辨不太清楚；焦距数值大，视场角小，所观察的范围也小。所以，如果要看细节，就选择长焦距镜头；如果看近距离大场面，就选择短焦距的广角镜头。只要焦距选择合适，即便距离很远的物体也可以看得清清楚楚。

（4）变焦类型

变焦类型有固定焦距、手动变焦、自动变焦 3 种。

① 固定焦距镜头一般与电子快门摄像机配套，适用于室内监视某个固定目标和场所。固定焦距镜头一般又分为长焦距、中焦距和短焦距镜头。焦距大于成像尺寸的镜头称为长焦距镜头，又称为望远镜头，这类镜头的焦距一般在 150mm 以上，主要用于监视较远处的目标。中焦距镜头是焦距与成像尺寸相近的镜头。焦距小于成像尺寸的镜头称为短焦距镜头，又称为广角镜头，该镜头的焦距通常在 28mm 以下。短焦距镜头主要用于环境照明条件差、监视范围要求宽的场合。

② 手动变焦镜头一般用于科研项目而不用在闭路电视监视系统中。

③ 自动变焦镜头有电动调整和预置两种。电动调整是由镜头内的电动机驱动，预置是通过镜头内的电位计预先设置调整停止位，这样就可以免除成像过程中的逐次调整，可以精确与快速定位。在球形罩一体化摄像系统中，大部分采用带预置位的伸缩镜头。电动变焦镜头可与任何 CCD 摄像机配套，在各种光线下都可以使用，它通过遥控装置来进行光圈调整、改变焦距、对焦等，它是在测焦系统与电动变焦反馈控制系统的控制下完成的。

自动变焦镜头通常要配合电动光圈镜头和电动云台使用。

3．云台

摄像机云台是用来安装摄像机的工作台，有手动和电动两种。电动云台是在微电机的带动下进行水平和垂直旋转，它与摄像机配合使用能够达到扩大监视范围和跟踪目标的目的。有的电动云台还具有自动巡视功能，这就需要增加云台的自动控制。

云台的主要技术指标有回转范围、承载能力、旋转速度、安装方式等。

① 云台的回转范围有水平旋转角度和垂直旋转角度两个指标。现在这两个指标都可以实现 0°～360° 的旋转。

② 承载能力是指云台的负重，选用云台时必须考虑。一般轻载云台最大负重约 9kg，重载云台最大负重约 45kg。

③ 云台的旋转速度可分为恒定速度和可变速度。普通云台的转速是恒定的，可变速度云台需要根据使用要求选择水平和垂直旋转的速度。

④ 云台的安装方式有侧装和吊装两种，即云台可以安装在墙壁和天花板上。

4．防护罩

防护罩主要用来保护摄像机。防护罩种类很多，主要分为室内型、室外型和特殊类型等几种。

① 室内型防护罩以装饰性、隐蔽性和防尘为主要目标，又可分为简易防尘、防水型和通风冷却型两种。

② 室外型防护罩属于全天候应用，必须能够适应不同的使用环境，特别是恶劣的天气环境。室外型防护罩的功能主要有防晒、防雨、防尘、防冻、防结露和防腐蚀等。室外型防护罩的密封性能必须要好，保证雨水不能进入防护罩内部侵蚀摄像机。有的室外型防护罩还带有排风扇、加热板和刮雨刷等，可以更好地保护摄像机。根据使用功能，室外型防护罩可分为防尘、防水型，带加热、排风冷却型，带雨刷、加热、排风冷却型等。

③ 特殊类型包括高温下水冷或强制风冷型、防爆型、特殊射线防护型及其他类型。

摄像机防护罩的选择，首先是要包容所保护的摄像机，并留有适当的富余空间；其次是根据使用环境选择合适的防护罩类型；最后还要考虑外观、重量和安装等因素。

5．云台镜头控制器

云台镜头控制器简称云镜控制器，能实现对电动镜头、电动云台及防护罩的附属功能的自动控制。

云镜控制器按照控制路数的多少可分为单路和多路两种，按照控制功能可分为水平云镜控制器和全方位云镜控制器两种。

云镜控制器用来控制云台的旋转，变焦镜头的焦距和光圈的大小，摄像机电源的通断，防护罩的附属功能的实现等。

云镜控制器通过有线传输方式传送控制信号，进行远距离控制。

6．画面处理器

画面处理器是用一台监视器显示多路摄像机图像或一台录像机记录多台摄像机信号的装置。画面处理设备可以分为两大类：画面分割器和复用处理器。

（1）画面分割器。画面分割器是将多个视频信号进行数字化处理，经过像素压缩法把每个单一画面压缩成为几分之一，分别放置在不同位置，在监视器上组合成多个画面显示。录像机同时实时地录下多个画面，并作为单一的画面来处理。画面分割器有 4 分割、9 分割、16 分割几种。分割越多，每路图像的分辨率和连续性都会下降，录像效果也变差。

画面分割器的常见功能：多路音视频输入/输出端子；可顺序显示单一画面图像，也可顺序显示多路输入图像；可以叠加时间和字符；快速放像、画面静止；画中画与图像局部放大；可独立调整每路视频的亮度、对比度、色度等；RS232 远地控制及联网等。

（2）复用处理器。复用处理器也称为图框压缩处理器，是按图像最小单位（场或帧）依序编码个别处理（场切换按 1/60s 处理，帧切换按 1/30s 处理），按照摄像机的顺序依次录在磁带上，编上识别码，录像回放时取出相同识别码的图像集中存放在相应的图像存储器上，再进行像素压缩后送给监视器以多画面方式显示。该方式是让录像机依次录下每部摄像机输入的画面，每个图框都是全画面，在画面质量上不会有损失。然而画面的更新速率随着摄像机数量的增多会不断减小，所以画面有延迟现象。

7. 视频处理器

视频处理器包括视频放大器和视频运动检测器。

（1）视频放大器。视频放大器是对经过长线传输产生了衰减的视频信号进行放大，以保证信号达到正常的幅值。需要注意的是，视频放大器对视频信号和噪声同样具有放大作用，因此，在传输线路中，放大器的数量是有限制的。为了减少信号的衰减，可以增大传输线的直径和采用光纤传输信号。

（2）视频运动检测器。当所监视的区域内有活动目标出现时，视频运动检测器可以发出报警信号并启动报警联动装置。视频运动检测器在视频安全防范监控系统中起到探测报警器的作用。视频运动检测器是根据视频取样报警的，当监视现场有异常情况发生时，警戒区内图像的亮度、对比度等都会产生变化，当这一变化超过设定的安全值时，就可发出报警信号。

8. 监视器

监视器是用来显示摄像机传送来的图像信息的终端显示设备。监视器和电视机的主要区别在于监视器是接收视频基带信号，而电视机接收的是经过调制的高频信号。监视器是按工业标准生产的，其稳定性和耐用性比电视机高很多。

监视器按照色彩可分为黑白监视器和彩色监视器。

（1）黑白监视器根据使用不同，可分为通用型应用级和广播级两类。视频安全防范监控系统一般使用通用型应用级。黑白监视器的主要性能指标有视频通道频响、水平分辨率及屏幕大小。视频通道频响要求通用型应用级为 8MHz，广播级在 10MHz 以上。水平分辨率通用型应用级为 600 线，广播级为 800 线以上。屏幕大小有 9 英寸、14 英寸、18 英寸、21 英寸等多种。

（2）彩色监视器可分为精密型、高质量、图像、收监两用等类型。精密型彩色监视器的分辨率可达 600～800 线，图像清晰、色彩逼真、性能稳定，但价格昂贵，主要用于电视台的主监视器或测量。

监视器类型的选择应与前端摄像机类型基本匹配；监视器有不同的制式，选用时要特别注意；屏幕的大小要与所显示的视频图像相匹配。

9. 录像机

录像机是记录和重放设备，通过它可以对摄像机传送来的视频信号进行实时记录，以备查用。与普通的家用录像机相比，视频安全防范监控系统使用的录像机还应有如下特殊功能：记录时间，录像时间远比家用录像机长，最多可达 960h；要能够进行自动循环录像；具有报警输入及报警自动录像功能，即当接收到报警信号时，录像机由间隔录像自动转换到标准实时录像，或者由停止状态直接启动进入标准实时录像，保证了在报警状态下所记录的视频图像的完整，并且录像机还有把报警信号输出到报警联动装置上的功能；具有时间字符叠加功能，以对录像机记录的内容进行确认，为今后的复查提供方便；具有电源中断恢复后能够自动重新记录的功能。

数字硬盘录像机是计算机技术与录像机技术相结合的产物，它能把音/视频信号用数字方式记录在硬盘里并能将选定的图像重放出来，是一种数字化的录像和存储，可以确保图像质量和海量存储，现在已经得到了大量使用。

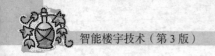

4.5.3　视频安全防范监控系统的功能

视频安全防范监控系统是在需要防范的区域和地点安装摄像机，把所监视的图像传送到监控中心，监控中心进行实时监控和记录。它的主要功能有以下几个方面。

（1）对视频信号进行时序、定点切换、编程。

（2）查看和记录图像，应有字符区分并作时间（年、月、日、小时、分）的显示。

（3）接收安全防范系统中各子系统信号，根据需要实现控制联动或系统集成。

（4）视频安全防范监控系统与安全防范报警系统联动时，应能自动切换、显示、记录报警部位的图像信号及报警时间。

（5）输出各种遥控信号，如对云台、摄像机镜头、防护罩等的控制信号。

（6）系统内外的通信联系。

其中，系统的集成和控制联动需要认真考虑才能做好。因为在视频安全防范监控系统中，设备很多，技术指标又不完全相同，如何把它们集成起来发挥最大的作用，就需要综合考虑。控制联动是把各子系统充分协调，形成统一的安全防范体系，要求控制可靠，不出现漏报和误报。

4.5.4　模拟、数字和网络视频监控技术

视频监控系统发展的短短三十几年时间，从最早模拟视频监控到数字视频监控，再到现在逐步兴起的网络视频监控，发生了日新月异的变化。

1. 模拟视频监控技术

模拟视频监控技术发展已经非常成熟、性能稳定，并在实际工程应用中得到广泛应用，特别是在大、中型视频监控工程中的应用尤为广泛。

模拟监控系统的主要缺点有以下几点。

（1）通常只适合于小范围的区域监控。模拟视频信号的传输工具主要是同轴电缆，而同轴电缆传输模拟视频信号的距离不大于1km，双绞线的距离更短，这就决定了模拟监控只适合于单个大楼、小的居民区以及其他小范围监控的场所。

（2）系统的扩展能力差。对于已经建好的系统，如要增加新的监控点，往往是牵一发而动全身，新的设备也很难添加到原有的系统之中。

（3）无法形成有效的报警联动。在模拟监控系统中，由于各部分独立运作，相互之间的控制协议很难互通，联动只能在有限的范围内进行。

2. 数字视频监控技术

基于Windows的数字视频监控技术随着视频编解码技术的产生而发生，是以数字视频处理技术为核心，以计算机或嵌入式系统为中心，视频处理技术为基础，利用图像数据压缩的国际标准和综合利用光电传感器、计算机网络、自动控制和人工智能等技术的一种新型监控技术。系统在远端安装若干个摄像头，通过视频线汇接入监控中心的工控机或硬盘录像机。

数字视频监控系统除了具有传统闭路电视监视系统的所有功能外，还具有远程视频传输与回放、自动异常检测与报警、结构化的视频数据存储等功能。数字监控系统稳定性较差，可靠性不高，需要多人值守，软件开放性差，图像传输距离有限。

3. 网络视频监控技术

网络视频监控系统中所有的设备都以 IP 地址来识别和相互通信，采用通用的 TCP/IP 协议进行图像、语音和数据的传输和切换。由于电信运营商建设的运营级网络视频监控平台不再受地域的限制，不再受规模的束缚，系统具有强大的无缝扩展能力，视频监控行业与互联网结合，催生了更加互联网化的业务场景，如家庭安防、家庭看护、店铺看护等。随着宽带网络技术及数字处理技术和音/视频解码效率的改进，视频监控系统正在进入全数字网络化的新阶段。

流媒体技术是在网络上发布多媒体数据流的技术，是近年来在视频监控中应用的网络视频监控技术之一。它缩短启动延时，不需要太大缓存容量，改善互联网传输音视频难的局面，使音视频和其他多媒体能在网络上以实时的、无须下载等待的方式进行播放。将流媒体技术应用于远程网络视频监控是安防监控领域的巨大突破。具体应用中，视频服务器把存储在存储系统中的监控视频信息以视频流的形式，通过网络接口发送给相应的客户，并响应客户的交互请求，保证监控视频流的连续输出。目前，随着流媒体日趋丰富、用户对流媒体需求的增加，特别是流媒体技术的完善，其在视频监控等的应用将会越来越广泛。

4. 3 种监控技术的比较

模拟、数字和网络视频监控技术之间的比较如表 4-3 所示。

表 4-3　　　　　　　　　　　　　　　　3 种监控技术的比较

类别	模拟视频监控技术	数字视频监控技术	网络视频监控技术
系统稳定性	该系统技术含量不高，系统功能单一但相对稳定	该技术基于计算机发展和视频压缩技术出现而产生，由于操作系统本身的缺陷带来该系统一定程度的不稳定性，随着工控机和嵌入式系统发展，该系统在稳定性上有所改善	该系统大量使用高性能服务器保障了整个系统的稳定运行，再结合服务器双备、UPS 不间断电源和稳定的传输网络等，实现系统稳定运行
系统安全性	图像信息直接采用模拟方式送入电缆，传输电缆易受环境和人为破坏，操作界面无认证功能，安全性较差	使用软件方式调看图像，需要进行用户认证，但无法较好防范因操作系统漏洞造成的网络攻击，在网络上传输的媒体数据包没有加密措施，容易被截取或替换	采用高性能硬件防火墙，前端设备对媒体数据包可做 128 位加密，用户登录经过认证，同时可限制或允许特定登录 IP，保障监控平台不受非法入侵、恶意攻击和病毒感染等
系统容量	适合小型本地化监控，设备一般可达 16×64 路能力，监控点增加时需再配矩阵	适合中小型规模、有一定网络需求的小范围监控，设备一般可支持 64 路接入，还可进行少量级联来扩大规模，一般最大可达到一两百路	适合大规模、有远程访问需求的大型监控系统，设备接入端可达数千路
接入方式	基本不涉及网络，监控前端和控制室通过模拟视频线直接连接，方式单一	一般限于小型化局域网内使用	具有强大线路适应能力，监控前端可通过 LAN、ADSL、光纤等多种线路接入
存储方式	一般采用直接对模拟视频进行录像的方式，存储介质为磁带，检索回放复杂，占空间，保存麻烦	用 PC 硬盘作为存储介质，支持长时间连续录制，检索回放简单	采用超大容量磁盘阵列设备或云端，采用 MPEG-4/H.264 格式，对视频信息进行压缩，降低对传输宽带的要求，支持远程回放及下载录像
传输距离	受同轴电缆及线路上信号放大器数量影响，监控范围一般在数百米之内	可在局域网规模限制下进行远程访问	在网络运营商涉及之处可随时随地查看授权范围内地点的现场情况

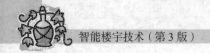

4.6 智能安全防范系统的集成

智能安全防范系统是由出/入口控制系统、入侵报警系统、电子巡更系统、停车场监控系统、视频安全防范监控系统及消防报警控制系统组成的保障智能建筑安全的大系统。通过通信和管理软件，将各子系统协调起来，这就是智能安全防范系统的集成。

4.6.1 智能安全防范系统的集成模式

智能安全防范系统的集成有3种模式。

1. 集成式安全防范系统

集成式安全防范系统是通过统一的通信平台和管理软件，在安保控制中心对全系统（包括消防报警控制系统）进行统一、协调集成的自动化管理。

2. 综合式安全防范系统

综合式安全防范系统是通过统一的通信平台和管理软件，把安保控制中心的设备与安全防范系统中各子系统设备连网，安保控制中心对安全防范系统的信息进行集中管理。

3. 组合式安全防范系统

组合式安全防范系统是将安全防范系统中各子系统分别单独设置独立的功能，并由安保控制中心统一管理。

上述3种系统集成模式方便满足甲、乙、丙3类智能建筑的安全防范要求。

4.6.2 安全防范联动控制的集成管理系统

智能建筑的智能化子系统很多，功能各不相同，但相互之间又存在一定的关联性，可以采用集成管理系统来综合协调与管理。该系统应提供与安保控制中心互联所必需的标准通信接口和通信协议，应能实时观察到出/入口控制系统、入侵报警系统、电子巡更系统、停车场监控系统、视频安全防范监控系统及消防报警控制系统的以下相关信息。

（1）实时显示摄像机的分布位置、状态、图像信号与报警联动的平面发布图。

（2）入侵报警系统各探测器的分布位置和状态，入侵报警系统的设防和撤防等情况。

（3）出/入口控制系统平面分布图、各出/入口控制的状态。

（4）各巡更点分布位置与状态。

（5）停车场监控系统的位置与相关状态。

（6）提供各子系统之间联动控制的情况。

（7）提供消防报警控制系统的分布位置与有关的状态。

以上信息要以数据和图像的方式提供。

系统的集成应实现建筑设备自动化系统、安全防范系统、消防报警控制系统及物业管理等整个系统联网，并对全系统进行信息集成的自动化管理。

4.6.3 安保控制中心

安保控制中心是辖区内安全保卫工作的指挥中心、观察中心，也是安全防范设备控制中心。

在现代智能建筑中，往往把安保控制中心和消防管理中心、楼宇设备管理、信息情报管理结合在一起，形成智能建筑的监控中心。

安保控制中心应设置多个必要的闭路电视监控器，设置入侵报警及出/入口、停车场、电子巡更的集中管理系统，凡是设在所管辖区域内的各种探测器、摄像机、报警按钮等信号均要送到安保控制中心。安保控制中心必须对保卫范围内的重点要害部位全面掌握，可以绘图列表，也可以用模拟盘显示及电视屏幕显示。

安保控制中心还要有齐全的消防设备和器材、健全的管理措施。

4.7 智能安全防范系统工程实例

随着 21 世纪的到来，我们居住的地球正处在一个信息革命和知识经济的时代。随着我国经济的发展、生产力的发展，以及人民生活水平的提高，住宅除了满足人们最基本的居住要求外，还必须满足办公、教育、娱乐、会客、健身、储物、停车等多项要求。与此同时，人们对生活的舒适性、便利性、安全性和高效性提出了更高的要求，智能化住宅小区由此产生。对于一个住宅小区而言，居民的安全是首要的。为了保障小区内的财产和居民的安全，必然要运用各种高新信息技术，预防和解决小区内的入室盗窃及抢劫、家庭各种灾害及意外事故等的发生。

××花园智能化住宅小区位于重庆高新技术区，是国家 2000 年小康型城乡住宅科技产业工程，是智能住宅示范小区，也是集商住楼、金融、商业、文化、教育及娱乐等配套设施齐全的中高档居住园区。整个园区占地 4.7 万平方米，建筑面积 11 万平方米，可为居住在园区的 626 户居民提供安全、舒适、便捷的高品位生活环境。

该园区安全防范报警系统主要包括闭路电视监控、入侵报警、紧急按钮报警、燃气泄漏报警、感烟报警、可视对讲、周边防范、巡更管理等子系统。园区保安中心负责集中监视管理各子系统。

1. 视频安全防范监控系统

该系统的主要作用是辅助保安系统对小区的周边防范系统及小区重要方位的现场实况进行实时监视；通过多台摄像机对园区的公共场所、园区大门、地下停车场及小区周界等处进行监控；当保安系统发生报警时会联动开启摄像机并将该报警点所监视区域的画面切换到主监视器上，同时启动录像机记录现场实况。该系统采用 32×5 矩阵交换系统，利用系统控制台，操作人员可以任意选取某个摄像机，将其图像显示在所用的监视器上。操作人员可以通过操纵杆对摄像机的镜头进行遥控，扩大监视范围，提高现场图像的清晰度。

该系统配有一个 16 路防区的报警箱及多媒体监控计算机，实现了与小区周边红外线报警监控联动，并与小区管理软件联动（通过多媒体监控计算机实现）。

2. 周边防范系统

智能化住宅小区的周边防范系统是防止人员从非入口处未经允许擅自闯入小区，以避免各种潜在的危险。××花园智能化住宅小区采用主动式远红外光束控制设备，与视频安全防范监控系统配合使用，性能好，可靠性高。

该系统的红外线探测器能自动侦测侵入的人或物并同时发出报警声音，不需要保安人员长时间监看屏幕；该系统采用低照度夜猫眼彩色摄像机，不需要加照明设备日夜共用；对下雨、下雪、多云的天气及太阳辐射的变化，对飞鸟与树叶、荧光灯等都不会发生错误的报警。

3. 巡更管理系统

××花园智能化住宅小区的巡更管理系统采用动态实时在线巡查系统技术，进行园区巡更计算机管理。园区巡更路线是根据园区各个巡更点的重要程度、实际路线、距离等情况，经过计算机优化组合成数十条巡更路线，保存在巡更管理计算机数据库内。具体的当班巡更路线由计算机随机确定，避免内外勾结犯罪。

每条巡更路线上有数量不等的巡更点，巡更点设置读卡机，从而将巡更人员到达每个巡更点的时间、巡更点动作等信息记录到系统中，在保安中心，通过查阅巡更记录就可以对巡更质量进行考核。这样对于巡更人员是否进行了巡更、是否改道绕过或减少巡更点、延长巡更时间等行为均有考核的凭证，也可以此记录来判断发案的大概时间。

4. 可视对讲系统、家居安全防范系统

××花园智能化住宅小区是集可视对讲、红外线防盗、门磁开关、燃气泄漏报警、感烟报警、紧急按钮报警于一体的智能入侵报警系统。设备安装在小区各建筑的每个单元入口、住宅户内及保安中心（管理主机），每户设红外线探头、门磁开关、感烟探头、燃气探测器、紧急报警按钮、壁挂黑白室内可视对讲机及报警控制器。每个单元入口设置一台门口主机，在保安中心设置一套管理主机。当有客人来访时，按下室外按钮或被访者的房间号码，住户室内分机会发出振铃声，同时，室内机的显示屏自动打开，显示出来访者的图像及室外情况。主人提机与客人对讲通话，确认身份后可通过户内分机的开锁键遥控大门电控锁让来访客人进入。客人进入大门后，闭门器使大门自动关闭。可视对讲系统采用夜间红外线照明设计，使白天、黑夜均清晰可见。

此系统将楼宇对讲及报警求助结合起来，且能连上计算机并配有相应的管理软件，这样就为整个小区的智能化集成创造了很好的条件。

对该系统的特点描述如下。

（1）可视对讲系统。该系统采用密码开锁，实行一户一码制，保证了密码开锁的保密性和唯一性，住户可以随时改变密码。这套系统装有防拆装置，有人破坏时，主机和管理机就同时发出报警声音。保安中心通过管理主机，可以对小区内各住宅楼对讲系统的工作情况进行监视。如有住宅楼入口门被非法打开、对讲主机或线路出现故障，小区对讲管理主机会发出报警信号、显示出报警的内容及地点。保安中心还可通过管理主机拨号选通各门口并监视各栋楼门口情况。

管理主机可带248个门口机和6个副管理机，这样就解决了小区多个出/入口的管理。管理主机可自由选呼各用户分机和副管理机，而副管理机可呼叫管理主机，其他副管理机及用户分机可以进行双向对讲，用户分机也可呼叫管理主机，这样就在一个小区范围内建立了通信联网。小区物业管理部门与住户、住户与住户之间可以用该系统互相进行通话，如物业部门通知住户缴纳各种费用、住户通知物业管理部门对住宅设施进行维修、住户在紧急情况下向小区的保安人员或邻里报警求救等。

（2）家居安全防范系统。××花园智能化住宅小区的住户居室设有国内一流的家居安全防范系统，与上述园区公共部分的周边防范、保安监控、巡更管理及可视对讲构成该园区的智能安全防范体系。

家居安全防范系统包括5项内容：门磁开关、红外线探测器、燃气探测器、感烟探头、紧急报警按钮。在每个住户家里都设置一个控制报警器，它能连接5路报警源（即5路防区），这样可以把门磁开关、红外线探测器、燃气探测器、感烟探头等不同的探头接到不同的防区，以保证报警时能明确区分是哪一路报警。

5. 入园识别系统

在××花园智能化住宅小区的园区大门入口处，设有居民入园时确认身份用的智能出/入口控制系统和供车辆进出识别用的停车场管理系统。当人员进出园区、车辆进出地下停车场时，要使用自己的感应卡，经读卡器识别有效后，方可允许进出。

小区保安中心为园区居民、临时住户及来访客人发放与持卡人唯一对应的感应卡。每个感应卡都已在保安中心注册授权，当持有人不慎将卡丢失，应立即通知保安中心挂失处理，并领取新卡。园区的全部读卡器均通过现场控制总线与保安中心联网，它可以准确地记录每一个持卡人的每次进出时间。当系统中任何一台装置发现有挂失的感应卡使用时，系统会自动报警，提醒保安人员进行处理。

随着科学技术的迅猛发展，安全防范技术也得到迅速发展。智能园区的安全防范系统正朝着多功能型方向发展，它必将是现代探测技术、通信技术和计算机网络技术相结合的产物。因此，现阶段智能园区的安全防范系统是一项包括总体设计、设备选择、完善管理制度在内的综合系统，必须处理好工程造价、系统可靠性和人员可操作性的综合关系。

4.8 入侵报警系统的安装、调试实训

1. 实训目的

通过入侵报警系统实训装置，建立对安全防范系统中的入侵报警系统的完整认识，可以进行一些简单的设计，培养学生具有熟练完成入侵报警系统安装调试的能力。

2. 实训条件

入侵报警系统实训装置框图如图 4-30 所示。

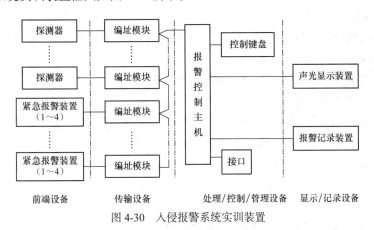

图 4-30 入侵报警系统实训装置

3. 实训内容

（1）认识入侵报警系统工程中的设备器材。

（2）识读入侵报警系统工程主要的技术文件和图纸。

（3）熟悉线路隐蔽工程，根据技术文件和图纸检查敷设的线缆。

（4）根据系统图和接线图正确安装、调试各种设备器材。

（5）对报警主机进行简单编程。

（6）判断并排除常见故障。

（7）对所安装的入侵报警系统工程进行测试，并书写相关的检测报告。

4．实训方法和步骤

（1）根据系统框图，认识系统中的各种设备，阅读相关设备的技术说明书，知道设备的相关技术参数及使用方法。

① 认识前端设备中的各种探测器。

a．主动式红外对射探测器。

b．被动式红外探测器。

c．微波＋人体热释电双鉴探测器。

d．紧急按钮、报警开关。

② 认识编址模块，根据前端设备的数量，合理配置编址模块。

③ 认识报警控制主机。了解设备型号、可以控制的探测器数量、输入/输出信号电平、外部接口数量等。

④ 认识控制键盘及显示器。掌握键盘上各键的具体作用，能够正确使用键盘输入命令并进行编程操作；会正确读出显示器的内容。

⑤ 认识声光报警装置：警笛和光报警器。

⑥ 认识报警记录设备。

（2）根据系统要求及设备的技术参数，正确连接设备，检查无误后，方可对设备通电。

（3）通电检查各设备的初始状态，如果正常，方可进行参数设置；如果不正常，需要对照设备说明书，检查原因，排除故障，直至设备正常。

（4）通过控制键盘，对报警控制主机编程。

① 根据探测器的分布区域，设置防区。

② 对防区进行布防或拆防。

（5）对设防区域进行检验，当有入侵情况发生时，系统应能通过警笛和光报警器进行声光报警。

5．实训要求

（1）根据入侵报警系统框图，画出设备连接图。

（2）列出入侵报警系统中的设备清单、现场主要作用。

（3）写出主要设备安装调试的方法。

（4）写出报警控制主机编程的主要方法。

（5）写出安装调试中常见故障检测及排除的具体做法。

（6）对入侵报警系统安装调试进行总结，写出实训报告。

4.9 视频安全防范监控系统实训

1．实训目的

通过一个实际的视频监控系统，认识视频监控系统的组成、设备类型、系统结构及应用场所，知道视频监控系统线缆的分类和选型，能结合具体工程列出设备清单，画出系统图，能初步编写设计方案，组织项目施工。

2．实训条件

一个实际使用的视频监控系统，其电气接线图如图 4-31 所示。

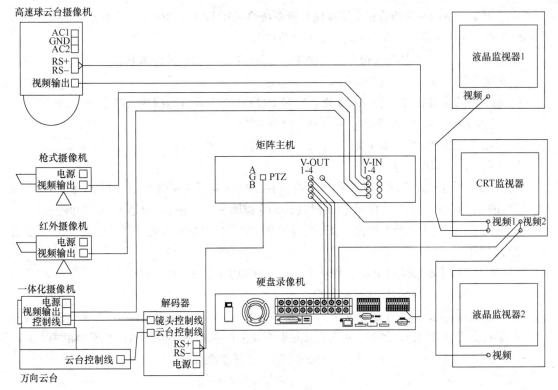

图 4-31　视频监控系统电气接线

3．实训内容

根据视频监控系统的电气接线图，识读视频监控系统接线图，理解系统的组成，建立对实际设备的认识，理解设备的技术参数，能够正确选用设备、连接设备并编程使用。

4．实训方法和步骤

（1）结合实际系统，认识各种设备。阅读设备的技术说明书，了解各种设备的技术参数及应用场所。

① 各种不同类型的摄像机。

② 视频分配器。

③ 矩阵主机及控制键盘。

④ 硬盘录像机。

⑤ 阴极射线显像管（CRT）、液晶监视器。

（2）根据设备说明书的要求，选择合格的连接线缆。

（3）根据系统及设备要求，正确连接线缆。

（4）在检查连线正确后，设备通电。

（5）根据系统要求，检查已经安装的设备是否达到技术要求。

（6）若设备未达到要求，则根据说明书进行调试，找出原因，并做好记录。

（7）按照系统要求，通过控制键盘，对矩阵主机和硬盘录像机分别进行使用编程。

（8）通过控制键盘，对监视器进行使用编程。首先，解除主机锁定：当键盘显示"Password"时提示输入操作员密码。输入密码，按【🔒】键登录。

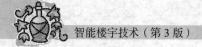

① 判断实训室内 6 个摄像机分别如何对应系统的编号 1~6，判断 4 个监视器分别如何对应系统的编号 1~6（注意：监视器号码有 2 个号轮空）。

操作提示：例如，选择 3 号摄像机图像在 1 号监视器上显示，操作如下。

a. 按数字【1】键，再按【MON】键。

b. 按数字【3】键，再按【CAM】键，此时 1 号监视器显示 3 号摄像机图像。

用上述方法确定 6 个摄像机的位置，画出分布简图。

② 设定 4 号监视器分别显示 2 号、4 号、6 号摄像机信号。

③ 向前、向后切换图像。

操作提示：按【Next】键，则图像变为向前切换的方式运行（递增）。按【Last】键,图像变为向后切换的方式运行（递减）。使用【Last】、【Next】键则 3 号监视器上显示 1~6 号摄像机信号。

④ 调整操作杆使两台云台摄像机实现转动功能，实现放大缩小功能，直到画面显示桌上摆放的教材封面为止。

操作提示：按【ZOON+】键，图像放大；按【ZOON－】键，图像缩小。

⑤ 实现底面墙壁云台的自动扫描功能。

操作提示：调所要控制的摄像机至受控监视器，按 0→Aux→On(启动)，0→Aux→Off(停止)。

⑥ 编程实现自动扫描，例如，实现在 2 号监视器上切换 1~6 号摄像机，画面停留 3s。

操作提示：按数字【3】键，再按【MON】键（选择监视器）；

按数字【4】键，再按【Time】键（输入自由切换停留时间）；

按数字【1】键，再按【ON】键（选择起始摄像机号）；

按数字【6】键，再按【Off】键（选择结束摄像机号）。

运行自由切换：按数字【0】键，再按【Run】键，输入摄像机号，再按【CAM】键，即可停止切换的运行。

5. 实训要求

（1）根据视频监控系统电气接线图，画出视频监控系统的框图。

（2）写出系统中的设备清单及主要作用。

（3）观察现场摄像头，查阅网络资料，依次写明每个摄像头名称、特点。

（4）写出实训报告。

本章小结

安全防范系统的根本任务是利用现代化的设备和技术手段，建立人防与技防相结合，多层次、全方位的立体化安全防范体系，保证智能建筑内部人身、财产的安全。智能建筑的安全防范系统由出/入口控制系统、入侵报警系统、电子巡更系统和视频安全防范监控系统组成，各个系统有机、协调地进行工作。本章最后通过实例介绍了安全防范系统的实际应用。

复习与思考题

1. 简述智能建筑安全防范系统的组成及功能。
2. 出/入口控制系统由哪些部分组成？具有哪些主要功能？
3. 入侵报警系统有哪些基本组成部分？
4. 常用的探测报警器有哪些？
5. 简述电子巡更系统的组成及功能。
6. 视频安全防范监控系统有哪些基本组成？
7. 视频安全防范监控系统有哪些主要设备？
8. 简述视频安全防范监控系统的工作过程。

第5章

火灾自动报警系统

知识目标

（1）掌握火灾自动报警系统的相关知识。

（2）掌握火灾探测器的相关知识。

（3）掌握火灾报警控制器的相关知识。

（4）掌握火灾自动报警联动控制系统的知识。

能力目标

（1）会根据火灾防范要求，正确选用火灾探测器。

（2）会正确选用火灾报警控制器。

（3）会根据火灾自动报警联动控制要求，正确选用相关设备。

　　智能建筑多以高层建筑为主体，具有大型化、多功能、高层次和高技术的特点。这些建筑物如果发生火灾，后果不堪设想。由于这类高层建筑的起火原因复杂，火势蔓延途径多，人员疏散困难，扑救难度大，因此，对于智能建筑，在人力防范的基础上，必须依靠先进的科学技术，建立先进、行之有效的火灾自动报警系统，把火灾消灭在萌芽状态，最大限度地保障智能建筑内部人员、财产的安全，把损失控制在最低限度。智能建筑的火灾自动报警系统也是安全防范系统的一部分，但是由于它的特殊性和极端重要性，故单独作为一章进行介绍。

5.1　火灾自动报警系统的组成及功能

5.1.1　火灾自动报警系统的组成

　　一个完整的火灾自动报警系统是由火灾自动报警设备、灭火自动控制和避难诱导3个子系统组成的。

（1）火灾自动报警设备子系统

火灾自动报警设备子系统由火灾探测器、手动报警按钮、火灾报警控制器和警报器等构成，以完成火情的检测并及时报警。

（2）灭火自动子系统

灭火自动控制子系统由各种现场火灾自动报警设备及控制装置构成。现场火灾自动报警设备的种类很多，它们按照使用功能可以分为三大类：第一类是灭火装置，包括各种介质，如液体、气体、干粉的喷洒装置，是直接用于扑火的；第二类是灭火辅助装置，是用于限制火势、防止火灾扩大的各种设施，如防火门、防火卷帘、挡烟垂壁等；第三类是信号指示系统，是用于报警并通过灯光与声响来指挥现场人员的各种设备。对应于这些现场火灾自动报警设备，需要有关的火灾自动报警联动控制装置，主要有以下几种。

① 室内消火栓系统的控制装置。

② 自动喷水灭火系统的控制装置。

③ 卤代烷、二氧化碳等气体灭火系统的控制装置。

④ 电动防火门、防火卷帘等防火分割设备的控制装置。

⑤ 通风、空调、防烟、排烟设备及电动防火阀的控制装置。

⑥ 电梯的控制装置、断电控制装置。

⑦ 备用发电控制装置。

⑧ 火灾事故广播系统及其设备的控制装置。

⑨ 火灾自动报警通信系统、火警电铃、火警灯等现场声光报警控制装置。

⑩ 事故照明装置等。

在建筑物防火工程中，火灾自动报警联动可以由上述部分或全部控制装置组成。

（3）避难诱导子系统

避难诱导系统由事故照明装置和避难诱导灯组成，其作用是当火灾发生时，引导人员逃生。

5.1.2 火灾自动报警系统的功能

火灾探测器是该系统的"眼睛"，火灾报警信号都是由它发出的，通过它自动捕捉探测区内火灾发生时产生的烟雾和热气，从而发出声光报警。在火灾报警控制器的控制下，灭火自动控制系统启动火灾自动报警灭火设备工作，并通过火灾自动报警联动控制装置控制事故照明和避难诱导灯，打开广播，引导人员疏散；启动火灾自动报警给水和排烟设施等，以实现监测、报警和灭火的自动化。

5.2 火灾自动报警系统重要组成部分

5.2.1 火灾探测器

1. 火灾的探测方法

一般来说，物质从开始燃烧到形成火灾是有一定规律的，即燃烧，产生烟雾，周围温度逐渐升高，产生可见光并猛烈燃烧。从开始燃烧到形成火灾有一个过程，如果能够及时发现火情，把火灾消灭在萌芽状态，就能够减少损失，保证安全。火灾探测器就担当了发现火灾的重要责任。因为任何一种探测器都不是万能的，所以根据火灾早期产生的烟雾、光和气体等现象，选择合适的火灾探测器是降低火灾损失的关键。

迄今为止，世界上研究和应用的火灾探测方法和原理主要有空气离子化法、热量（温度）检测法、火焰（光）检测法和可燃气体检测法。

2. 火灾探测器的分类及命名规则

（1）火灾探测器的分类

根据对可燃固体、可燃液体、可燃气体及电气火灾等的燃烧实验，为了准确无误地对不同物体火灾进行探测，目前世界各国研制生产的火灾探测器主要有感烟式、感温式、感光式、可燃气体式和复合式等类型，而每种类型又可以分为不同的形式，具体的分类如图 5-1 所示。

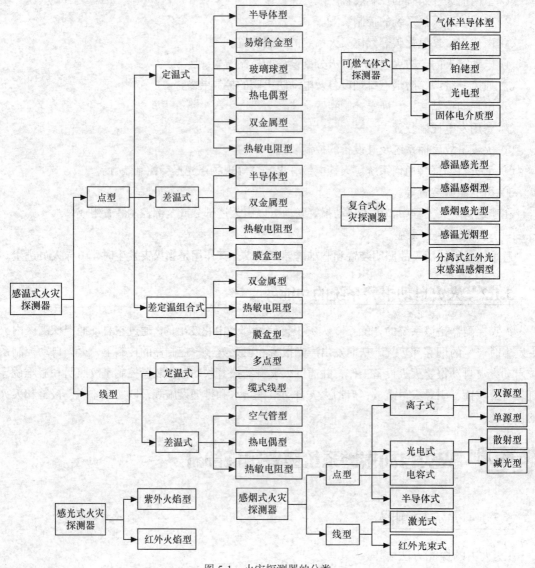

图 5-1　火灾探测器的分类

（2）火灾探测器的命名规则

火灾报警产品都是按照国家的规定进行命名的。国标型号的产品从名称就可以看出产品类型及特征。

图 5-2 给出了火灾报警产品名称的字母表示及符号的物理意义。

图 5-2 中各部分字母的含义如下。

Ⅰ：消防产品分类代号。J——火灾报警设备。

Ⅱ：火灾探测器代号。T——火灾探测器的代号。

Ⅰ	Ⅱ	Ⅲ	Ⅳ – Ⅴ	Ⅵ – Ⅶ

消防产品分类代号　火灾探测器代号　火灾探测器分类代号　应用范围特征代号　敏感元件特征代号　敏感方式特征代号　主要参数

图 5-2　火灾报警产品的型号表示

Ⅲ：火灾探测器分类代号。Y——感烟式火灾探测器；W——感温式火灾探测器；G——感光式火灾探测器；Q——可燃气体探测器；F——复合式火灾探测器。

Ⅳ：应用范围特征代号。B——防爆型；C——船用型；非防爆型或非船用型可以省略，无须注明。

Ⅴ、Ⅵ：探测器特征表示法（敏感元件、敏感方式特征代号）。LZ——离子；MD——膜盒定温；GD——光电；MC——膜盒差温；SD——双金属定温；MCD——膜盒差定温；SC——双金属差温；GW——感光感温；GY——感光感烟；YW——感烟感温；HS——红外光束感烟感温；BD——半导体定温；ZD——热敏电阻定温；BC——半导体差温；ZC——热敏电阻差温；BCD——半导体差定温；HC——红外感光；ZW——紫外感光；ZCD——热敏电阻差定温。

从探测器特征表示法可以看出，其表示法是有一定规则的，即大多数是用探测器类型的拼音字母表示的。

Ⅶ：主要参数，表示探测器的灵敏度等级。灵敏度是指对被测参数的敏感程度，只是对感烟、感温探测器标注，灵敏度可分为Ⅰ、Ⅱ、Ⅲ级。

3. 感烟式火灾探测器

感烟式火灾探测器是对燃烧或热解产生的固体或液体微粒予以响应，可以探测物质燃烧初期产生的气溶胶（直径为 $0.01\sim0.1\ \mu m$ 的微粒）或烟粒子浓度。感烟式火灾探测器用于火灾前期和早期报警，应用广泛。常用的感烟式火灾探测器有离子式感烟探测器、光电式感烟探测器和利用红外光束或激光的线型感烟探测器。

（1）离子式感烟探测器

离子式感烟探测器是目前应用最多的一种火灾探测器。它是利用烟雾离子改变电离室电离电流的原理设计的感烟探测器。其工作原理：正常情况下，电离室在电场的作用下，正、负离子呈有规律运动，使电离室形成离子电流。当烟粒子进入电离室时，被电离的正离子和负离子被吸附到烟雾粒子上，使正离子和负离子相互中和的概率增加，这样就使到达电极的有效离子数减少。另外，由于烟粒子的作用，α 射线被阻挡，电离能力降低，电离室内产生的正、负离子数减少，这些变化导致电离电流减少。当减少到一定值时，控制电路动作，发出报警信号。此报警信号传输给报警器，就实现了火灾自动报警。

离子式感烟探测器从结构上有双源双室和单源双室之分。

① 双源双室探测器是由两块性能一致的放射源制成相互串联的两个电离室和电子线路组成的火灾探测装置，其中一个电离室开孔，烟雾可以进入，称为采样电离室；另一个电离室是封闭

的，烟雾不能进入，称为参考电离室。

② 单源双室探测器是利用一个放射源形成两个电离室，参考电离室包含在采样电离室中。在电路上，两个电离室同样是串联的。

单源双室探测器与双源双室探测器相比，具有工作稳定、环境适应能力强、灵敏度调节连续且简单、放射源少的明显优点。离子型感烟火灾探测器对黑烟敏感，对早期火警反应快，但在工作过程中的放射性元素对环境造成污染，逐步被淘汰。

（2）光电式感烟探测器

光电式感烟探测器利用红外散射原理研制，无污染、易维护，经过改进的迷宫腔结构具备较高的灵敏度，基本可以解决黑烟报警问题。根据烟雾对光的吸收和散射作用，光电式感烟探测器可分为散射式和减光式两种。

① 散射式感烟探测器。它是利用光散射原理对火灾初期产生的烟雾进行探测，并及时发出报警信号。当有烟雾时，光通过烟雾粒子的散射到达光敏元件上，光信号转换为电信号。当烟雾粒子浓度达到一定值时，散射光的能量所产生的电流经过放大电路，就能驱动报警装置，发出火灾报警信号。散射式感烟探测器原理如图 5-3 所示。这种探测器对粒径为 0.9～10μm 的烟雾粒子能够灵敏探测，而对粒径为 0.01～0.09μm 的烟雾粒子变化无反应。散射式感烟探测器如图 5-4 所示。

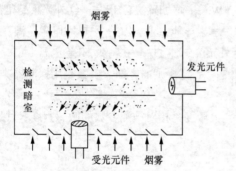 

图 5-3　散射式感烟探测器原理图　　　　图 5-4　散射式感烟探测器

② 减光式感烟探测器。它是由一个光源（灯泡或发光二极管）和一个光敏元件（硅光电池）对应安装在小暗室里。在正常（无烟）时，光源发出的光通过透镜聚成光束，照射到光敏元件上，并将其转换成电信号，使电路维持正常状态不报警。当发生火灾有烟雾时，光源发出的光线受烟雾的散射和吸收，光敏元件接收的光强明显减弱，电路正常状态被破坏，发出报警信号。减光式感烟探测器原理如图 5-5 所示，减光式感烟探测器如图 5-6 所示。

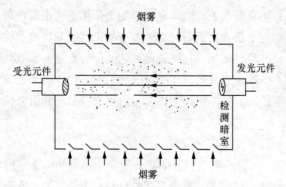 

图 5-5　减光式感烟探测器原理图　　　　图 5-6　减光式感烟探测器

离子式感烟探测器和光电式感烟探测器的工作原理不同，其性能特点也各有所长。在实际应用中，应根据现场情况进行选择才能达到最佳使用效果。离子式感烟探测器比光电式感烟探测器具有更好的外部适应性，适用于大多数现场条件复杂的场所。光电式感烟探测器比较适合外界环境单一或有特殊要求的场所。

　　两种探测器的基本性能比较如表 5-1 所示。

表 5-1　　　　　　　　　　　离子式和光电式感烟探测器的性能比较

序号	基本性能	离子式感烟探测器	光电式感烟探测器
1	对燃烧产物颗粒大小的要求	无要求，均适合	对小颗粒不敏感，对大颗粒敏感
2	对燃烧产物颜色的要求	无要求，均适合	不适于黑烟、浓烟，适合于白烟、浅烟
3	对燃烧方式的要求	适合于明火、炽热火	适合于阴燃火，对明火反应性差
4	大气环境（温度、湿度、风速）的变化	适应性差	适应性好
5	探测器安装高度的影响	适应性好	适应性差
6	对可燃物的选择	适应性好	适应性差

　　（3）线型感烟探测器

　　线型感烟探测器是一种对监视范围中某一线路周围的烟参数进行探测的火灾探测器。它具有监视范围广、保护面积大，适用环境要求低等特点。它又可以分为激光型和红外线型两种，目前大多使用红外线型。

　　线型感烟探测器由发射器和接收器两部分组成。其工作原理：在正常情况下，它的发射器发送一个波长为 940mm 的红外光束，它通过空间不受阻挡地射到接收器的光敏元件上。当发生火灾时，由于烟雾扩散到监视区内，使接收器收到的红外光束辐射通量减弱，当辐射通量减弱到预定的感烟动作阈值时，探测器立即动作，发出火灾报警信号。

　　线型感烟探测器具有保护面积大、安装位置较高、在相对湿度较高和强电场环境中反应速度快等优点，适宜保护较大空间的场所。但是对有剧烈振动的场所，有日光照射或强红外光辐射源的场所，在探测空间有一定浓度的灰尘、水气粒子且粒子浓度变化较快的场所是不宜使用的。

　　4. 感温式火灾探测器

　　感温式火灾探测器是一种响应异常温度、温升速率和温差等参数的火灾探测器。按其工作原理可分为定温式、差温式、差定温组合式 3 种。

　　（1）定温式探测器

　　它是预先设定温度值，当温度达到或超过预定值时响应的感温探测器。最常用的类型为双金属定温式点型探测器，常用结构形式有圆筒状和圆盘状两种。

　　双金属定温式探测器的实物如图 5-7 所示。在一个不锈钢的圆形外壳上固定两块磷铜合金片，磷铜片两边有绝缘套，在中段部位则另固定一对金属触点，各有导线引出。

　　双金属定温式探测器原理如图 5-8 所示。由于不锈钢外壳的热膨胀大于磷铜片，所以受热后磷铜片被拉伸，从而使两个触点靠拢，当达到预定温度时触点闭合，导线构成闭合回路，便能输出信号给报警器报警。两块磷铜片的固定如有调整螺钉，可以调整它们之间的距离以改变动作值，一般可使探测器在标定的 40～250℃的范围内进行调整。

图 5-7　双金属定温式探测器

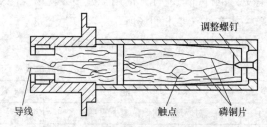

图 5-8　双金属定温式探测器原理图

热敏电阻定温式探测器采用临界热敏电阻（CTR）作为传感器件，这种热敏电阻在室温下具有极高的阻值（可以达到 1MΩ 以上），随着环境温度的升高，阻值会缓慢地下降，当达到预定的温度时，临界电阻的阻值会迅速减至几十欧姆，使得信号电流迅速增大，探测器向报警控制器发出报警信号。热敏电阻定温式探测器原理如图 5-9 所示，热敏电阻定温式探测器如图 5-10 所示。

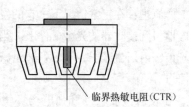

图 5-9　热敏电阻定温式探测器原理图

图 5-10　热敏电阻定温式探测器

（2）差温式探测器

差温式探测器是当火灾发生时，在规定时间内，环境温度上升速率超过预定值时报警响应。差温式探测器主要有线型和点型两种结构。线型是根据广泛的热效应而动作的，主要感温器件有按探测面积蛇形连续布置的空气管，分布式连接的热电偶、热敏电阻等。点型则是根据局部的热效应而动作的，其主要感温器件是空气膜盒、热敏电阻等。图 5-11 所示为膜盒式差温探测器。

空气膜盒是空气敏感元件，其感热外罩与底座形成密闭气室，有一小孔与大气连通。当环境温度缓慢变化时，气室内外的空气可由小孔进出，使内外压力保持平衡。如温度迅速升高，与室内空气受热膨胀来不及外泄，致使室内气压增高，波纹片鼓起与中心线柱相碰，电路接通报警。图 5-12 所示为膜盒式差温探测器原理图。

图 5-11　膜盒式差温探测器

（3）差定温组合式探测器

差定温组合式探测器是兼有差温和定温两种功能的感温探测器，它既能响应预定温度报警，又能响应预定温升速率。当其中某一种功能失效时，另一种功能仍能起作用，因而大大提高了可靠性。图 5-13 所示为差定温组合式探测器。

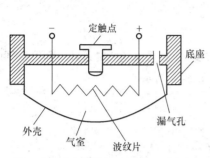

图 5-12　膜盒式差温探测器原理图

图 5-13　差定温组合式探测器

5.　其他火灾探测器

（1）感光式火灾探测器

感光式火灾探测器又称为火焰探测器，它可以对火焰辐射出的可见光、红外线、紫外线予以响应。这种探测器对迅速发生的火灾或爆炸能够及时响应。图 5-14 所示为感光式火灾探测器。

（2）气体火灾探测器

气体火灾探测器又称为可燃气体探测器，它是对探测区域内的气体参数敏感响应的探测器。它主要用于炼油厂、汽车库、溶剂库等易燃易爆场所。图 5-15 所示为气体火灾探测器。

（3）复合火灾探测器

复合火灾探测器是可以响应两种或两种以上火灾参数的探测器，它是把两种工作原理进行优化组合，提高了可靠性，降低了误报率。复合火灾探测器通常有感烟感光型、感温感光型、感烟感温型、红外光束感烟感光型、感烟感温感光型复合探测器等。图 5-16 所示为感烟感温复合探测器。

图 5-14　感光式火灾探测器

图 5-15　气体火灾探测器

图 5-16　感烟感温复合探测器

（4）智能型探测器

智能型探测器是本身具有探测、判断处理能力的探测器。它由探测器和微处理器构成。在微处理器中预设了一些火情判定规则，可以根据探测器探测到的信息，并针对这些信息进行计算处理、分析判断，结合火势很弱、弱、一般、强、很强的不同程度，再根据预设的有关规则，然后发出不同的报警信号。这样，就能准确地报警，并采取有效的灭火措施。

6. 探测器的选择及数量确定

在火灾自动报警系统中，探测器的选择是否合理，关系到系统是否能够正常运行，因此，探测器种类及数量的确定非常重要。选择探测器的种类应根据探测区域内的环境条件、火灾特点、安装高度以及场所的气流等情况，综合考虑后选用适合的探测器。选好后还要按照国家规范进行合理的布置，才能充分保证探测的质量。

（1）火灾探测器种类的选择

火灾受可燃物质的类型、着火的性质、可燃物质的分布、着火场所的条件、新鲜空气的供给程度及环境温度等因素的影响。火灾发展过程曲线如图 5-17 所示。

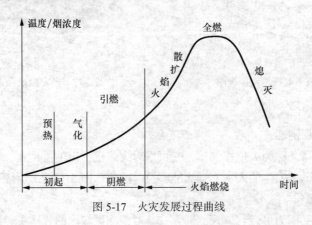

图 5-17 火灾发展过程曲线

火灾的形成可分为以下 4 个阶段。

前期：火灾尚未形成，只出现少量的烟，基本上未造成物质损失。

早期：火灾开始形成，烟量大增，温度上升，已开始出现明火，造成一定的损失。

中期：火灾已经形成，温度很高，燃烧加速，已造成了较大的物质损失。

晚期：火灾已经扩散，火势很大，难以扑灭，损失巨大。

从以上可以看出，能在前期、早期及时发现火灾，探测器的作用非常重要。探测器的选择方法如下所述。

① 根据火灾特点、环境条件及安装场所确定探测器类型。感烟探测器作为前期、早期报警是非常有效的。凡是在火灾初期有阴燃阶段及产生大量的烟和少量的热，很少或没有火焰辐射的火灾，如棉、麻织物的引燃等，感烟探测器都适于选用。感烟探测器不适用的场所：正常情况下有烟的场所，经常有粉尘及水蒸气等固体、液体微粒出现的场所，发火迅速、生烟极少及爆炸性场合。

感温探测器作为火灾形成早期、中期报警非常有效。因其工作稳定，不受非火灾性烟雾、水汽、粉尘等的干扰，凡是无法使用感烟探测器、允许产生一定量的物质损失非爆炸性的场合，都可以采用感温探测器。它特别适用于经常存在大量粉尘、烟雾、水蒸气的场所及相对湿度经常高于95%的房间，但不适用于有可能产生阴燃火的场所。

② 根据房间高度选择探测器。由于各种探测器特点不同，其适宜的房间高度也不尽一致。为了使选择的探测器能够更有效地实现探测，表 5-2 列出了常用的探测器对房间高度的要求，可供参考。

表 5-2		根据房间高度选择探测器				
房间高度 h/m	感烟探测器	感温探测器				感光探测器
		一级	二级	三级		
$12 < h \leq 20$	不适合	不适合	不适合	不适合		适合
$8 < h \leq 12$	适合	不适合	不适合	不适合		适合
$6 < h \leq 8$	适合	适合	不适合	不适合		适合
$4 < h \leq 6$	适合	适合	适合	不适合		适合
$h \leq 4$	适合	适合	适合	适合		适合

（2）探测器数量的确定及布置

① 探测器数量的确定。在实际工程应用中，由于探测区域内的建筑环境不同，如房间的面积、高度、屋顶坡度各异。怎样确定探测器的数量呢？规范规定：探测区域内每个房间应至少设置一只火灾探测器。一个探测区域内所需设置的探测器的数量，应按下式计算。

$$N \geq \frac{S}{kA}$$

式中：N 为一个探测区域内所需要设置探测器的数量（只），取整数；S 为一个探测区域内的地面面积（m^2）；A 为每个探测器的保护面积（m^2）；k 为安全修正系数，特级保护对象取 0.7～0.8，一级保护对象取 0.8～0.9，二级保护对象取 1。

对于探测器而言，其保护面积和保护半径的大小除了与探测器的类型有关外，还要受探测区域内的房间高度、屋顶坡度的影响。表 5-3 列出了感烟探测器与感温探测器的保护面积、保护半径与其他参量的关系。

表 5-3			感烟探测器和感温探测器的保护面积、保护半径与其他容量关系					
火灾探测器的种类	地面面积 S/m^2	房间高度 h/m	探测器的保护面积 A 和保护半径 R					
			房顶坡度 θ					
			$\theta \leq 15°$		$15° < \theta \leq 30°$		$\theta > 30°$	
			A/m^2	R/m	A/m^2	R/m	A/m^2	R/m
感烟探测器	$S \leq 80$	$h \leq 12$	80	6.7	80	7.2	80	8.0
	$S > 80$	$6 < h \leq 12$	80	6.7	100	8.0	120	9.9
		$h \leq 6$	60	5.8	80	7.2	100	9.0
感温探测器	$S \leq 30$	$h \leq 8$	30	4.4	30	4.9	30	5.5
	$S > 30$	$h \leq 8$	20	3.6	30	4.9	40	6.3

【例 5-1】某一建筑物内有一个房间属于二级保护对象，其地面面积为 30m×20m，房间高度为 9m，顶棚坡度为 14°。求：①应选用何种类型的探测器？②需要多少探测器？

解：根据使用场所选择原则，选感温或感烟探测器均可，但按房间高度，从表 5-3 可知，只能选感烟探测器。

因属二级保护对象，k 取 1，地面面积 $S = 30m \times 20m = 600m^2 > 80m^2$，房间高度 $h = 9m$，顶棚坡度 θ 为 14°，根据 S、h、θ 查表 5-3 可得，保护半径 $R = 6.7m$，则

$$N=\frac{S}{kA}=\frac{600\text{m}^2}{1\times80\text{m}^2}=7.5 \text{（只）（取 8 只）}$$

即在此房间应安装 8 只感烟探测器。

② 探测器的布置。在探测区域内，探测器的分布是否合理，直接关系到探测效果的好坏。布置时首先必须保证在探测器的有效范围内，对探测区域要均匀覆盖。探测器之间的距离 $D=2R$（保护半径），同时要求探测器距墙壁或梁的距离不小于 0.5m。

此外，火灾探测器在一些特殊场合（如有房梁、顶棚为斜顶的情况或在楼梯间、电梯间等）的安装及与其他设备在安装距离上都有一定的规范。

5.2.2　火灾报警控制器

火灾报警控制器是火灾自动报警系统的核心，是火灾自动报警系统的指挥中心。它可以为火灾探测器供电，接收火灾探测器和手动报警按钮送来的报警信号，启动报警装置，发出声、光报警信号，同时显示、记录火灾发生的具体位置和时间，并能向联动控制器发出联动信号启动自动灭火设备和火灾自动报警联动控制设备。它还能自动监视系统的运行情况，当有故障发生时，能自动发出故障报警信号并同时显示故障点位置。

1. 火灾报警控制器的分类

火灾报警控制器有多种分类方法，下面介绍几种最主要的分类。

（1）按使用要求分类

按使用要求，火灾报警控制器可以分为以下 3 类。

① 区域火灾报警控制器。该控制器直接连接火灾探测器，处理各种报警信息，能组成功能简单的火灾自动报警系统。

② 集中火灾报警控制器。该控制器一般与区域火灾报警控制器相连，处理区域火灾报警控制器送来的报警信号，常用在较大型系统中。

③ 通用火灾报警控制器。该控制器兼有区域、集中两级火灾报警控制器的双重特点。通过设置和修改某些参数，既可以直接连接探测器作区域火灾报警控制器使用，也可以连接区域火灾报警控制器作集中火灾报警控制器使用。

（2）按系统连线方式分类

按系统连线方式，火灾报警控制器可分为以下两类。

① 多线制火灾报警控制器。其探测器与控制器之间的传输线连接采用一一对应的方式，每个探测器有两根线与控制器连接，其中一条是公用地线，另一条承担供电、选通信息与自检的功能。当探测器数量较多时，连线的数量就较多。该方式只适用于小型火灾自动报警系统。

② 总线制火灾报警控制器。其探测器与控制器的连接采用总线方式，所有的探测器都并联在总线上。总线有二总线与四总线两种。总线制火灾报警控制器具有安装、调试、使用方便的特点。对于每个探测器采用地址编码技术，整个系统只用 2 根或 4 根导线构成总线回路。工程造价较低，适用于大型火灾自动报警系统。

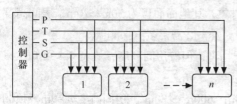

图 5-18　四总线制火灾报警控制器

a. 四总线制的构成如图 5-18 所示。P 线给出探测器的电源、编码、选址信号；T 线给出自检信号，以判断探测器或传输线是否有故障；控制器从 S 线上获得探测器的信号；G 线为公共地线。P、T、S、G 均为并联方式连接。

b. 二总线制中，G 线为公共地线，P 线则完成供电、选址、自检、获取信息等功能。二总线制比四总线制用线量更少，但增加了技术的难度。目前，二总线制应用最多。新型智能火灾报警系统也采用二总线制。

二总线系统有枝形和环形两种接线法，如图 5-19 所示。枝形接法如图 5-19（a）所示，采用这种接线方式时，如果发生断线，可以自动判断故障点，但故障点后的探测器不能工作。环形接法如图 5-19（b）所示，这种接法要求输出的两根总线返回控制器，构成环形。环形接线方式的优点在于当探测器发生故障时，不影响系统的正常工作。

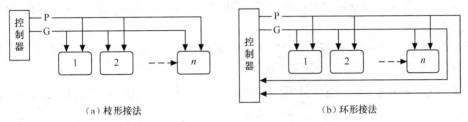

图 5-19　二总线制的连接方法

（3）按结构形式分类

按结构形式，火灾报警控制器可分为以下 3 类。

① 壁挂式火灾报警控制器。该控制器连接的探测器回路数较少，控制功能较简单，安装在墙壁上，通常区域火灾报警控制器采用这种结构。图 5-20 所示为小型壁挂式火灾报警控制器。

② 台式火灾报警控制器。该控制器连接的探测器回路数较多，联动控制比较复杂，操作使用方便，一般常用于集中火灾报警控制器。图 5-21 所示为台式火灾报警控制器。

图 5-20　小型壁挂式火灾报警控制器

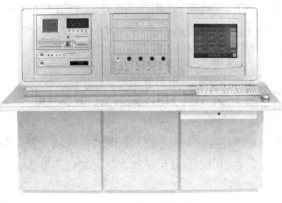

图 5-21　台式火灾报警控制器

③ 柜式火灾报警控制器。该控制器连接的探测器回路数比台式多，可实现多回路连接，具有复杂的联动控制，常在大型火灾自动报警系统中使用。

2. 火灾报警控制器的组成及技术指标

（1）火灾报警控制器的组成

火灾报警控制器由电源和主机两部分组成。

① 电源。电源给主机和探测器提供可靠的电源，要求电源具有保护环节，为了防止停电，还

需要配置后备电源，这样才能保证整个系统可靠工作，发挥技术性能。目前大多数控制器使用开关式稳压电源。

② 主机。控制器的主机具有将火灾探测器送来的信号进行处理、控制和输出、通信的功能。火灾报警控制器按照工作原理，都必须具备信号输入部分、控制处理部分和控制输出部分。信号输入部分是收集探测器送来的探测信号和控制器本身所需要的输入信息。控制处理部分是按照预先确定的策略对收集的探测信号进行控制处理。控制输出部分是将处理的结果送到执行机构，如进行声、光报警等，发出联动控制信号及与控制中心通信等。

（2）火灾报警控制器的技术指标

火灾报警控制器的技术指标共有 6 项，分别如下所述。

① 容量。容量是指能够接收火灾报警信号的回路数，用 M 表示。在选择容量时，应留有适当的余量。

② 工作电压。工作时，电压采用 220V 交流电和 24V 或 32V 直流电，备用电源优先选用 24V。

③ 输出电压及允差。输出电压是供给火灾探测器使用的工作电压，一般为直流 24V，此时输出电压允差不大于 0.48V。输出电流一般应大于 0.5A。

④ 空载功耗。空载功耗即系统处于工作状态时所消耗的电源功率。空载功耗表明了该系统日常所需费用的多少，它的值越小越好。同时要求系统工作时，每一报警回路的最大工作电流应不超过 20mA。

⑤ 满载功耗。满载功耗指当火灾报警控制器容量不超过 10 路时，所有回路均处于报警状态所消耗的功率；当容量超过 10 路时，20%的回路（最少按 10 路计）处于报警状态所消耗的功率。使用时要求系统在工作可靠的前提下，尽可能减少满载功耗。同时要求在报警状态时，每一回路的最大工作电流应不超过 200mA。

⑥ 使用环境条件。使用环境条件主要指报警控制器能够正常工作的条件，即温度、湿度、风速和气压等。要求陆用型环境条件为：温度 10～50℃，相对湿度小于等于 92%（40℃），风速小于 5m/s，气压为 85～106kPa。

5.3 火灾自动报警系统类别

根据探测器和火灾报警控制器的监控区域，火灾自动报警系统可以分为区域报警系统、集中报警系统、控制中心报警系统和智能火灾自动报警系统 4 种。

5.3.1 区域报警系统

区域报警系统由区域火灾报警控制器和火灾探测器组成，系统比较简单，操作方便，易于维护，应用广泛。它既可以单独用于面积比较小的建筑，也可以作为集中报警系统和控制中心报警系统的基本组成设备。系统结构如图

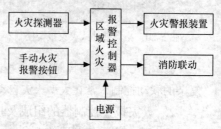

图 5-22　区域报警系统结构

5-22 所示，图中的左侧部分为枝形结构，右侧部分为环形结构，每个楼层需要安装报警灯。

区域报警系统的设置应满足以下要求。

（1）一个报警区域应设置一台区域火灾报警控制器。

（2）系统能够设置一些功能简单的火灾自动报警联动控制设备。

（3）区域火灾报警控制器应设置在有人值班的房间里。

（4）当该系统用于警戒多个楼层时，应在每层楼的楼梯口和火灾自动报警电梯前等明显部位设置识别报警楼层的灯光显示装置。

（5）区域火灾报警控制器的安装应符合规范：安装在墙壁上时，其底边距地面高度为1.3～1.5m，其靠近门轴的侧面墙应不小于 0.5m，正面操作距离不小于 1.2m。

5.3.2　集中报警系统

集中报警系统由集中火灾报警控制器、区域火灾报警控制器、火灾探测器、手动报警按钮及联动控制设备、电源等组成。系统结构如图 5-23 所示。集中报警系统功能比较复杂，常用于比较大的场合。

集中报警系统的设置应满足以下要求。

（1）系统应有一台集中火灾报警控制器和两台以上区域火灾报警控制器（区域显示器）。

（2）系统应设置火灾自动报警联动控制设备。

（3）集中火灾报警控制器应能显示火灾报警的具体部位，并能实现联动控制。

（4）集中火灾报警控制器应设置在火灾自动报警值班室。

5.3.3　控制中心报警系统

控制中心报警系统由火灾自动报警室的消防控制设备、集中火灾报警控制器、区域火灾报警控制器、火灾探测器、手动报警按钮及联动控制设备、电源等组成。系统结构如图 5-24 所示。控制中心报警系统功能复杂，多用于大型建筑群、大型综合楼、大型宾馆和饭店等。

控制中心报警系统的设计应符合以下要求。

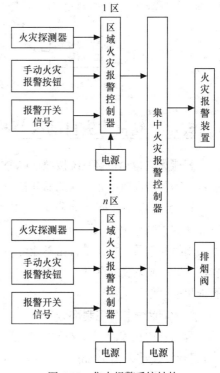

图 5-23　集中报警系统结构

（1）系统中应至少有一台集中火灾报警控制器、一台专用火灾自动报警联动控制设备和两台或两台以上区域火灾报警控制器；或者至少设置一台火灾报警控制器、一台专用火灾自动报警联动控制设备和两台或两台以上区域显示器。

（2）系统应能集中显示火灾报警部位信号和联动控制状态信号。

（3）系统中设置的集中报警控制器或火灾报警控制器和火灾自动报警联动控制设备在火灾自动报警控制室内的布置，应符合规范的要求。

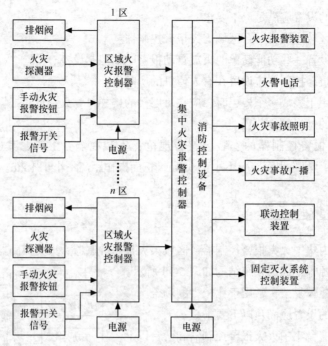

图 5-24　控制中心报警系统结构

5.3.4　智能火灾自动报警系统

智能火灾自动报警系统按照智能分布的位置，可以分为智能集中在探测部分、智能集中在控制部分和智能同时分布在探测器和控制器中 3 类。

1. 智能集中在探测部分

在这类系统中，探测器内的微处理器能够根据探测的情况对火灾的模式进行识别，做出判断并给出报警信号，在确定自己不能可靠工作时发出故障信号。控制器在火灾探测过程中不起任何作用，只完成系统的供电、报警信号的接收、显示及联动控制等功能。因受探测器体积小的限制，智能化程度较低。

2. 智能集中在控制部分

智能集中在控制部分又称为主机智能系统。探测器只输出探测信号，该信号传送给控制器，由控制器的微机根据预先确定的策略和方法对探测信号进行分析、计算、判断并做出智能化处理。该系统的主要优点是智能化程度较高，属于集中处理方式。但主机负担重，一旦主机出现故障，则会造成系统瘫痪。

3. 智能同时分布在探测器和控制器中

这种系统称为分布智能系统，它是把探测器智能与主机智能相结合。该系统中的探测器具有一定的智能，能够对火灾探测信号进行一些分析和智能处理，然后将智能处理的信息传输给控制器，由控制器进行进一步的智能处理，完成更复杂的处理并显示执行处理结果。

分布智能系统探测器与控制器是通过总线进行双向信息交流的。由于探测器具有一定的智能处理能力，减轻了控制器的负担，提高了系统的稳定性和可靠性。这是火灾报警技术的发展方向。

5.4 火灾自动报警联动控制系统

火灾自动报警联动控制系统是指火灾发生后进行报警疏散、灭火控制等协调工作的系统，其作用是扑灭火灾，把损失降到最低。它由以下几部分组成。

1. 通信与疏散系统

通信与疏散系统由火灾事故广播与火灾自动报警电话系统、紧急广播系统（平时为背景音乐系统）、事故照明系统和避难诱导灯、火灾自动报警电梯与火灾自动报警控制中心的通信线路等组成。

2. 灭火控制系统

灭火控制系统由自动喷淋灭火系统、气体灭火控制装置、液体灭火控制装置等组成。

3. 防排烟控制系统

防排烟控制系统主要实现对防火门、防火阀、防火卷帘、防烟垂壁、排烟口、排烟风机及电动安全门的控制。

当火灾发生时，防排烟控制系统还需要实现非火灾自动报警电源的断电控制。

5.4.1 自动喷淋灭火系统

自动喷淋灭火系统属于固定式灭火系统，是目前广泛使用的固定式火灾自动报警设施。它具有价格低廉、灭火效率高等特点。它能够在火灾发生后，自动地进行喷水灭火，并同时发出报警信号。在一些发达国家的火灾自动报警规范中，要求几乎所有的建筑都使用自动喷淋灭火系统。在我国，自动喷淋灭火系统也得到了广泛的应用。

1. 自动喷淋灭火系统的工作原理

平时，自动喷淋灭火系统的火灾自动报警给水管网内充满压力水，长期处于备用状态。当保护区域内某处发生火灾时，环境温度升高，喷头上温度敏感元件（玻璃球）破裂，喷头自动启动系统将水直接喷向火灾发生区域，并发出报警信号，以达到报警、灭火的目的。喷头喷水导致管网的压力降低，报警阀因压力变化使阀板开启，接通管网和水源，以供水灭火。报警阀动作后，水力警铃经过延时器的延时发出声音报警信号。管网中的水流指示器感应到水流动时，经过 20～30s 的延时，发出电信号到控制室。当管网压力下降到一定值时，管网中压力开关也发出信号到控制室，启动水泵供水。

自动喷淋灭火系统的动作程序如图 5-25 所示。

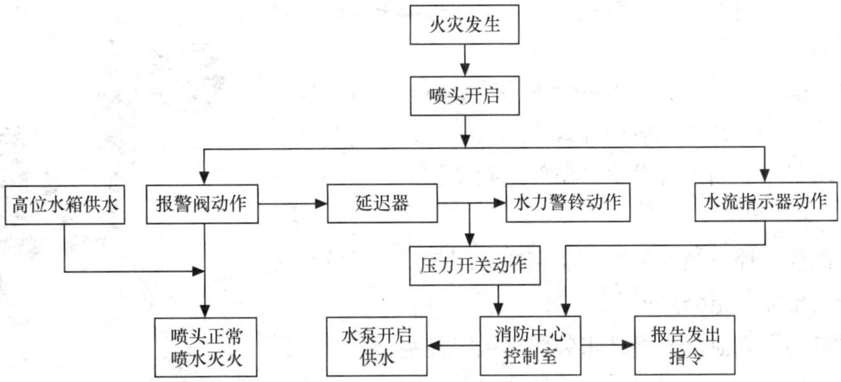

图 5-25　自动喷淋灭火系统的动作程序

2. 自动喷淋灭火系统的分类

按照灭火所使用物质的性质不同，自动喷淋灭火系统可分为干式、湿式或干湿两用等系统。干式是指灭火物质为干粉类物质。湿式是指灭火物质为液体类物质，如水、泡沫等，如图5-26所示。

按照灭火物质的作用方式，自动喷淋灭火系统可以分为雨淋灭火、水喷雾灭火、水幕灭火、大水滴（附加化学品）灭火等系统。

对于不同的场合，需要选择与其适应的自动灭火系统，才能达到最佳的火灾自动报警效果。

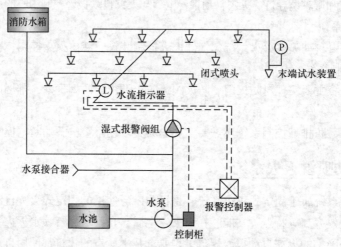

图 5-26　湿式自动喷淋灭火系统

3. 湿式自动喷淋灭火系统的主要设备

湿式自动喷淋灭火系统的组成如图5-26所示。湿式自动喷淋灭火系统的实物如图5-27所示。

（1）消防水箱。消防水箱的作用是在正常状态下维持管网的压力，火灾发生的初期提供灭火用水。

（2）水泵。水泵的作用是给火灾自动报警管网中补水。

（3）湿式报警阀组。湿式报警阀组安装在总供水主干管上，连接供水设备和配水管网。当管网中有喷头喷水时，就破坏了阀门的平衡压力，使阀板开启接通水源和管网。同时部分水流通过阀座上的环形槽，经过信号管道送到水力警铃，发出音响报警信号。

（4）水流指示器。当水流指示器感应到有水流动时，其电触点动作，接通延时电路。延时时间到后，通过继电器触发，发出声光报警信号给控制室。

（5）闭式喷头。闭式喷头可以分为易熔金属式、双金属片式和玻璃球式3种，其中以玻璃球式应用最多。正常情况下，喷头处于封闭状态。当火灾发生，温度达到动作值时喷头打开喷水灭火。

（6）控制柜。控制柜安装在控制室内，用于接收系统传送的电信号及发出控制指令。

其他设备还有水池、末端试水装置、报警控制器等，在此不赘述。

图 5-27　湿式自动喷淋灭火系统

5.4.2　火灾事故广播与火灾自动报警电话系统

火灾事故广播与火灾自动报警电话系统的作用是发生火灾时进行紧急广播，通知人员疏散并向火灾自动报警部门及时报警。

1. 火灾事故广播系统

火灾事故广播系统在没有发生火灾时作为背景音乐广播系统，给人们提供轻松快乐的音乐，愉悦人们的心情，提高工作效率。当火灾发生时，应能在火灾自动报警室把公共广播强制转入火灾紧急广播，并在发生火灾的区域反复广播，指示逃生的路线等。

火灾事故广播系统按线制可分为总线制火灾事故广播系统和多线制火灾事故广播系统。其设备包括音源、前置放大器、功率放大器及扬声器等，各设备的电源由火灾自动报警控制系统提供。

火灾事故广播系统应设置火灾紧急广播备用扩音机，其容量不应小于需要同时广播的范围内扬声器最大容量总和的 1.5 倍。

2. 火灾自动报警电话系统

火灾自动报警电话系统是一种火灾自动报警专用的通信系统。通过该系统可以迅速实现对火灾的人工确认，并可及时掌握火灾现场情况和进行其他必要的通信联络，便于指挥灭火等工作。

火灾自动报警电话系统应为独立的火灾自动报警通信系统。在与火灾自动报警有关的场所应设置专业的火灾自动报警电话，如火灾自动报警水泵房、配变电室、排烟机房、火灾自动报警电梯、火灾自动报警设备控制室、火灾自动报警值班室、企业火灾自动报警站等。在火灾自动报警设备控制室、火灾自动报警值班室和企业火灾自动报警站等处，应设置可直接报警的外线电话。火灾发生时，能够立即向火灾自动报警中心报警，同时通知交通指挥中心、自来水公司、电力局、公安局等，为扑灭火灾提供畅通的通信服务。

在建筑物内，还要根据保护对象的等级在手动火灾报警按钮、消火栓按钮等地方设置电话插孔，电话插孔在墙壁上安装时，其底边距地面高度应为 1.3～1.5m。特级保护对象的各避难层应每隔 20m 设置一个火灾自动报警专用分机或电话插孔。

5.4.3　防排烟系统

在火灾事故中造成的人身伤害，绝大多数是因为受到烟雾的毒害窒息造成的。而且燃烧产生的大量烟气还影响人们的视线，使疏散的人群不容易辨别方向，造成不应有的伤害，同时还影响火灾自动报警人员对火场环境的观察及灭火的准确性，降低灭火效率。因此，防排烟系统在整个火灾自动报警联动控制系统中的作用非常重要。

1. 防火阀控制

在建筑物中采用的排烟方式有自然排烟、机械排烟、自然与机械组合排烟及机械加压送风排烟等几种。防烟可利用防火门、防火卷帘、防火垂壁等实现。自然排烟是利用室内外空气对流作用进行的，具有节约能源的优点，但排烟效果受外界环境的影响大，排烟效果有限。机械排烟是通过机械运动进行强制排烟，具有不受外界环境影响、排烟效果好的优点。在火灾发生现场，一般都采用机械排烟。

防排烟设施有中心控制和模块控制两种方式，如图 5-28 所示。

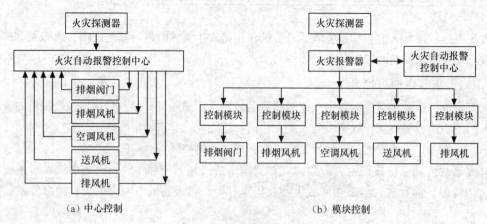

图 5-28　防排烟控制方式

2. 机械排烟的中心控制方式

中心控制方式的控制框图如图 5-28（a）所示。火灾发生时，火灾探测器动作，将报警信号传送到火灾自动报警控制中心。火灾自动报警控制中心产生联动控制信号，首先打开排烟阀门，然后启动排烟风机进行排烟。同时输出控制信号，关闭空调系统中的送风机、排风机、空调风机。火灾自动报警控制中心在发出控制信号的同时也接收各设备的返回信息，监测各设备的运行情况，确保设备按照控制指令运行。

3. 机械排烟的模块控制方式

模块控制方式的控制框图如图 5-28（b）所示。火灾发生时，火灾自动报警控制中心接到报警信号后，产生联动控制信号，控制信号经过总线和控制模块驱动各设备动作，动作顺序及监测功能与中心控制方式相同，不同的是每一个控制模块控制一台设备。

4. 防火卷帘控制

防火卷帘门与防火垂壁的功能相同，当火灾发生时，形成门帘式防火分隔。防火卷帘应设置在建筑物中防火分区通道口处。火灾发生时，可以就地手动操作或根据火灾自动报警控制中心的指令使卷帘下降到预定的高度，经过一定时间的延时后再降到地面，达到人员紧急疏散、灾区隔烟和防止火势蔓延的目的。防火卷帘的控制应符合下列要求。

（1）疏散通道上的防火卷帘两侧，应设置火灾探测器及报警装置，还应设置手动控制按钮。

（2）疏散通道上的防火卷帘，在感烟探测器动作后，应根据程序自动控制卷帘下降到距地（楼）面 1.8m 并经过一定时间的延时后再降到地面。

（3）防火卷帘的关闭信号应送到火灾自动报警控制中心。

5.4.4　火灾自动报警电梯的联动控制

电梯是高层建筑中不可缺少的纵向交通工具，火灾自动报警电梯是在火灾发生时供火灾自动报警人员灭火和救人使用的。它与普通电梯不同的是，普通电梯可以根据使用要求，不必每层都能上下；而火灾自动报警电梯必须做到每层能上下。火灾发生时，普通电梯必须直接下降到首层并关闭电源停止运行；而火灾自动报警电梯此时则必须保证供电，保证运行。火灾自动报警电梯必须有专门的供电回路。

建筑物内火灾自动报警电梯的多少是根据建筑物的层建筑面积来确定的。当层建筑面积不超过 $1\,500m^2$ 时，应设置 1 部火灾自动报警电梯；当层建筑面积在 $1\,500\sim4\,500m^2$ 时，应设置两部火灾自动报警电梯；当层建筑面积大于 $4\,500m^2$ 时，应设置 3 部火灾自动报警电梯。

5.5　火灾自动报警系统工程实例

1. 工程概述

某综合大厦是一幢集金融、商场、办公、娱乐、餐饮为一体的综合大楼。基地面积约 $12\,700m^2$，建筑总面积约 $110\,000m^2$。其中地上建筑总面积 $90\,000m^2$，由 40 层塔式建筑和 8 层裙楼组成，建筑总高度约 140m；地下建筑有两层，面积为 $20\,000m^2$。

该金融大厦各层建筑平面分布如下。

（1）底层为商场、办公室、大堂、银行大厅。

（2）2 层、3 层为商场、银行办公室。

（3）4 层为多功能厅、宴会厅。

（4）5 层为健身中心、会议室等。

（5）6 层、7 层为交易大厅、办公室等。

（6）8 层为办公室、屋顶游泳池、网球场。

（7）9 层以上为综合办公用房。

（8）地下 1 层、2 层为车库和各类设备用房。

2. 火灾自动报警与火灾自动报警监控设计

大楼的火灾自动报警、火灾自动报警监控系统由大楼中的智能网络系统构成，但可分别独立运行操作。所有的报警指令操作均由火灾自动报警系统执行。

火灾报警与火灾自动报警监控系统包括火灾报警系统、火灾专用通信调度系统、火灾事故广播和警铃系统、防排烟监控系统、火灾自动报警联动灭火设施的监控（包括消火栓、自动喷淋、卤代烷、清水泡沫等）、普通照明及动力电源监视、电动防火（卷帘）门监控、电梯群控监控、可燃气体监测等。

3. 系统构成模式

整个火灾报警系统采用集中式全自动控制系统。大楼内共设置智能型火灾报警控制器两套，集中安装于大楼底层火灾自动报警控制室内。这样不但提高了系统的完整性，而且使每一报警点的状态一目了然，操作人员能全面地监视整个火灾自动报警系统的运用情况，可以不到现场就能清楚地知道火灾状况。

每层火灾报警控制器可接 1 980 个监控点，并有 2 048 个显示。控制器中设有保护性独立联动控制功能（Local Mode Protection，LMP）。控制盘内每一块智能回路板在主控制板（CPU）发生故障时进行独立联动控制，发生火灾时仍能受到监视和控制，大大提高了系统的可靠性。

除了在火灾自动报警控制室内设置两套智能型报警控制器外，在地下 2 层至主楼 40 层，每层均设置一区域警报显示屏，提供该楼层的区域火警显示。区域警报显示屏设置在各层电梯前厅处，以便人员能够方便地观察到。

各探测器底座上的接线点为两个，分别是正（＋）和负（－）。系统接线简单，减少了出线、入线的错误。事实上，整个控制主机能够兼容四线制、二线制两种接线形式。由于每台控制主机容量较大，使整个系统布线量大大减少，并且变得简单和有效。

系统主机为类比地址式智能控制装置。系统主机包括微处理器和数据存储系统、液晶显示屏、指示灯、按钮等（用于修改或读取数据）及附带的后备电源、CRT 显示、打印机。所有火灾探测器、控制模块等的地址修改及联动控制程序均可由控制主机的键盘输入。

在所有被监视的范围中，按国家火灾自动报警规范要求设置感烟、感温、光电等探测器。探测器是智能型的，带有十进制旋钮式地址码，而系统主机能够核对智能探测器与主机内存数据库内的火情资料分析。当分析出确有火情时，主机会显示报警；当探测器有异常时，主机会发出故障信号。

系统中每个探测器的灵敏度可用程序来调校。预先设定不同的灵敏度（高、中、低），探测器会按时改变其灵敏度，从而防止如开会时因吸烟人数多而导致误报警。

探测器报警确认时间在 5～50s 设定。例如，办公室设定时间为 30s，当报警信号送到主机，初级确认时，所有连锁程序不会执行；30s 后，如探测器仍然发出报警信号，此时主机会执行相应的连锁程序。

每隔一定时间，系统主机自动执行楼内全部探测器的巡检，检测各探测器的故障状况，以及烟浓度值是否正常等。

由于设计时在主机外配了外存计算，所以整个系统至少可存储 30 000 个历史资料，如以往探测报警，操作员以往执行的报警确认、系统复位等。各个资料均显示日期及时间，以便查阅。

4. 火灾自动报警控制室

在主楼底层设有火灾自动报警控制室，面积约 20m²，其主要设备如下所述。

（1）控制室内设智能型火灾自动报警控制器两套，用于接收报警及根据需要发出指令程序，启动相关火灾自动报警设施。

（2）一套计算机带彩色图形显示器及打印机，用于显示、打印所有报警点的状态、位置、报警时间以及联动设施执行情况等。

（3）一套独立的不间断的电源装置，保证在正常电源失电后，能够维持工作 24h。

（4）一套电梯控制盘，用于楼内电梯群的监控。

（5）一套火灾自动报警专用通话系统，用于在火警时进行必要的联络。

（6）控制室内设有独立的空调，不会受整个大楼空调系统的影响。

（7）控制室的电气系统分别设置了保护接地及工作接地。保护接地利用正常交流供电系统的接地（PE）线接地，而工作接地是单独设置的。

5. 探测器的选型与布置

设计中选择了感烟、感温、感光和煤气探测器等分别用于火灾时有大量烟雾、温升、火焰辐射和煤气泄漏的场所。

在办公、商场、银行、娱乐、交易大厅、机电用房等处均设智能式感烟探测器。

在不适合安装感烟探测器的场所，如地下汽车库、厨房、开水间等处安装智能感温探测器。

在煤气表间、煤气管道井、煤气灶具上方设置了煤气探测器。

智能式探测器将收集到的烟浓度或温度对时间变化的数据传送至控制主机，控制主机根据内存的火情资料及分析数据比较，来确定接收到的火情信号的真伪。

6.　自动灭火联动系统

根据火灾自动报警规范要求，在大楼内各个部位设置了室内自动喷水灭火系统、消火栓系统、防排烟系统、疏散报警系统等。

所有监控点，如水流开关、消火泵类、防排烟设施的动作返回信号都设置了监视及控制模块（界面），以期对全楼内所有消火控制设备按程序进行监控。

监视模块是一种能监视触发装置电路且可编址的器件，它被设计成能与常规、非智能烟雾探测器和接触型装置相接，如水流开关、手动报警器等。

控制模块是控制和管理指示设备的电路，用于触发如警铃或扬声器、电动防火（卷帘）门及各类火灾自动报警电气设施。

此工程的火灾自动报警联动控制程序如下。

（1）当任何一层的喷洒头在发生火灾喷水时，该层中的水流报警开关发出警报信号，在主机确认后，相应的火灾自动报警主泵被启动，及时保证火灾自动报警灭火喷水。

（2）当主机接收到一个被确认为真正的火情时，主机处理程序将根据报警信号，执行预定的控制。

（3）启动报警层及上下各一层的火警铃及紧急广播系统。

（4）紧急广播系统将利用全楼的正常广播系统，当有火警发生时，平时播放正常节目的系统将自动切换，将有火警事故的楼层及其上、下各一层广播接到火灾自动报警紧急广播中；当恢复正常时，该 3 个楼层将自动恢复到正常的广播系统中。

（5）在主机发出疏散指令的同时，报警层及其上、下各一层的正压送风阀及排烟阀将开启。

（6）相关层的空调、通风机组将被关闭。

（7）迫降电梯回首层。

（8）开启加压、排烟风机和火灾自动报警水泵等。

（9）打开事故照明。

（10）所有这些程序联动的执行均是由系统主机通过设置在各处的临近模块来完成的。

在主楼的总变电站、柴油发电机房、总电话机房设置了气体自动灭火系统，在其他房间内采用水喷洒灭火。

为了保证卤代烷、二氧化碳等灭火系统的安全性、可靠性，避免误动作，设计时在使用自动灭火装置的设备房，设置两种类别（或两个回路）的探测器进行报警。例如，在柴油发电机房中设置的卤代烷气体灭火设备，在接收到报警信号时，气体喷发前有 30s 的延时，并有警钟鸣响，以便室内人员疏散；延时后，若无人按紧急启动按钮，控制装置就自动打开钢瓶喷管上的多功能电控头（膜片式快开阀），实现气体喷洒灭火。气体自动灭火装置的监视报警动作信号均会被主机接收到。

图 5-29 所示为该大楼整套火灾自动报警控制系统示意。

7.　电源

该综合大厦为一类供电建筑，供电电源为两路。当一路电源出现故障时，另一路电源承担全楼所有重要负荷。当两路电源均出现故障停电时，大厦中设置的自备发电机将会及时投入运行，带动应急疏散照明、消火水泵、防排烟机等全部火灾自动报警用电。

所有重要负荷的配电设备均由正常电源和紧急电源在配电终端箱进行自动切换。

8. 系统的网络构成

整个系统被设计成既可以完全独立地探测、监视火情，又可依靠全楼综合智能化网络及"动态数据"网络软件将来自主控器的信息传给网络中相关设备装置。

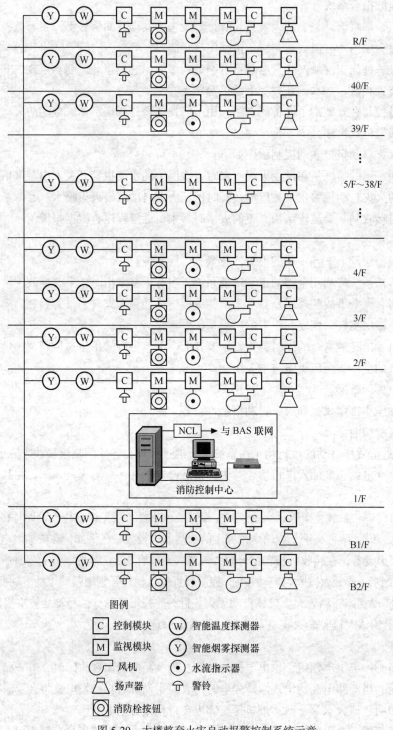

图 5-29　大楼整套火灾自动报警控制系统示意

5.6　火灾自动报警联动控制系统实训

1. 实训目的

通过火灾自动报警联动控制系统实训，能根据火灾特点，正确选用各类火灾探测器、火灾显示盘、输入/输出模块、总线隔离器、联动接口模块、火灾报警器、手动报警按钮、声光报警器、警铃及各种模拟火灾现场的设备等，会进行火灾自动报警联动控制系统的设计。

2. 实训条件

火灾自动报警联动控制系统实训装置。

3. 实训内容

（1）联动型火灾报警控制器的工作原理及技术规格。

（2）火灾显示盘的作用及其与控制器的连接。

（3）差定温火灾探测器、智能光电感烟探测器、可燃气体探测器的工作原理、技术规格及其应用。

（4）联动控制模块的技术规格及其应用。

（5）手动报警按钮、声光报警器的技术规格及其应用。

（6）电子编址器的使用。

4. 实训方法和步骤

（1）认识系统中的设备，了解技术参数及使用方法。

（2）画出系统图及设备接线图。

（3）设备安装及接线连接。

（4）各设备的分别调试。

（5）各设备的编址。

（6）系统联合调试及运行。

（7）常见故障检测及排除。

5. 实训要求

（1）画出火灾自动报警联动控制系统图及设备连接图。

（2）列出系统中的设备清单及主要作用。

（3）写出主要设备安装调试的方法。

（4）写出安装调试中常见故障检测及排除的具体做法。

（5）对火灾自动报警联动控制系统安装调试进行总结，写出实训报告。

本章小结

　　智能建筑多以高层建筑为主体，火灾自动报警系统是保证建筑物内人员、设备、财产安全的重要设施。一个完整的火灾自动报警系统由火灾自动报警设备、灭火自动控制系统及避难诱导系统 3 个子系统组成。火灾探测器能够及时探测火灾的发生，火灾报警控制器能够及时、准确地发出报警信号，通过火灾自动报警联动控制，能够把火灾消灭在萌芽状态，减少人员伤亡和财产损失。

复习与思考题

1. 一个完整的火灾自动报警系统由哪几部分组成？各部分有何作用？
2. 现场火灾自动报警设备有哪几种类型？各自有什么作用？
3. 火灾探测器有哪些类型？应如何正确选用？
4. 如何根据火灾探测器的型号确定其属于何种探测器？
5. 火灾报警控制器由哪几部分组成？并说明其作用。
6. 火灾报警控制器有哪几种类型？各用于哪些场合？
7. 火灾自动报警联动控制包括哪些内容？
8. 简述发生火灾时，火灾自动报警联动控制的工作过程。

第6章
通信自动化系统

知识目标

（1）了解通信自动化系统的组成。

（2）掌握通信自动化系统的相关设备及功能。

（3）掌握智能楼宇中通信自动化系统的相关技术和应用。

（4）了解物联网系统的相关技术和应用。

能力目标

（1）能够认知通信自动化系统设备的构成。

（2）能够理解和运用通信自动化系统的相关技术。

（3）能够认识物联网的相关运用和技术。

6.1 认识通信自动化系统

　　智能建筑的通信自动化系统大致可以划分为 3 部分，即以程控交换机为主构成的语音通信自动化系统、以计算机及综合布线系统为主构成的网络通信自动化系统、以电缆电视为主构成的有线电视系统。这 3 部分既相互独立，又相互关联，为实现楼宇智能这个大目标，将这几个系统及其他系统通过某种方式或技术结合在一起，称为系统的集成。系统集成的基础必须依靠智能建筑中的通信网络，而且随着计算机技术和通信技术的不断发展、不断更新的需求，现代智能建筑的观念也在不断更新。

　　一个智能楼宇，除了有电话、传真、空调、消防与安全监控等基本系统外，各种计算机网络、综合服务数字网络都是不可缺少的，只有具备了这些基础通信设施，新的信息技术（如电子数据交换、电子邮政、电视会议、视频点播、多媒体通信等）才有可能供人们使用。

6.2 通信自动化系统的相关设备及功能

6.2.1 程控交换机

1. 程控交换机的发展和作用

"交换"和"交换机"最早起源于电话通信系统（PSTN）。交换即转接，也就是把需要通话的两个用户所在的线路临时连接起来，使语音信号能从线路的一端传输到另一端，从而实现通话。最早的电话转接必须通过话务接线员手工接续来完成，这种电话交换系统被称为人工交换机，如图 6-1 所示。随着电子技术、计算机技术和通信技术的发展，交换系统经历了从人工交换系统到机电式交换系统再到电子交换系统的一个发展过程，而我们现在所使用的交换机是电子交换系统中的程控交换机，如图 6-2 所示。

图 6-1　人工交换机

图 6-2　程控交换机

程控交换机的作用是将用户的信息及交换机的控制、维护管理等功能，采用预先编制好的程序存储到计算机的存储器内。当交换机工作时，控制部分自动监测用户的状态变化和所拨号码，并根据其要求来执行相关程序，从而完成各种功能。由于采用的是程序控制方式，因此该交换机被称为存储程序控制交换机，简称为程控交换机。

2. 程控交换机的分类

程控交换机有以下几种分类。

（1）按交换方式不同，程控交换机可分为市话交换机、长话交换机和用户交换机。

（2）按信息传送方式不同，程控交换机可分为程控模拟交换机和程控数字交换机。

（3）按接续方式不同，程控交换机可分为程控空分交换机和程控时分交换机。

其中，由于程控空分交换机的接续网络（或交换网络）采用空分接线器（或交叉点开关阵列），且在话路部分传送和交换的是模拟语音信号，因而习惯上称之为程控模拟交换机。这种交换机不需要进行语音的模/数转换（编码、解码），用户电路简单，因而成本低，目前主要用作小容量模拟用户交换机。

程控时分交换机一般在话路部分传送和交换的是经过模/数转换（编码、解码）后的数字语音信号，因而习惯上称之为程控数字交换机。随着数字通信与脉冲编码调制（PCM）技术的迅速发展和广泛应用，在微处理器技术和专用集成电路飞速发展的今天，程控数字交换机的优越性越来越明显地展现出来。目前，所生产的中等容量、大容量的程控交换机全部为数字式的，而且交换机系统融合了异步传输模式（Asynchronous Transfer Mode，ATM）、无线通信、IP 技术、接入网技术、高速率数字用户线路（High-speed Digital Subscriber Line，HDSL）、非对称数字用户线路（Asymmetric Digital Subscriber Line，ADSL）、视频会议等先进技术，因此，这种设备的接入网络的功能是相当完备的。可以预见，今后的交换机系统，将不仅仅是语音传输系统，而是一个包含声音、文字、图像的传输系统。目前，已广泛应用的 IP 电话就是其应用的一个方面。下面简单分析一下 IP 电话利用程控数字交换机传输信号的机制。

3. 程控交换机的应用

从传输技术来说，普通电话网采用的是电路交换方式，即电话通信的电路一旦建立通话后，电话用户就占用了一个信道，无论用户是否在讲话，只要用户不挂断，信道就一直被占用着。一般情况下，通话双方总是一方在讲话，另一方在听，听的一方没有讲话也占用着信道，而且讲话过程中也总会有停顿的时间，也会占用信道，直到双方通话结束挂机后，信道的占用才会被解除。因此，用电路交换方式时线路利用率很低，至少有 60%以上的时间被浪费掉。而因特网（Internet）的信息传送与之不同，它采用的是分组交换方式。所谓分组交换，是把数字化的信息，按一定的长度"分组"、打"包"，每个"包"加上地址标识和控制信息，在网络中以"存储—转发"的方式传送，它的特点是"见缝插针"，遇到电路有空就传送，并不占用固定的电路或信道，因此也被称为"无连接"的方式。这种方式可以在一个信道上提供多条信息通路。两种交换方式的对比如图 6-3 所示。

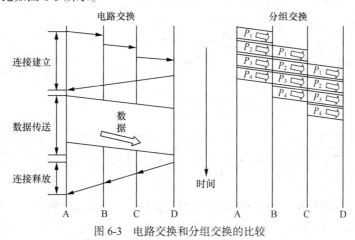

图 6-3　电路交换和分组交换的比较

此外，在 Internet 上传送信息通常还采用数据压缩技术，被压缩的语音信息分组到达目的地后再复原，合成为原来的语音信号并被送到接收端用户。因此，利用 Internet 传送语音信息要比普通电话网传送语音的线路利用率高许多倍，并且随着硬件技术的提高、压缩技术的优化，IP 传送语音信号的应用已经相当普及，传送信息的通信成本也大大降低，这也就是为什么我们平常使用的 IP 电话费用可以比传统电话低很多的主要原因。

6.2.2　用户交换机

1. 用户交换机概述

程控交换机如果应用在一个单位或企业内部作为交换机使用，称为用户交换机。用户交换机的最大特点就是外线资源可以共用，而内部通话时不产生费用。

用户交换机是机关、工矿企业等单位内部进行电话交换的一种专用交换机，其基本功能是完成单位内部用户的相互通话，但也可以接入公用电话网通话（包括市内通话、国内长途通话和国际长话）。

大部分智能楼宇中一般会集中了很多不同的单位和部门，而为了能够节约通信成本和方便单位内部的通信，现在许多单位和部门内部都可以采用用户交换机的方式。用户交换机是指单位或部门在接入市话网的同时，在单位内部安装的交换机设备，它是市话交换机的一种补充设备，它为市话网承担了大量的单位内部用户间的话务量，减轻了市话网的话务负荷。另外，用户交换机在各单位分散设置，更靠近用户，因而缩短了用户线通话距离，节省了用户电缆通话距离，也可以提高用户之间的通话质量，可以说是一举多得。同时，用少量的出入中继线接入市话网，起到话务集中的作用，线路的利用率会更高。从这些方面讲，使用用户交换机有很大的经济意义。因此在电话公用网建设中，不能缺少用户交换机的使用。

用户交换机在技术上的发展趋势是采用程控用户交换机，使用新型的程控数字用户交换机不仅可以交换电话业务，而且可以交换数据等非语音业务，做到多种业务的综合交换与传输。

2. 用户交换机的呼叫作用

根据进出交换机的呼叫流向及发起呼叫的起源，用户交换机有4种最基本的呼叫作用，分别为本局呼叫、出局呼叫、入局呼叫和转移呼叫。

（1）主叫用户发起呼叫，当被叫用户是本局中的另一个用户时（即主、被叫用户都连接在同一交换机上）称为本局呼叫，如图6-4所示。

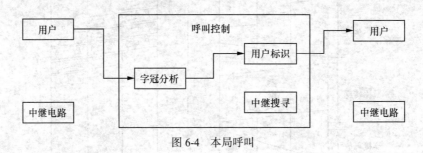

图6-4　本局呼叫

（2）主叫用户发起呼叫，当被叫用户不是本局的用户，交换机需要将呼叫接续到其他的交换机时，即形成出局呼叫，如图6-5所示。

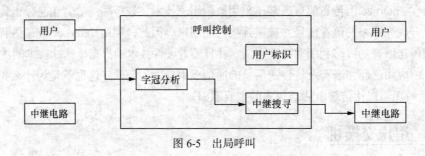

图6-5　出局呼叫

（3）相应地，从其他交换机发来的信号，呼叫本局的一个用户时，则为入局呼叫，如图6-6所示。

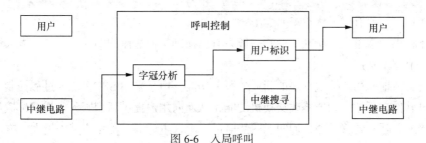

图 6-6　入局呼叫

（4）如果从其他交换机发来的信号，呼叫的不是本局的一个用户，而是由本局交换机接续（交换）到的其他的交换机，本局交换机只提供汇接中转的功能，则形成转移呼叫，如图 6-7 所示。

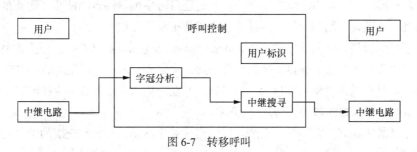

图 6-7　转移呼叫

作为电话交换网使用的交换机，每台交换机都具备这 4 种呼叫的处理能力。而对于长途和特种服务呼叫，可以看成呼叫流向固定的出局呼叫。

除了以上的基本呼叫及转移功能以外，由于用户交换机是单位内部专用，故可根据用户需要增加若干附加性能以提供使用上的方便。所以，这类交换机具有较大的灵活性。

6.2.3　程控数字交换机

1. 程控数字交换机的系统功能及用户功能

（1）来话可多次转接及保持。

（2）一般可以对分机进行计费。

（3）可作呼叫转移。

（4）计算机话务员或人工应答。

（5）分机服务等级限制。

（6）分机弹性编号。

（7）分机免打扰。

（8）分机分组代答。

（9）特权分机可直接拨外线。

（10）多方通话。

（11）可锁定特殊号码。

2. 程控数字交换机的优点

程控数字交换机是现代数字通信技术、计算机技术与大规模集成电路（LSI）有机结合的产物。先进的硬件与日臻完善的软件综合于一体，赋予程控数字交换机以众多的功能和特点，它与机电式交换机相比，主要有以下优点。

（1）体积小，重量轻，功耗低。它一般只有纵横制交换机体积的 1/8 左右，大大压缩了机房占用面积，节省了费用。

（2）能灵活地向用户提供众多的新业务服务功能。由于采用 SPC（统计过程控制）技术，因而可以通过软件方便地增加或修改交换机功能，从而向用户提供新型服务，如缩位拨号、呼叫等待、呼叫传递、呼叫转移、遇忙回叫、热线电话、会议电话等，给用户带来极大的方便。

（3）工作稳定可靠、维护方便。由于程控交换机一般采用大规模集成电路（LSI）或专用集成电路（ASIC），因而有很高的可靠性。它通常采用冗余技术或故障自动诊断措施，以进一步提高系统的可靠性。此外，程控数字交换机借助故障诊断程序对故障自动进行检测和定位，从而及时地发现与排除故障，大大减少了维护工作量。系统还可方便地提供自动计费、话务量记录、服务质量自动监视、超负荷控制等功能，给维护管理工作带来了方便。

（4）便于采用新型共路信号方式（Common Channel Signalling，CCS）。程控数字交换机与数字传输设备可以直接进行数字连接，提供高速公共信号信道，适于采用先进的 CCITT 7 号信令方式，从而使得信令传送速度快、容量大、效率高，并能适应未来新业务与交换网控制的特点，为实现综合业务数字网（ISDN）创造必要的条件。

（5）易于与数字终端、数字传输系统连接，实现数字终端、传输与交换的综合与统一。程控数字交换机可以扩大通信容量，改善通话质量，降低通信自动化系统投资。

3. 未来程控交换技术的发展趋势

（1）研制新型专用大规模集成电路，提高硬件集成度和模块化水平，以进一步减小体积、降低成本、增强功能及提高可靠性。

（2）提高控制的分散、灵活程度和可靠性，逐步采用全分散方式。

（3）采用 CCITT（ITU）建议的高级语言（如 CHILL、SDL、MML），提高软件水平和模块化速度。加强支援系统的开发，建立强大的软件生成系统。

（4）积极推行共路信号系统。

（5）逐步引入非话业务，如数据、图文传真、用户电报（Telex）、智能用户电报（Teletex）、可视数据（Videotex）、图文传视（Teletext）、电子邮件（Electronic Mail）及图像信息等，开发相应的接口，构成综合信息交换系统。

（6）增强程控交换系统与其他类型通信网（如传真网、分组交换网或公用数据网、计算机局域网等）的接口连接与组网能力。

（7）为适应高速信息业务日益增长的需求和光纤通信的发展，开展宽带综合业务数字网（B-ISDN）环境下的通信。

6.2.4　图像通信

图像通信是指传送和接收图像的电信号（或数据信息）的通信。它与语音通信方式不同，传送的不仅有声音，而且还有图像、文字、图表等信息，这些可视信息通过图像通信设备变换为电信号进行传送，在接收端再把它们真实地再现出来。所以说，图像通信是利用视觉信息的通信，或称它为可视信息的通信。

图像信息按照其内容的运动状态，可划分为静止图像和活动图像两大类。静止图像包括黑白二值图像（文字、符号、图形、图表、真迹、图书、报刊等）、黑白或彩色照片（人物像、风景像、X 光片、工业和科技摄影图片等）、高分辨率照片（航空摄影照片、气象卫星云图、资源卫星遥感照片等）。活动图像包括电影、普通电视、电缆电视、工业电视、可视电话、会议电视或高清晰度电视（HDTV）等。

图像信号包含极其丰富的信息，图像通信所传送的信息量远远超过其他通信手段，其传送效果也优于其他传送方式。据统计，人们接收外界信息的效果：视觉占全部的 60%，听觉占 20%，触觉约占 15%，味觉占 3%，嗅觉占 2%。所以人们也常说："眼见为实，耳听为虚""百闻不如一见""一目了然"。正因为视觉信息，即图像信息，在人们认识事物的过程中如此重要，所以，以传送视觉信息为主的图像通信方式很早就被人们重视，并自 20 世纪 70 年代以来有了较迅速的发展。

由于图像通信所需传送的数据量相当大，所以，图像通信的技术手段也比其他传输要求高很多，主要包括硬件技术和软件技术的要求。近年来，随着计算机技术和通信技术的发展，图像通信的性能获得了很大提高。

图像通信是通信技术中发展非常迅速的一个分支。数字微波、数字光纤、卫星通信等新型宽带信道的出现，分组交换网的建立，微电子技术和多媒体技术的飞速发展，有力地推动了这门学科的进步。数字信号处理和数字图像编码压缩技术产生了越来越多的新的图像通信方式。图像通信的范围在日益扩大，图像传输的有效性和可靠性也不断得到改善。

6.3　计算机网络通信自动化系统

计算机网络通信自动化系统（在智能建筑中简称网络系统）是通信网络、办公自动化网络和建筑设备自动化控制网络的总称，是智能建筑的基础。网络系统对于智能建筑来说，犹如神经系统对于人一样重要，它分布于智能建筑的各个角落，是采集、传输智能建筑内外有关信息的通道。从这个角度上来看，智能建筑网络系统的完善程度和性能优劣决定了智能建筑的"智商"。随着信息技术的日新月异，信息技术对智能建筑各个方面的影响将会更加深远，尤其是对实现建筑"智能"的网络系统和管理系统的集成将会产生根本性的变化。为了把握智能建筑网络系统的发展方向，有必要了解智能建筑网络系统的发展过程。

6.3.1　智能建筑网络系统的发展过程

智能建筑的发展过程，在功能上是一个从监控到管理的过程，在技术上可看成是一部以计算机技术、控制技术和通信技术等现代信息技术为基础的多学科的发展史。

智能建筑的早期，由于技术条件的限制，采用模拟信号的一对一布线，网络系统是传输模拟信号的模拟电路网络，大型建筑内的设备只能在中央监控室内采用大型模拟仪表集中盘对少数的重要设备进行监视，并通过集中盘来进行集中控制，形成所谓的"集中监控，集中管理"的模式，此时的建筑仅仅可以称为"自动化建筑"。

20 世纪 80 年代，由于微电子技术、信号处理和通信技术的发展，智能建筑的中央控制系统也开始发生了变化，在布线上不再全部采用一对一的布线，传输数字信号的数据网络在楼宇设备控制系统中也开始得到运用。但由于当时现场数据处理器的价格昂贵，功能也不够完善，大部分系统的运算和处理功能仍需在中央控制室的主机进行，网络系统仍然采用以模拟信号为主的模拟、数字混合系统，即仍没有脱离"集中监控，集中管理"的模式，此时的建筑只是功能上增强的"自动化建筑"。

20 世纪 90 年代中期，随着低价格、高处理能力的现场处理器的出现，以前由中央监控主机完成的功能可以分散到各现场处理器来完成了，形成具有先进体系结构的"分散控制，集中管理"的模式，即所谓的分布式控制系统（DCS）。该模式的网络系统仍存在局部的一对一布线，并未形成整个网络系统的数字化，仍为模拟/数字混合网络系统。但该模式实现了智能建筑的绝大部分功能，此时的建筑基本上称为"智能建筑"。

由上述可以看出，网络系统的发展过程体现了一个从模拟信号网络向数字信号网络发展的过程。

6.3.2　智能建筑网络系统的结构

智能建筑的计算机网络系统可以分为内网和外网两部分。原则上，内网和外网是彼此分开的，物理上不应该相互联系，这是出于安全性能上的考虑。无论内网还是外网，都可以划分为 3 个部分：用于连接各局域网的骨干网部分、智能建筑内部的局域网部分及连接 Internet 的部分。

1. 用于连接各局域网的骨干网部分

（1）骨干网的概述

骨干网是通过桥接器与路由器把不同的子网或 LAN 连接起来形成单个总线型或环形拓扑结构网络，这种网通常采用光纤做骨干传输。骨干网是构建企业网的一个重要的结构元素。它为不同局域网或子网间的信息交换提供了传输路径。骨干网可将同一座建筑物、不同建筑物或不同网络连接在一起，并传送数据。通常情况下，骨干网的容量要大于与之相连的网络的容量。

① 在本地层面，骨干网是一条或一组线路，提供本地网络与广域网的连接，或者提供本地局域网之间跨距离的有效传输（如两栋大楼之间）。

② 在互联网和其他广域网中，骨干网是一组路径，提供本地网络或城域网之间的远距离连接。连接的点，一般称为网络节点。

（2）骨干网的容量

人们通常把城市之间连接起来的网称为骨干网，这些骨干网是国家批准的可以直接和国外连接的互联网。而那些有接入功能的互联网提供商（ISP）想连到国外的网络都要通过骨干网。2015年 12 月发表的《中国互联网 20 年发展报告》中指出：中国骨干网容量大幅提升，中继光缆长度增至近 100 万 km，单端口带宽能力从 kbit/s 提升至 100Gbit/s，骨干网带宽已超 100Tbit/s。骨干网和城域网不断扁平化，从星形网向网状网演进，大幅度提升了骨干网络的疏导效率和用户服务能力。网络互联互通部署初见成效，截至 2014 年年末，中国已与周边 14 个国家和地区实现跨境光缆连接，网络通达亚、美、欧、非、澳等全球各方向，海外网络服务提供点（POP）建设规模已达到 72 个。国际互联网出入口带宽以年均 15%的速率增长，2015 年 6 月已经达到 4 607Gbit/s。中国互联网络信息中心（China Internet Network Information Center，CNNIC）在 2017 年 7 月发表的《第 40 次中国互联网络发展状况统计报告》中指出：截至 2017 年 6 月，中国国际互联网出口带宽为 7 974 779Mbit/s，年增长率为 20.1%。

（3）国家级别的骨干网络

我国现有 9 个属于国家级别的 Internet 骨干网络，分别如下所述。

① 中国公用计算机互联网（ChinaNet）。ChinaNet 是由中国电信经营管理的基于 Internet 网

络技术的中国公用 Internet，是中国的 Internet 骨干网。通过 ChinaNet 的灵活接入方式和遍布全国各城市的接入点，可以方便地接入 Internet，享用 Internet 上的丰富资源和各种服务。截至 2017 年 6 月，ChinaNet 的国际出口带宽已达 4 451 036Mbit/s。

② 中国金桥信息网（ChinaGBN）。ChinaGBN 即国家公用经济信息通信网。它是中国国民经济信息化的基础设施，是建立金桥工程的业务网，支持金关、金税、金卡等"金"字头工程的应用。金桥工程为国家宏观经济调控和决策服务，同时也为经济和社会信息资源共享和电子信息市场建设创造条件。该网络已形成了全国骨干网、省网、城域网 3 层网络结构，可覆盖全国各省市和自治区。金桥信息网主要利用卫星信道组成骨干网，卫星网和地面光纤网互联互通，互为备用；区域网和接入网利用微波或租用数字数据网（DDN）、公众电信网等设施。该网现已并入网通。

③ 中国联通计算机互联网（UniNet）。UniNet 面向 ISP 和 ICP，骨干网已覆盖全国各省会城市，网络节点遍布全国，是经国务院批准直接进行国际联网的经营性网络，其拨号上网接入号码为"165"，面向全国公众提供互联网络服务。它已经在全国的 265 个地市开通业务，且各城市间均可提供漫游服务。截至 2017 年 6 月，UniNet 的国际出口带宽已达 2 200 947Mbit/s。

④ 中国网通公用互联网（CNCNet）。CNCNet 由中国科学院、国家新闻出版广电总局、中国铁路总公司联合，利用广播电视、铁道等部门已经敷设的光缆网络作为主干网络，该网络由中国网络通信集团公司经营管理。2009 年 1 月 7 日中国联合通信有限公司与中国网络通信集团公司重组合并，新公司名称为中国联合网络通信集团有限公司。

⑤ 中国移动互联网（CMNet）。CMNet 是中国移动通信集团公司所提供的一种网络服务，主要是为个人计算机、笔记本电脑、掌上电脑等利用通用分组无线服务技术提供上网服务，其范围覆盖达中国各个地区。截至 2017 年 6 月，CMNet 的国际出口带宽已达 1 208 108Mbit/s。

以上 5 个互联单位为经营性互联单位，下面 4 个互联单位为公益性互联单位。

⑥ 中国教育和科研计算机网（CERNet）。CERNet 是由国家投资建设，教育部负责管理，清华大学等高等学校承担建设和管理运行的全国性学术计算机互联网络，联网的主要对象为国内高校，其专线连接国内网络中心的主干网，是教育资源的主要网络。截至 2017 年 6 月，CERNet 的国际出口带宽已达 61 440Mbit/s。

⑦ 中国科技网（CSTNet）。CSTNet 是中国科学院领导下的学术性、非盈利的科研计算机网络，连接全国各地的科研机构，是科研院所、科技部门和高新技术企业的主干网络。截至 2017 年 6 月，CSTNet 的国际出口带宽已达 53 248Mbit/s。

⑧ 中国长城网（CGWNet）。中国长城互联网是经国务院、中央军委正式批准，由国家有关部门统一组织建设的专用互联网络，是中国国防类域名的唯一注册管理机构，是国家授权进行计算机网络国际联网业务的全国十大基础互联单位之一。

⑨ 中国国际经济贸易互联网（CIETNet）。CIETNet 是非经营性的、面向全国外贸系统企事业单位的专用互联网，国际出口带宽为 2Mbit/s。

（4）智能楼宇内部骨干网的类型

智能楼宇内部的骨干网有两种类型：一种是分布式骨干网，它贯穿于建筑物或校园，为局域网提供连接点；另一种是紧缩型骨干网，它以网络集线器和交换机的形式存在，图 6-8 所示为骨干网的拓扑结构。

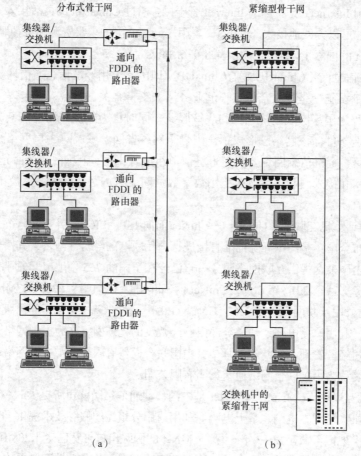

图 6-8　分布式骨干网和紧缩型骨干网的拓扑结构

　　分布式骨干网是基于分布式路由通道的结构。图 6-8（a）所示的分布式骨干网说明了网络（此处为光纤分布式数据接口（FDDI）环）是如何延伸到建筑物中的每个部门或楼层。每个网络均通过路由器连接到骨干网。类似于以上的解决方案，每一个 LAN 子网的内部成员之间互相竞争带宽。FDDI 是环形拓扑结构，有较好的容错功能，如果其中的某个路由器出现故障，该网络的其他部分仍可以保持连接。

　　智能楼宇内的骨干网仅局限于一座建筑物内部，它的作用就是将楼宇中的多个网络连接在一起，也将广域网与本建筑物内的局域网络连接到一起。

　　2. 智能楼宇内部的局域网部分

　　一般地，楼层局域网分布在一个或几个楼层内，这样，对局域网的类型、容量大小、具体配置的选择要根据实际情况来决定，如流量的大小、工作站点数量的设置、覆盖范围、可能对服务器访问的频度等。目前，大部分局域网采用的网络结构以总线型的以太网络、令牌环网为主，传输介质以双绞线、同轴电缆为主，也可采用光纤。

　　一个楼层可以配置一个或多个局域网的网段，也可以几个楼层合用一个局域网，这需要根据楼层用户的布局和需求来确定。但为了便于管理，一般以一个楼层单独构建一个局域网为宜，并且在保证用户当前配置的前提下，站点数量应当留有可扩充的余地，这在最初的设计阶段必须加以考虑，否则，以后要扩充时再更改就不方便了。

3. 连接 Internet 的部分

智能楼宇与外界的连接，主要借助于公用网络，如公用电话网络系统、数据专线 DDN、接入服务 xDSL、ATM、X.25 公用分组交换网等。当然，如果楼宇处于特殊地理位置，如较偏远地区，或者由于与外界联络的特殊需要，也可以架设微波卫星通信网络，但对于这种接入，由于国家通信规范的要求，需要根据当地城市管理的制度，并且履行特别的手续才能架设。

6.3.3 宽带通信网的相关技术

自 20 世纪 90 年代起，我国的互联网市场迈入了新的阶段（即后带宽时代），其主要特征是骨干网宽带化基本完成，用户终端具备了处理大容量、多媒体服务的能力，并且随着宽带 IP 网络的建设，各种形式的宽带接入技术得到大量应用，Internet 基本接入业务的种类就越来越多。不同的接入手段提供不同的接入带宽，在传统的窄带业务（如 WWW、FTP、IP 电话、IDC、电子商务、统一消息服务等）继续存在的前提下，基于音频、视频的各种新型的宽带增值业务（如视频点播、交互数字电视、远程教育、远程医疗、会议电视、虚拟专用网等业务）得到了大规模的应用和发展。一个建立在 IP 技术基础上的新型公共通信网，实现宽带窄带一体化、有线无线一体化、有源无源一体化、传输接入一体化的综合业务网络正在形成。而且随着 Internet 技术的发展，以 IP 技术和光传输网为基础，最终将实现电信网、计算机网和有线电视网的融合，是新一代网络技术的发展方向。

下面对常见的宽带网络技术做一些介绍。

1. 综合业务数字网（ISDN）

（1）ISDN 的定义

综合业务数字网（Integrated Service Digital Network，ISDN）是基于现有的电话网络来实现数字传输服务的标准。

CCITT（现更名为国际电信联合会，ITU）对 ISDN 的定义：ISDN 是由电话综合数字网（IDN）演变而来的，它向用户提供端到端的连接，并支持一切语音、数字、图像、图形、传真等业务。用户可以通过一组有限的、标准的、多用途用户网络接口来访问这个网络，以获得相应的业务。

ISDN 又称"一线通"，即可以在一条线路上同时传输语音和数据，用户打电话和上网可同时进行。ISDN 的出现，使 Internet 的接入方式发生了很大的变化，极大地加快了 Internet 在我国的普及和推广。

（2）ISDN 的组成

ISDN 的组成包括终端、终端适配器（TA）、网络终端设备（NT）、线路终端设备和交换终端设备。

ISDN 的终端分为标准终端（TE1）和非标准终端（TE2）两种。TE1 通过 4 根、2 对数字线路连接到 ISDN 网络。而 TE2 连接 ISDN 网络要通过 TA，如图 6-9 所示。网络终端也被分为网络终端 1（NT1）和网络终端 2（NT2）两种类型。

（3）ISDN 的接口

目前已经标准化的 ISDN 用户-网络接口有两类：基本速率接口（Basic Rate Interface，BRI）和一次群速率接口（Primary Rate Interface，PRI）。

① 基本速率接口。基本速率接口（BRI）是把现有电话网的普通用户线作为 ISDN 用户线的

接口，它是 ISDN 最常用、最基本的用户-网络接口。它由两个 B 信道和一个 D 信道构成 （即 2B+D）。B 信道为负载信道，用于传输用户数据，速率为 64kbit/s；D 信道为控制信道，用于传输控制信号，速率为 16kbit/s。所以基本速率接口的最高信息传输速率是 $64 \times 2+16=144$ （kbit/s）。

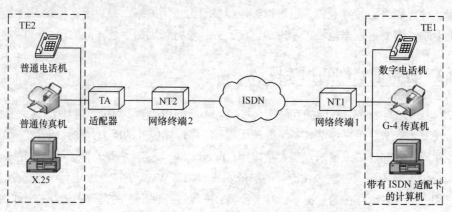

图 6-9　ISDN 连接示意图

这种接口是为广大的用户使用 ISDN 而设计的。它与用户线二线双向传输系统相配合，可以满足千家万户对 ISDN 业务的需求。

② 一次群速率接口。一次群速率接口（PRI）的结构根据用户对通信的不同要求可以有多种组合。典型的结构是 30B+D、23B+D，分别对应于 2.048Mbit/s （欧标 E1 系统）和 1.544Mbit/s （北美 T1 系统）的基群速率。在此，B 信道和 D 信道的速率都是 64kbit/s。这种接口结构，对于以 NT2 为综合业务用户交换机的用户而言，是一种常用的选择。当用户需求的通信容量较大时 （例如，企业或公司的专用通信网络），一个一次群速率的接口可能不够使用，这时可以多装几个一次群速率的用户-网络接口，以增加信道数量。当存在多个一次群速率接口时，不必在每个一次群接口上分别设置 D 信道，可以让几个接口合用一个 D 信道。

（4）ISDN 的功能

ISDN 的功能是为用户提供一系列综合的业务，这些业务分为承载业务、用户终端业务和用户补充业务三大类。

① 承载业务是指由 ISDN 网络提供的单纯的信息传输业务，其任务是将信息从一个地方传输到另一个地方，在传输过程中对数据不进行任何处理。

② 用户终端业务是指那些由网络和用户终端设备共同完成的业务，除了电话、可视图文、用户电报、可视电话等业务外，ISDN 主要用于接入 Internet。

个人用户使用 "Internet 接入" 这项业务主要是利用 ISDN 的远程接入功能，接入时采用拨号方式。企业用户则可以使用 ISDN 作为备份线路，如远程办公室和中心办公室之间的备份线路，这样不但可以防止断线，同时还可以分担骨干线路的数据流量。

③ 用户补充业务是对承载业务和用户终端业务的补充和扩展，它为用户提供更加完善和灵活的服务，如主叫用户线识别、被叫用户线识别、呼叫等待等。

随着人们对宽带业务的需求不断提高，希望能够通过电路传输数字化的电视信号，而普通数字化的电视信号的速率要求达到 140Mbit/s，即使压缩后也有 34Mbit/s，高清晰度电视经压缩后的信息量约为 140Mbit/s。而上述 ISDN 可以同时传输电话、传真、数据等多种不同的信息，却不能传送图像信号。因此，还只是称为窄带意义上的 ISDN。事实上，假如采用光纤作为用户线的介质，在光纤上传送的信息量可达 2×10^{10} bit/s 以上。因此，20 世纪 80 年代后期，人们就开始提出宽带 ISDN 了。在宽带 ISDN 中，用户线上的信息传输速率可达 155.62Mbit/s，是窄带 ISDN 的 800 倍以上。为区别起见，人们将窄带 ISDN 称为 N-ISDN，将宽带 ISDN 称为 B-ISDN。B-ISDN 是一种新的网络，用以替代现有的电话网及各种专用网，这种单一的综合网可以传输各类信息，与现有网络相比，可以提供极高的数据传输率，且有可能提供大量新的服务，包括电视点播、电视广播、动态多媒体电子邮件、可视电话、CD 质量的音乐、局域网互联、用于科研和工业的高速数据传送等。

2. 非对称数字用户线路（ADSL）技术

数字用户线路（Digital Subscriber Line，DSL）是以铜质电话线为传输介质的传输技术组合，它包括 HDSL、SDSL、VDSL、ADSL 和 RADSL 等，一般称之为 xDSL。它们主要的区别体现在信号传输速度和距离的不同及上行速率和下行速率对称性的不同这两个方面。

ADSL 技术即非对称数字用户线路技术，是利用现有的一对电话铜线，为用户提供上、下行非对称的传输速率。

ADSL 能够在现有的双绞线，即普通电话线上提供 8.192Mbit/s 的下行速率和 16～640kbit/s 的上行速率。其下行速率远大于上行速率的非对称结构，特别适合浏览 Internet、宽带视频点播等下行速率需求远大于上行速率需求的应用。ADSL 充分利用了现有电话线路，不需要改造和重新建设网络，在电话线两端加装 ADSL 设备即可，降低了成本，减少了上网费用，ADSL 传输距离可达 3～6km。ADSL 接入示意图如图 6-10 所示。

图 6-10　ADSL 接入示意图

3. 光纤接入技术

光纤通信具有通信容量大、质量高、性能稳定、防电磁干扰、保密性强等优点，在干线通信中，光纤扮演着重要角色；在接入网中，光纤接入也将成为发展的重点。光纤接入网是发展宽带接入的长远解决方案。光纤接入示意图如图 6-11 所示。

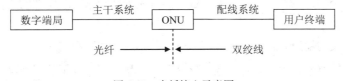

图 6-11　光纤接入示意图

近年来，接入网大量采用光缆（光纤）作为传输介质，根据光网络单元 ONU（主要完成光/电或电/光的转换）在光纤接入网中所处位置的不同，光纤接入可以分为 3 种方式：光纤到家（FTTH）、光纤到路边（FTTC）和光纤到大楼（FTTB）。

（1）光纤到家（Fiber to the Home，FTTH）

光网络单元 ONU 安装在用户家里，由用户专用，ONU 通过铜缆配线系统与终端设备或者家用路由器相连（见图 6-12），这就是 FTTH。FTTH 是一种全光网络结构，带宽大，传输质量好，是接入网的最终解决方案。虽然 FTTH 的成本相对较高，但由于这几年国家加大了网络建设的力度，各大网络运营商都在降费提速，因此，FTTH 在很多城市及农村都运用得非常广泛了。

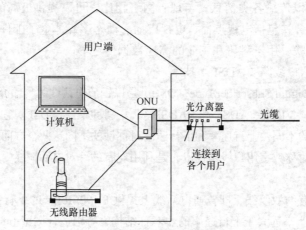

图 6-12　FTTH 示意图

（2）光纤到路边（Fibre to the Curb，FTTC）

光网络单元 ONU 放置在路边的入孔或分线盒 DP 处，也可设置在交接箱 FP 处，但一般都设置在 DP 处，ONU 到用户终端之间仍然采用铜线传输。FTTC 适合于居住密度较高的住宅区。

（3）光纤到大楼（Fiber to the Building，FTTB）

FTTB 结构与 FTTC 类似，区别仅在于 ONU 放置在大楼内，从 ONU 仍然以双绞线引出业务电信号，传送至楼内各用户。FTTB 特别适合给智能化办公大楼提供高速数据以及电子商务和视频会议等业务。

4. 以太网技术

（1）以太网的概述

以太网技术方案因其性价比高而占有很大的市场份额，传输速率从最初的 10Mbit/s、100Mbit/s、1Gbit/s 到后来的 40Gbit/s、100Gbit/s，以太网已能支持高速网络。在智能建筑的计算机网络系统中，以太网技术的应用无处不在，不管采用哪种线路引入信号，最后几乎都会采用以太网的形式连接每个用户。现在，以太网已成为最具兼容性和未来发展性的一种网络技术。

（2）以太网的类型

按照对传输介质的使用方式，以太网可以分为共享式以太网和交换式以太网。共享式以太网由于速率低及用户信号冲突等问题，已经很少使用。现在，我们常常采用的是交换式以太网。按传输速率不同，以太网可以分为标准以太网（十兆比特以太网（简称十兆以太网））、快速以太网（百兆比特以太网（简称百兆以太网）、吉比特以太网（也称千兆以太网）、十吉比特以太网（也称万兆以太网））。

① 交换式以太网

所谓交换式以太网，就是以一个具有共享内存交换矩阵的多端口以太网交换机作为网络核心，以星形组网方式，将局域网分为多个独立的网段，允许同时建立多对收、发信道进行信息传输的网络，如图 6-13 所示。

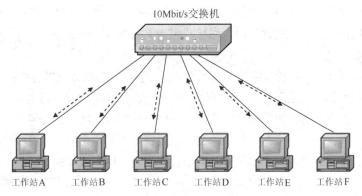

图 6-13　交换式以太网

交换式以太网具有以下优点。

a. 保护原有的以太网基础设施可继续使用，节省用户网络升级的费用。

b. 可在高速与低速网络间转换，实现不同网络的协同。

c. 实现网络分段，均衡负荷，同时提供多个通道，比传统的共享式集线器提供更多的带宽。

d. 提供全双工模式操作，提高了处理效率，时间响应快。

② 快速以太网

随着通信技术的发展及用户对网络带宽需求的增加，原有的 10Mbit/s 传输速率的局域网已经很难满足通信要求，目前流行的局域网基本上都是采用 100Mbit/s 或 1000Mbit/s 以上传输速率的以太网搭建起来的快速以太网结构，如图 6-14 所示。

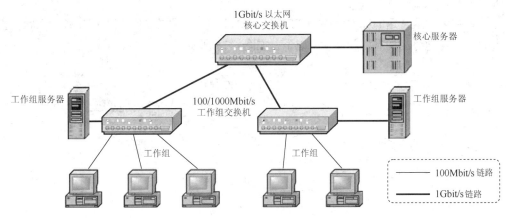

图 6-14　快速以太网结构

a. 百兆以太网。百兆以太网（100BASE-X）是由标准以太网（10BASE-T）发展而来的，主要解决了网络带宽在局域网中应用的瓶颈问题。其协议标准为 IEEE 802.3u，可支持 100Mbit/s 的数据传输速率，并且与 10BASE-T 一样可支持共享式与交换式两种使用环境，在交换式以太网环境中可以实现全双工通信。百兆以太网没有像标准以太网一样采用曼彻斯特编码，而采用效率更高的 4B/5B 等编码。在传输介质上，百兆以太网取消了对同轴电缆的支持。

b. 千兆以太网。随着多媒体技术、高性能分布计算和视频应用的不断发展，用户对局域网的带宽提出了越来越高的要求，人们迫切需要更高性能的网络，并且这种网络还应该与现有的以太网产品保持最大的兼容性，于是，千兆以太网应运而生。

千兆以太网标准是对以太网技术的再次扩展，其数据传输速率达到1000Mbit/s（即1Gbit/s），因此也被称为吉比特以太网。吉比特以太网标准包括支持光纤传输的IEEE 802.3z和支持铜缆传输的IEEE 802.3ab。

与百兆以太网相比，吉比特以太网具有明显的优点。吉比特以太网的速度是百兆以太网的10倍，但价格却只有百兆以太网的2～3倍，性价比高。而且吉比特以太网具有向下完全兼容的特点，从而原有的标准以太网和百兆以太网可以平滑过渡到吉比特以太网，不需要掌握新的配置、管理和故障排除的技术。吉比特以太网可以作为建筑物或校园内的主干网，实现交换机到交换机、交换机到服务器、交换机到路由器的连接，是现在智能建筑中使用最多的一种网络结构。

c. 万兆以太网。万兆以太网的传输速率为10Gbit/s及以上，它很少用在智能建筑之中，更多的是用在城域网领域中。

万兆以太网主要有两个标准：一个是IEEE802.3ae 10GE，支持10Gbit/s传输速率的以太网；一个是IEEE802.3ba，目标是设计支持40Gbit/s或者100Gbit/s传输速率的以太网。

为了提供10Gbit/s的传输速率，802.3ae 10 GE标准在物理层只支持光纤作为传输介质。在物理拓扑结构上，万兆以太网既支持星形连接，也支持点到点连接以及星形连接与点到点连接的组合。星形连接主要用于局域网组网，点到点连接主要用于城域网组网，而星形连接与点到点连接的组合则是用于局域网和城域网的互联。

（3）以太网接入技术

由于以太网应用的广泛性、成熟性，以及其良好的性价比、可扩展性、易安装性，使得以太网成为宽带接入的一个良好选择。目前，全球企事业用户有80%以上都采用以太网接入，它已成为企事业用户的主要接入方式。

以太网接入中最常用的技术手段是"FTTx+LAN"方式，即在光纤到大楼或者小区后，直接与大楼内已经组建好的局域网相连就可以了，如图6-15所示。

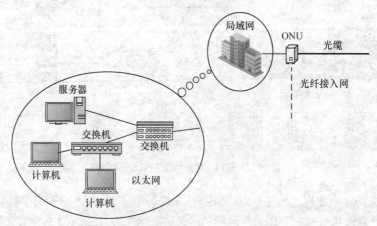

图6-15 "FTTx+LAN"式宽带接入

5. 无线局域网

（1）无线局域网的特点

无线局域网（WLAN）是不使用任何导线或传输电缆连接的局域网络，使用无线电波作为数据传送媒介，传送距离一般只有几十米，信号在穿墙后，会产生较大的衰减。

无线局域网的主干网路通常使用有线电缆，而在用户接入这一块则是通过一个或多个无线接入点（AP）将用户终端设备接入局域网。现在，无线局域网已经广泛用在写字楼、大学校园、机场、饭店、商场及其他公共区域，极大地满足了人们对网络的需求。与有线网络相比，无线局域网具有以下优点。

① 使用灵活。在有线网络中，网络终端设备的安装位置受网络位置的限制，而在无线局域网中，只要在无线信号的覆盖区域之内，任何一个位置都可以接入到网络之中。除此之外，无线局域网还支持移动性，连接到无线局域网的用户可以在移动的同时还保持着与网络的连接。

② 经济节约。由于有线网络缺少灵活性，所以在进行网络规划时要尽可能地考虑到网络未来发展的需要，因此建设成本较高。而且一旦用户数增多，网络的发展超出原有规模，又要花费较多的资金进行网络改造。而 WLAN 就可以避免这种情况的发生。

③ 易于扩展。WLAN 具有多种配置方式，可以根据需要灵活选择，从只有几个用户的小型局域网（如家庭）到成百上千的大型网络（如商场）都能够满足。

④ 兼容性好。WLAN 遵守 IEEE 802.3 以太网协议，与有线局域网和主流的网络操作系统完全兼容，用户已经安装好的网络协议不需要做任何修改就可以在无线网络中运行。

⑤ 安全性高。由于采用了扩频通信技术，所以 WLAN 的抗干扰和保密性较强，误码率低，很少发生通信数据包丢失现象。

⑥ 安装便捷。在网络建设的过程中，施工工期最长的就是网络布线工程，而 WLAN 就省去了很多网络布线的工作量，一般只需要安装一个或多个无线接入点（AP）设备，就可以建立起覆盖整个区域的局域网络。

（2）无线局域网的接入技术

一般架设无线网络的基本配备就是无线网卡及一台 AP。无线网卡安装在网络终端设备上（如笔记本电脑、手机、平板电脑），用来处理终端设备和无线网络之间所传输的信号；AP 在无线局域网和有线网络之间完成数据的接收、缓冲存储和传输，可以同时支持多个无线用户设备。它通常通过标准的以太网线连接到有线网络上，并通过天线与用户无线设备进行通信。在有多个接入点时，用户还可以在接入点之间漫游切换。无线局域网接入方式如图 6-16 所示。

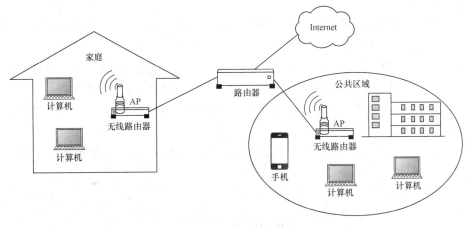

图 6-16　无线局域网接入

6. 下一代网络

目前，我国通信网上的数据业务量已超过语音业务量，传统电话网将不可避免地过渡到以 IP 业务为中心的数据业务融合的下一代网络（NGN）。

传统的电路交换技术有其历史地位、内在的高质量及严格管理的优势，在一段时期内仍将是实时电话业务的基本技术手段，但其基本设计思想是以恒定、对称的话路量为中心，采用了复杂的分等级的时分复用（TDM）方法，语音编码和交换速率为 64kbit/s。对于未来以突发性数据为主的业务，尽管传统电信网采取种种措施后也可传输该业务，但效率较低，传输成本和交换成本较高，网络资源浪费，且需采用复杂的信令、计费和网管系统。当网络的业务量以数据为主时，该低效率状态将阻碍通信业务的发展。以电话业务为基础的电路交换网从业务量设计、容量、组网方式或从交换方式上，都已无法适应新的发展趋势。

下一代网络的基本思路：具有统一的 IP 通信协议和巨大的传输容量，能以最经济的成本灵活、可靠、持续地支持一切已有和将有的业务和信号。其上层联网协议将是 TCP/IP，中间层是 IP 或 ATM，基础物理层是波分复用（WDM）光传送网。该构架可提供巨大的网络带宽，保证可持续发展的网络结构、容量和性能及廉价的成本，支持当前和未来的任何业务和信号。上述分组网构架有着传统电路交换网难以具备的优势，其没有复杂的时分复用结构，仅在有信息时才占用网络资源，效率高，成本低，信令、计费和网管简单，可适应非对称的突发数据业务。

下一代网络的出现标志着新一代通信网络时代的到来。下一代网络是以业务驱动为特征的网络，让电话、电视和数据业务灵活地构建在一个统一的开放平台上，构成可提供现有电信网、计算机网和有线电视网互联互通的网络上的语音、数据、视频和各种业务的新一代网络解决方案。以 IP 为基础的整个通信网络新框架的建立，其转变过程可能需要一段时期，但 IP 技术将对通信产业结构产生重大的影响。

在智能化建筑工程中，由于通信网络是为智能建筑的各个部分传递信息的道路，随着人们对信息需求的激增，以及计算机技术带来的多媒体终端等先进的终端技术，一个智能建筑的智能化瓶颈往往在于它的通信网络。因此，通信网络技术水平的高低制约着智能建筑的智能程度，智能建筑中的通信网络的建设是完成建筑智能化工程的重点所在。智能建筑通信自动化系统在总体上需满足以下几个原则。

（1）先进性。智能建筑通信自动化系统采用先进的路由器、交换机，能够承载和交换各种信息并将其接入公众用户。

（2）普遍性。智能建筑通信自动化系统必须考虑到公众用户情况，以相应的可接受的价格向用户提供不同接入服务的方法。

（3）统一性。智能建筑通信自动化系统遵循基础设施建设方案及规划，科学地统一建设。

（4）可扩充性。智能建筑通信自动化系统能随着需求的变化，充分留有扩充余地。

（5）安全性及可管理性。智能建筑通信自动化系统能保证整个系统通信的可管理性和整个系统的安全性、可靠性。

（6）经济性。智能建筑通信自动化系统充分考虑其建立成本，以最小的投入得到最大的回报。

6.4 其他网络相关技术

6.4.1 有线电视系统与光纤同轴混合网

有线电视系统（Community Antenna Television，CATV）是指传输双向多频道通信的有线电视，也称为共用天线电视系统，或称为有线电视网、闭路电视系统等。

1. CATV 的传输介质

（1）同轴电缆的结构

CATV 的传输介质是同轴电缆，同轴电缆也是一种常用的传输介质。它也像双绞线一样由一对导体组成，但这对导体是按照"同轴"的形式构成线对，如图 6-17 所示。

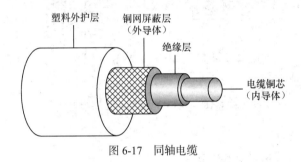

图 6-17　同轴电缆

同轴电缆的最里面是由圆形的金属芯线组成的内导体，一般采用铜质材料做成，用来传输信号；在内导体外面包裹一层绝缘材料，外面再套一个由金属编织线组成的空心的圆柱形外导体，可以屏蔽噪声，也可以做信号地线；最外面则是起保护作用的聚氯乙烯或特氟纶材料的塑料外护层。

（2）同轴电缆的类型

常用的同轴电缆有两类：一种是阻抗为 50Ω 的基带同轴电缆；另一种是阻抗为 75Ω 的宽带同轴电缆。

阻抗为 50Ω 的基带同轴电缆主要用于传输数字信号，曾经在计算机局域网中广泛使用的粗缆和细缆就属于基带同轴电缆，但是同轴电缆支持的数据传输速率只有 10Mbit/s，无法满足当前局域网的传输速率要求，所以在计算机局域网布线中，早已不再使用同轴电缆。另一种阻抗为 75Ω 的宽带同轴电缆用于传输模拟信号，主要用于视频传输，它是有线电视系统 CATV 中的标准传输电缆，所以也称为 CATV 电缆，其传输带宽可达 1GHz。

2. CATV 的主要结构

CATV 的结构大体上分为 3 级：前端系统、干线传输系统和用户分配网络，如图 6-18 所示。系统前端部分的主要任务是将要播放的信号转换为高频电视信号，并将多路电视信号混合后送往干线传输系统。干线传输系统将电视信号不失真地输送到用户分配网络的输入接口。用户分配网络负责将电视信号分配到各个电视机终端。

由于系统传输和处理的是电视信号，所以各级放大器都是宽频放大器，都必须对高频和超高频信号有均匀的放大率和很小的信号交叉干扰。

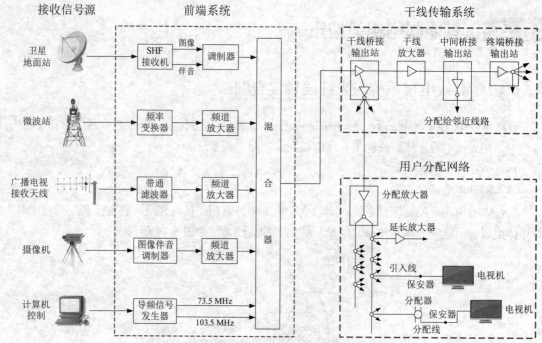

图 6-18　CATV 系统基本组成结构

3. CATV 的功能特点

（1）CATV 可以同时传送多个电视节目

CATV 是以宽带同轴电缆来连接电视台及电视机的，同轴电缆具有传送宽带带域信号的特性，一般常用的同轴电缆可传送 70~270MHz 的频率信号，因此可以同时传送许多频道。

要传送声音或电视影像的信号，必须要有足以装载这些信号的频带宽度，如果频带不够宽，则无法承载将要传送的信号，如此就会造成失真（Distortion）。一般而言，要传送声音信号约需 4kHz，而要传送电视信号就需要 4MHz 的频率。

使用电缆来传送电视信号时，必须将电缆所能传送的全部频带，以传送电视信号所需的 4MHz 的频率为单位，分割成几个频带，再以每频带一个电视频道将信号传送出去。

例如，一般的同轴电缆可传送 70~270MHz 的频率信号，由（270−70）MHz/4MHz=50 得知，此电缆将可传送约 50 个电视台的信号。事实上，为了防止频带重叠使影像模糊，在频带间都留有适当的间隔余量，因此真正能传送的频道将少于 50 个。

（2）CATV 具有将频带分割的多重通信能力

同轴电缆可同时传送很多个频道的信号，但同轴电缆中却没有很多条互相间隔的电线，事实上只有一条细导线而已，这种用一条导线来传送多个频道的方法称为频分复用（FDM），在电缆内传送的各个频带，可视为独立的信号传送路线，如图 6-19 所示。这些被分割的频带，将声音及影像信号传送出去，收信方将此信号全部接收，由于各频道的信号混杂在一起，因此必须通过滤波器（Filter）来过滤电波，以选取所需的频带，再从过滤完的频带中选取影像及声音的信号，并经过放大器（Amplifier）将信号放大，使它重现在电视画面上。因此，多重通信是 CATV 的一个重要特性。

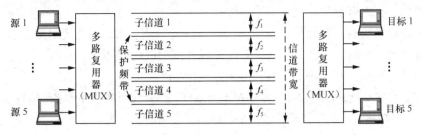

图 6-19 频分复用（FDM）

由于 CATV 可以同时传送多个频道，因此它的作用就不仅限于传送电视节目，也可以利用空频道来传送由 CATV 电台自行播放的节目。除了电视节目之外，CATV 还可用来传送传真照片及其他数据，或传送 CATV 系统监视用信号，如防火、防盗等。

（3）CATV 具有双向通信的功能

CATV 系统的另一个特点是双向通信。一般电视台的广播只能做单向传播，而 CATV 系统则可弥补这个缺点，做到双向通信。

在双向通信时，同样必须将频带分割使用，例如，在频带中特别分出 10～60MHz 的频带作为用户向电台方向的传送（可称为现场转播），剩下的 70～260MHz 则保留作为电台向用户方向的传送。由于 CATV 可做双向通信，因此用户可以在家里一面观赏电视节目，一面使自己也上电视，这种方式很适合于小区内的特别庆祝节目，小区内的每个人都可在节目中提供一些有意义的节目内容。

4. CATV 的发展

早期的有线电视系统仅是为了播放电视节目而架设的，与计算机网络并没有什么联系。但是，同轴电缆并不是只能传输电视的视频信号，它也可以传输数字信号，早期的总线型局域网就是用它来传输信号的。所以现有的 CATV 同轴电缆网络可以作为计算机的传输网络来使用，使用户连接到 Internet。

用 CATV 同轴电缆网接入 Internet 的优势有以下几方面。

（1）传输媒质覆盖面广

我国的有线电视网自 20 世纪 90 年代初发展至今，已经覆盖到了整个国家的绝大部分区域。除了电话网以外，其他的宽带接入技术很少有覆盖范围这么广的传输资源。

（2）同轴电缆传输带宽大

CATV 同轴电缆网络主要传输的是电视信号，由于电视视频信号比电话音频信号的带宽要宽得多，因此，利用它连接到 Internet 后可以达到比 ADSL 及 ISDN 等高得多的传输速率。

（3）可充分利用现有的基础设施，降低建设成本

有线电视网已经入户多年，可充分地利用现有的网络资源，这样就大大节省了接入网建设的施工时间和资金投入。

（4）"三网融合"的有效手段

随着计算机技术、通信技术、网络技术的飞速发展，尤其在 Internet 的推动下，用户对信息交换和网络的传输资源都提出了更高的要求，"三网融合"（电话网、电视网、互联网）的建设势在必行。传统电话网的带宽资源不足以支持宽带电视信号的传输，而用 CATV 网络来传输语音信号和数据信号却是绰绰有余，因此，在 CATV 网络的基础上进行"三网融合"，是

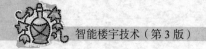

一种经济实用、行之有效的建设方案。

为了更好地实现这一目标，满足"三网融合"的网络需求，首先要对原有的完全基于同轴电缆的有线电视网进行改造，于是光纤同轴混合网 HFC 就诞生了。

5. 光纤同轴混合网（Hybrid Fiber Coaxial，HFC）

HFC 基于 CATV 网，以模拟频分复用技术为基础，综合应用模拟和数字传输技术、光纤和同轴电缆技术、射频技术以及计算机技术，是一种经济实用的综合数字服务宽带网接入技术。

（1）HFC 系统结构

HFC 系统结构包括局端系统（CMTS）、HFC 网络和用户终端系统，如图 6-20 所示。HFC 网络通常由光缆干线、同轴电缆支线以及用户配线网络 3 部分组成。从有线电视台出来的电视信号先在前端系统转换成光信号，再经光缆干线传输到服务小区（光纤节点）的光接收机，由光接收机将其转换成电信号，经分配器分配后通过同轴电缆传到用户家中，最后通过分离器进行电视信号和数据信号的分离，将它们分别传送给电视和计算机。它与早期 CATV 同轴电缆网络的不同之处主要在于，采用光纤作为传输干线，同轴电缆作为分配网传输数据，整个过程需要进行两次光、电信号的转换。

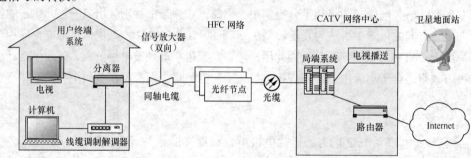

图 6-20　HFC 系统结构

HFC 中的同轴网络采用树型拓扑结构，通过分配器连到各个用户，这种结构和目前有线电视的结构是完全一样的，所以 HFC 特别适用于有线电视运营公司开通宽带业务。

（2）HFC 的特点

① 传输容量大，易实现双向传输。从理论上讲，一对光纤可同时传送 150 万路电话或 2 000 套电视节目。

② 频率特性好，在有线电视传输带宽内无须均衡。

③ 传输损耗小，可延长有线电视的传输距离，25km 内无须中继放大。

④ 光纤间不会有串音现象，不怕电磁干扰，能确保信号的传输质量。

（3）HFC 的频带划分

传统有线电视网大多是 300MHz、450MHz 或 550MHz 系统，而 HFC 采用 860MHz 的同轴网络，它既要支持传统有线电视广播信息的传输，又要支持数字通信双向信息的传输。HFC 的频带划分如下。

① 50MHz 以下：用于上行非广播业务（数据通信）。

② 50～550MHz：用于普通广播电视，我国采用 PAL-D 制式，每 8MHz 为一个电视频道。

③ 550～750MHz：为下行数字通信，用于传输数字电视、视频点播（VOD）等业务中的高速下行数字信号。

④ 750～1000MHz：为保留频段，为其他通信方式预留，如交互式数字视频（SDV）。

6.4.2　卫星通信技术

智能建筑也可以在楼顶安装卫星收发天线和 VSAT 通信（卫星通信的一种）系统，与外部构成语音和数据传输通道，实现远距离通信的目的。

卫星通信系统实际上也是一种微波通信，它以卫星作为中继站转发微波信号，在多个地面站之间通信，卫星通信的主要目的是实现对地面的"无缝隙"覆盖，由于卫星工作于几百、几千、甚至上万千米的轨道上，因此覆盖范围远大于一般的移动通信系统。

1. 卫星通信系统的特点

通信地面站是微波无线电收、发信站，用户通过它接入卫星线路，进行通信。卫星通信系统和有线通信系统有很大的差异，它的特点如下。

（1）下行广播，覆盖范围广。卫星通信对地面的地形情况不敏感，覆盖范围广。在覆盖范围内的任意点都可以进行通信，而且成本与距离无关。

（2）工作频带宽。卫星通信的可用频段为 150MHz～30GHz，目前已经开发出了 40～50GHz 的 O、V 波段，可以支持 155Mbit/s 的数据业务。

（3）通信质量好。卫星通信的电磁波主要在大气层以外传播，电磁波传播非常稳定，通信质量可靠。

（4）网络建设速度快、成本低。卫星通信除了需要建设地面站以外，无须其他地面施工，运维成本低。

（5）信号传输时延大。由于通信距离远（卫星在大气层外），所以传输时延较大，用于语音业务时会有比较明显的中断。

（6）控制复杂。由于卫星通信系统的所有链路均是无线链路，卫星的位置还可能不断变化，所以控制系统比较复杂。

2. 卫星通信系统的组成

卫星通信系统的功能主要有两个：一是通信，二是保障通信。整个卫星通信系统一般由空间分系统、通信地面站分系统、跟踪遥控指令分系统和监控管理分系统 4 部分组成，如图 6-21 所示。

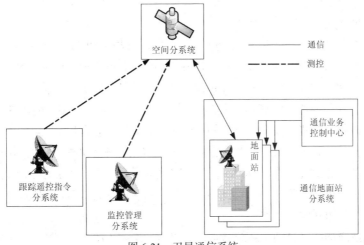

图 6-21　卫星通信系统

（1）跟踪遥控指令分系统

跟踪遥控指令分系统负责对卫星进行跟踪测量，控制其准确进入静止轨道上的指定位置。待卫星正常运行后，要定期对卫星进行轨道位置修正和姿态保持。

（2）监控管理分系统

监控管理分系统负责对定点的卫星在业务开通前、后进行通信性能的检测和控制，例如，对卫星转发器功率、卫星天线增益以及各地球站发射的功率、射频频率和带宽等基本通信参数进行监控，以保证正常通信。

（3）空间分系统（通信卫星）

通信卫星主要包括通信系统、遥测指令装置、控制系统和电源装置（包括太阳能电池和蓄电池）等几部分。通信系统是通信卫星上的主体，在空中起中继站的作用，也就是要把地面站发上来的电磁波放大后再返送给另一个地面站。

（4）通信地面站分系统

地面站是卫星系统与地面公众网的接口，地面用户也可以通过地面站出入卫星系统形成链路，地面站还包括地面卫星控制中心。

3. 通信过程

卫星通信系统是由空间部分（通信卫星）和地面部分（通信地面站）构成的。在这一系统中，通信卫星实际上就是一个悬挂在空中的中继站，其通信过程如图6-22所示。

从地面站1发出无线电信号，这个微弱的信号被通信卫星天线接收后，首先在通信转发器中进行放大、变频，再进行功率放大，最后再由卫星的通信天线把放大后的无线电波重新发向地面站2，从而实现两个地面站或多个地面站之间的远距离通信。

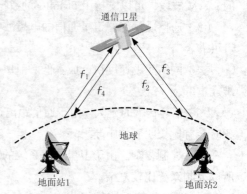

图6-22　卫星通信过程

6.4.3　物联网技术

1. 物联网的定义

物联网是一个传感网络，具有全面感知、可靠传递、智能处理等特点，是继计算机、互联网、移动通信网后的又一次信息产业浪潮。它将各种传感器嵌入到电网、铁路、桥梁、隧道、公路、建筑、供水系统、大坝、油气管道等各种物体中，获得物体实时的状态信息，然后通过通信接口将物联网与现有的互联网整合起来，让所有物品与网络连接，并通过相应的软件进行监控和管理，实现对"万物"高效、节能、安全、环保的"管、控、营"一体化服务。

物联网的普及，能让公共安全、交通控制、工业监测、环境保护、智能消防、家居生活、健康管理等变得更加"聪慧"，能够与人沟通，完成人们赋予的任何命令。也就是说，物联网发展的最终目的是建立一个连接万物的网络，让物的世界变得智能化，提升和改善人们的生活品质。

2. 智能建筑与物联网

早期，智能建筑的楼宇自动化系统通常只有以暖通空调（HVAC）楼宇设备为主的自控系统，随着通信与计算机技术，尤其是互联网技术的发展，楼宇中的其他设备也逐渐地被集成到楼宇自动化系统中，如消防自动报警与控制、安防、电梯、供配电、供水、智能卡门禁、能耗监测等系统。现代智能建筑综合管理系统实现了基于 IT 的物业管理系统、办公自动化系统等与控制系统的融合，是一个高度集成、和谐互动、具有统一操作接口和界面的"高智商"信息系统，为用户提供了舒适、方便和安全的建筑环境。

从建筑的作用来说，建筑是物体安装、布置的基本平台，物体状态的变化发生在建筑空间之中。因此，采集物体状态数据是智能建筑的必备功能，而物联网技术是实现这一功能的极佳手段。在智能建筑技术的发展过程中，处处体现着"物联"的理念，物联网的部分定义、数据交换标准及体系架构都来源于智能建筑技术和理念，反之，物联网的技术和理念又对智能建筑的发展起到了提升的作用，两者之间相互融合、相互影响、相互推进。

3. 物联网的结构

物联网体系结构与智能建筑的系统结构非常类似，都可以看作由 3 层结构组成，即感知层、传输层和应用层，如图 6-23 所示。

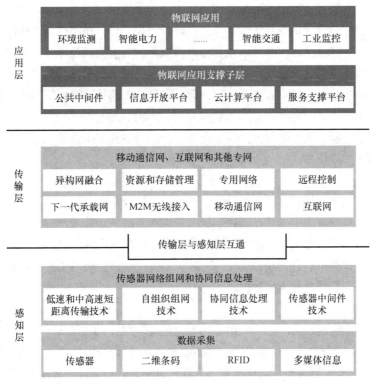

图 6-23　物联网系统的构成

（1）感知层。感知层即智能建筑中的各个智能化设备和传感器，通过"感知"物体，将物体的状态信息化，为应用层提供基础数据。

（2）传输层。传输层即智能建筑中的综合布线系统和各种通信网络系统，通过有线或无线的方式对传感器采集到的物体信息进行可靠传递，承载着数据通信的任务。

（3）应用层。应用层的作用是对物体被感知的数据进行处理和显示，并通过各种智能化应用服务对物体进行远程管理及控制，保证用户个性化需求的实现，使终端用户能享受到各种便利。

所以，在物联网中，信号的运行主要包含了"感知、传送、处理" 3 个过程。传统的楼宇智能化系统是一个自成一体的独立封闭系统，而物联网则具有开放性和连通性，它把各子系统、各智能化设备集成在一个统一的数据平台上，使人们在任何具备互联网接入条件的地点都可以与自己的物联网相连，实现各系统之间实时数据的交流和共享，从根本上解决了传统智能建筑数据采集孤立的缺陷，解决了系统难以联动的问题。因此，我们在理解物联网的时候，不应该将网络与实际的基础设施、物体等物理系统分离，而应该将它们看成是通过信息技术联系在一起的一个整体。虽然，网络中接入的只是那些嵌入在物体中的传感器，但实际上，这些传感器就相当于分布在整个物联网系统中的神经细胞，通过对物体状态的感知和信息的传输，将每一个物体接入到网络之中，并由此实现对物体的管理和控制，实现了人类与物体之间的交互。所以，在物联网时代，钢筋混凝土、汽车、水源、空气等物体基础设施与个人计算机、数据中心、手机、网络设备等 IT 基础设施是一个完全融合的整体。

4. 物联网技术在智能建筑中的应用

物联网对智能建筑技术的影响无处不在，现在很多智能建筑的子系统都可以说已经是物联网形态了，智能家居系统就是其中一种很典型的应用。

智能家居可以体现为多个子系统的集合，它以住宅为平台，利用综合布线技术、网络通信技术、安全防范技术、自动控制技术、音/视频技术将家居生活有关的设施进行集成，构建高效的住宅设施与家庭日程事务的管理系统。与普通家居相比，智能家居不仅具有传统的居住功能，提供舒适、安全、高品位且宜人的家庭生活空间，而且还将原来的被动静止结构转变为具有能动智慧的工具，提供全方位的信息交换功能，帮助家庭与外部保持信息交流畅通，优化人们的生活方式，帮助人们有效安排时间，增强家居生活的安全性，甚至为各种能源费用节约资金，下面举例介绍一套智能家居的基本应用模式。

（1）厨卫系统

厨房可安装全自动烹调设备。厕所里安装检查身体的计算机系统，如发现异常，计算机会立即发出警报。主人在回家途中，可以通过手机远程控制浴缸自动放水调温，做好一切准备工作；也可以通过设定时间，在每天指定的时间开启或关闭；住户室内的水表、电表、气表具有数据远传功能，控制中心计算机运行自动抄表软件，减少了人工入户抄表的工作，更简化了物业管理工作，实时地记录每个住户各种表的数据。

（2）照明系统

住宅内的地板能在近距离的范围内跟踪到人的足迹，在有人时自动开灯，家中无人时自动关闭；物联网新型住宅通过在卫生间安装感应器，业主进入时可自动开灯，业主离开时延时关闭（夜晚时）；通过在车库安装感应器，可在车库门打开时自动开灯，并延时关闭（夜晚时）；此外，业主可通过系统的遥控器随意进行室内的灯光调节。

（3）空调系统

住宅大门安装有气象状况感知器，可以根据各项气象指标，控制室内的温度和通风的情况；安装物联网系统后可控制窗帘、窗户的开闭，或者根据室内环境检测信息（温度、湿度等）联动开闭；根据系统温度、湿度检测等数据信息，进行空调的自动调节（温度调节、湿度调节、换气等）；此外，业主可设置外出模式、居家模式、娱乐模式、就寝模式、自动模式等，感受智能家居带来的不同居家场景乐趣。

（4）消防、安防系统

当主人需要休息时，只要按下"休息"开关，防盗报警系统便开始工作；当发生火灾等意外时，消防系统可自动报警，显示最佳营救方案，关闭有危险的电力系统，并根据火势分配供水。

当然，房屋外车道上的所有照明也是全自动的。

在配有物联网系统的新型住宅里，业主可通过遥控器、手机等设备对住宅进行布防、撤防，报警信息联动指挥控制中心和物业可据此巡查、询问、出警。系统采用光电式烟雾传感器进行烟雾检测，当检测到室内烟雾浓度达到一定标准时，触发报警；系统采用常温气敏型可燃气体传感器，可检测氢气、煤气、天然气、液化石油气等可燃性气体，它具有功耗低、可靠性高、抗干扰性强、环境适应能力强（不怕油分子吸附）、对甲烷及液化石油气高度灵敏等特点。

在非法入侵方面，系统通过红外感应器、门磁、玻璃破碎等进行非法入侵检测，当检测到非法入侵时，触发报警。家中无人时，开启非法入侵检测报警设备，当有非法入侵时，可被检测节点发现，发出报警信号，通知用户。系统也会在浴室、厨房、卫生间、泳池等处安装浸水传感器，如果发现漏水及时通知用户，同时可联动控制水阀关闭。

6.5　企业办公大楼计算机通信网络组网实例

当今社会是信息化社会，信息已经悄然成为影响社会经济发展的核心因素，可以说，信息化程度的高低是衡量一个国家现代化水平和综合国力强弱的重要标志。信息技术作为新技术革命的核心，不仅具有高增值性，而且具有高渗透性，以极强的亲和力和极快的扩散速度向经济各部门渗透，使其结构和效益发生根本性改变。信息化已成为当代经济发展与社会进步的巨大推动力，尤其是作为国民经济信息化基础的企业信息化，更是显得尤为重要。当前，信息化建设已成为企业发展的必由之路。随着企业信息建设的深入，企业的运作越来越多地融入了计算机网络，企业的沟通、应用、财务、决策、会议等数据流都在企业办公网络上传输，因此，一个"安全可靠、性能卓越、管理方便"的高品质企业办公网络已经成为企业信息化建设成功的关键基石。下面就以某个企业的办公大楼为例，简要介绍该大楼计算机通信网络的组网过程。

1. 项目背景

某企业新建一栋办公大楼，该办公大楼地面上共 6 层，其中第 6 层只有一个电梯控制室，1~5层是办公楼层；地下共两层，是车库及中央空调设备机房。整个大楼信息点共 1 121 个，各楼层所使用信息点数量及其分布如表 6-1 所示。

表 6-1　　　　　　　　　　　各楼层所使用信息点数量及其分布

楼层编号	信息点数量/个	设计余量/个	合计/个
六层	2	0	2
五层	251	25	276
四层	251	25	276
三层	211	21	232
二层	200	20	220
一层	99	10	109
地下一层	3	0	3
地下二层	3	0	3
合计	1 020	101	1 121

2. 需求分析

（1）网络系统基本要求

① 采用先进成熟技术，保证系统性能稳定可靠、风险系数小。

② 系统开放性好，可与多厂家产品联网，支持多种网络协议；不影响原有系统的运行，并可与原有系统连接。

③ 系统安全保密性好，对人为的攻击、侵害具有极强的抵抗能力。

④ 系统可维护性好，维护费用低。

⑤ 系统兼容性好，能与企业其他建筑的网络设施兼容。

⑥ 系统可用性好，能满足今后较长时期内各种应用的需求。

（2）网络构架需求

① 中心机房建设。网络中心机房是整个网络传输和数据交换的中心，通过现有知名厂商的设备来搭建单位的网络中心机房，由于单位业务数据传输和交换的需要，网络中心机房必须搭建一个安全、可靠、可扩展的网络来满足单位网络的需求。

② 各楼层以及分支与中心机房的连通。完成整个办公大楼数据终端和分支与中心机房的连通，组建一个单位内部的大型局域网，实现各部门内部数据通信和传输的需要。

3. 网络设计原则

（1）设备选型的原则

① 满足网络互联要求。

② 有相似设备和方案的成功应用实例。

③ 所选设备具有良好的性能价格比。

④ 供应商有良好的商业信誉和售后服务。

⑤ 所选设备在国内外有良好的应用基础。

（2）网络系统建设原则

① 实用性。实用性指系统具备用户所需要的功能。为了使新系统具有良好的实用性，要掌握用户对计算机网络系统的主要需求和一般需求。力争使建成后的新系统覆盖主要需求，无重大遗漏。

② 可行性。可行性指对设计的方案、采用的技术和产品要进行严格的可行性论证，把风险降至最低限度。设计的方案要科学、正确、严谨、现实可行；采用的技术应是成熟的、经过成功的实践案例证明的；选用的软硬件平台是信誉较高的大公司的名牌产品。

③ 可扩充性。可扩充性指新系统不仅应达到设计规定的要求，而且还应能适应未来网络技术的发展变化。

④ 安全性。安全性指数据的抗破坏能力。由于业务数据的重要性和保密性，防止数据被非法修改、破坏或盗用就成为十分重要的问题了。为使新系统具有良好的安全性，可采用以下技术措施。

a. 主干网络设备采用双机互为备份的配置方案。

b. 配置功能齐全、可视化程度高的网管系统，对网络运行情况进行实时监督和控制。

c. 采取访问权限控制、设置密钥、数据更新认证等多种手段保证数据安全。

⑤ 可靠性。可靠性指网络硬件及网络操作系统稳定可靠运行的能力。为保障新系统具有较高的可靠性，在设计选型时就应考虑。

⑥ 可管理性。可管理性指先进的设备必须配合先进的管理和维护方法，才能够发挥最大的作

用。网络系统应采用合适的软硬件，搭建先进的网络管理平台，达到全程网管，降低了人力资源的费用，提高网络的易用性、可管理性。

⑦ 性价比。性价比指系统配置和设备选型要进行多种方案、多家厂商、多种型号产品的性能与价格比的比较分析，以使有限的经费发挥更大的效益。

4. 办公大楼组网设计

办公大楼网络整体结构如图 6-24 所示。

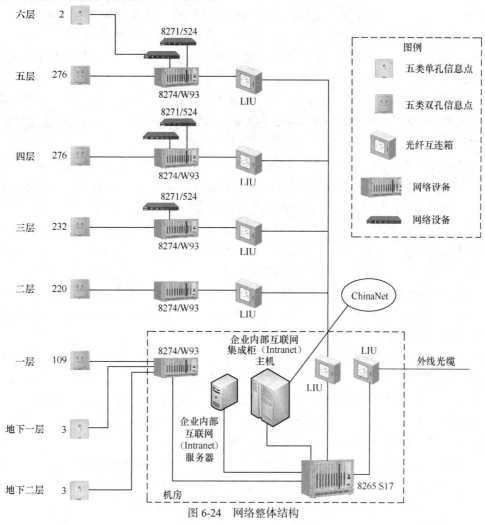

图 6-24　网络整体结构

（1）设计说明

① 网络整体结构（见图 6-24）为分级星形结构，交换机（IBM 8265 S17）与交换机（8274/W93）之间都是以星形结构连接的。

② 采用 155Mbit/s 的 ATM 光纤作为网络主干，采用 10Mbit/s 交换以太网作为普通工作站的网络末端。

③ 网络中心采用 IBM 8265 S17 作为主干交换机，采用 8274/W93 和 8271/524 交换机作为到桌面的 10Mbit/s 交换机。

④ 中心交换机放置在办公大楼的主机房内。采用 IBM 8265 S17 型交换机，它有 17 个插槽，

其中用户可用 14 个，该方案中配置了 4 块 4 口的 155Mbit/s 的 ATM 模块，4 个电源模块。它共有 16 个 155Mbit/s 的 ATM 端口，其中 10 个 155Mbit/s 的光纤口用来下连各层子网的交换机，共计 5 台 8274/W93 以太网交换机，主机和 Intranet 服务器连在 IBM 8265 S17 的 155Mbit/s 的 ATM 光纤 SC 端口上，各层工作站通过各层信息插座与对应的 8274/W93 和 8271/524 交换机 10Mbit/s 端口相连。

⑤ 根据布线结构，在 1 层放置 1 台 IBM 交换机 8274/W93，配置 4 块 32 端口的交换模块，即有 128 个 10Mbit/s 交换口，在每一楼层的 8274/W93 上配置双端口的 155Mbit/s 的 ATM 光纤口用来上连主干交换机 IBM 8265 S17。这样，主干网络的带宽可以达到 310Mbit/s。

⑥ 2 层放置 1 台 IBM 交换机 8274/W93，共配置 7 块 32 端口的交换模块，即有 224 个 10Mbit/s 交换口。

⑦ 3 层放置 1 台 IBM 交换机 8274/W93，共配置 7 块 32 端口的交换模块，即有 224 个 10Mbit/s 交换口。距离要求的 232 个 10Mbit/s 交换口还不够，需增加 1 个有 24 个 10Mbit/s 交换端口的交换机 8271/524。这样，共有 248 个 10Mbit/s 交换口可以使用。

⑧ 4 层放置 1 台 IBM 交换机 8274/W93，共配置 7 块 32 端口的交换模块，即有 224 个 10Mbit/s 交换口。距离要求的 276 个 10Mbit/s 交换口还不够，需增加 3 个有 24 个 10Mbit/s 交换端口的交换机 8271/524。这样，共有 296 个 10Mbit/s 交换口可以使用。

⑨ 5 层放置 1 台 IBM 交换机 8274/W93，共配置 7 块 32 端口的交换模块，即有 224 个 10Mbit/s 交换口。要求的 276 个 10Mbit/s 交换口还不够，需增加 3 个有 24 个 10Mbit/s 交换端口的交换机 8271/524。这样，共有 296 个 10Mbit/s 交换口可以使用。

⑩ 6 层的 2 个网络端口接在五楼的交换机端口上。本层不需要用交换机。

⑪ 配置的数据库服务器（包含在 Intranet 集成柜中），它们通过 155Mbit/s 的 ATM 网卡连在 IBM 8265 S17 主干交换机上，供全网的用户访问。

⑫ 网络的 Intranet 服务器，通过 155Mbit/s 的 ATM 网卡连接在 IBM 8265 S17 主干交换机上，为全网的用户提供 WWW 服务、E-mail 服务、FTP 服务等。

⑬ 网络的网管工作站（包含在 Intranet 集成柜中），采用一台 IBM RS/6000 43P，它通过 10Mbit/s 交换以太口连至 8274，采用网络管理软件 TME 10 NetView 实现对整个网络的配置管理、工作状态监控等功能，从而实现对整个网络的全面管理。

⑭ 网络共配备 16 个 155Mbit/s 的 ATM 端口，1 144 个 10Mbit/s 交换以太口，6 个 100Mbit/s 快速交换以太口。其中，10 个 155Mbit/s 的 ATM 端口用于和下级交换机互相连接，6 个 155Mbit/s 的 ATM 端口用于连接服务器或主机。IBM 8265 S17 上还有 11 个插槽可供以后扩展。

（2）方案特点

① 主干采用 155Mbit/s 的 ATM 光纤连接。中心交换机到各楼层交换机都采用 155Mbit/s 的 ATM 的连接方式，网络中的主要服务器也都以 155Mbit/s 的 ATM 的方式连接在主干上，为今后的视频点播和视频会议等多媒体应用提供了高性能的网络平台。

② 主干交换机 IBM 8265 S17 具有先进的虚拟网络功能，能够实现基于策略（Policy Base）的虚拟网络，可以按端口、协议或硬件地址（MAC 地址）设置虚拟网，和复杂的路由器配置方法相比，该功能更简单，并提高了吞吐量，降低了延迟。具体应用时，可以灵活地根据部门、位置等要求将某些网络端口设置到一个虚拟网上。由于采用最大报文段长度（MSS）选项，用户可在 ATM 环境下集成所有可用的通信协议及产品，用户无须对现有应用做任何改动，即可使用

ATM；无论是 IBM 还是非 IBM 产品，只要使用符合 ATM 论坛的局域网仿真（LAN Emulation，LANE）、因特网工程任务组（Internet Engineering Task Force，IETF）和 IBM 局域网仿真环境，都可以和 MSS 互联操作。

③ 网络中的主要交换机都采用了双电源模块，保证了系统无单点失误，单个电源或风扇的故障不会影响系统的正常工作。IBM 8265 S17 为无源背板和模块化结构，保证了单个模块的故障不会影响到其他模块的正常工作，所有模块和电源都可以带电热插拔，不必停机就能够更换故障模块，保证了网络的高可用性。

④ 采用先进的 IBM NetView 网络管理系统作为整个网络管理的平台。NetView 不但能够管理各种网络设备，同时还可以管理服务器和工作站点。

本章小结

智能楼宇除了有电话、传真、空调、消防与安全监控等基本系统外，计算机网络、综合服务数字网络都是不可缺少的，只有具备了这些通信设施，才可能提供人们所需要的信息。本章主要介绍与楼宇智能密切相关的网络通信技术，其中，程控交换机技术主要用于语音通信，而与程控交换机相关的用户交换机是楼宇的具体应用。同时，本章也介绍了图像通信、传真技术，这些是属于传统意义上的通信技术，应用相当广泛。楼宇智能与计算机网络紧密相关，是楼宇智能化的技术基础，其中，楼宇内部以局域网为主导，而连接外部网络，则以宽带技术为主要应用。未来城市建设中，以 CATV 为基础的有线网络是目前正在逐步实施的"三网融合"的基本构成，成为有线电话、有线电视、宽带网络、多媒体应用的主要传输媒体，而以 ISDN、ATM 为主的宽带技术将继续发挥重要作用，并且在这些技术的基础上有更进一步发展，从而形成 21 世纪的主导技术。本章还介绍了物联网技术及其应用，物联网是在计算机互联网的基础上，利用射频识别、无线数据通信等技术，实现物品（商品）能够彼此进行"交流"，而无需人的干预。其实质是利用射频识别技术，通过计算机互联网实现物品（商品）的自动识别和信息的互联与共享。

复习与思考题

1. 什么是程控交换机？它可以分为哪些类型？
2. 什么是用户交换机？它的主要作用是什么？
3. IP 电话费用为什么可以比普通电话费用低？
4. 图像通信包括哪几种方式？各自的特点是什么？

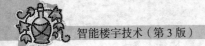

5. 我国现有 9 个属于国家级的 Internet 骨干网络，它们分别是什么？

6. 宽带网络通信技术有哪几类技术的应用？各有何特点？

7. ISDN 的基本速率接口和群速率接口有何区别？

8. CATV 有何特点？它与计算机网络传输有何关系？

9. 常用的同轴电缆有两类，即 50Ω 和 75Ω 的同轴电缆，它们的应用有何区别？

10. 物联网是如何定义的？其基本结构分成哪几部分？

11. 物联网构成的 3 个层次是哪些？

12. 物联网的主要应用行业有哪些？在智能楼宇的智能家居中有哪些应用？

第7章

音频系统

知识目标
（1）了解扩声系统的组成及其各部分的功能。
（2）掌握智能楼宇中公共广播系统的构建和应用。
（3）掌握智能楼宇中会议扩声系统的构建和应用。

能力目标
（1）能够连接和调控一个会议扩声系统。
（2）能够初步设计一栋楼房的公共广播系统。

7.1 扩声系统

7.1.1 扩声系统的基本组成

扩声系统的作用是把音源的声音信号无失真地放大，其基本组成如图 7-1 所示。

图 7-1　扩声系统的基本组成

其中，音源部分包括调谐器（无线电广播）、录音座、电唱机、CD 唱机、VCD 影碟机、DVD 影碟机、传声器等。调音台能对音频信号进行加工润色并实现各种调节与控制功能，使重放的声音达到更好的音响效果。功率放大器的作用主要是将音源输入的较微弱信号进行放大后，产生足够大的电流去推动扬声器进行声音的重放。扬声器的作用是将功率放大器输出的音频信号，分频段、不失真地还原成原始声音。

扩声系统在此基本组成的基础上，还可以根据实际需要增加均衡器、激励器、压限器、效果器、分频器、声反馈抑制器等专业音响设备，其连接如图 7-2 所示。总之，扩声系统会因使用场合的不同而以不同的组合形式出现。

对于一个完整的音响扩声系统来说，其系统参数应该包括电声系统和建筑声学系统两大部分，建筑声学环境会影响电声系统的一些特性，即声场环境对扩声系统设备的输出效果有较大影响。在大部分扩声系统中，扬声器与传声器处于同一空间，因而扩声系统本身就是一个声反馈的闭环系统。

7.1.2　扩声系统的主要设备

1. 调音台

（1）调音台的基本功能。在智能楼宇的音频系统中，除了少数简单的系统外，一般都会在传声器和功率放大器之间接入调音台。调音台的基本功能是对各路音频信号进行前置放大，对各路输入/输出信号进行电平控制与混合，对音频信号的音调、音色进行修饰与调整，对输出信号进行监听与指示，是整个扩声系统的"控制中心"。

图 7-3 所示为 YAMAHA MG124CX 调音台面板，它由面板旋钮和推子完成音频信号的增益调节，音量调节，高、中、低频增益调节，内置混响调节，双七段均衡调节，声像控制，监听控制及电平指示灯显示等。YAMAHA MG124CX 调音台上常见旋钮名称及功能将在"调音台的选用"中介绍。

图 7-2　扩声系统的连接

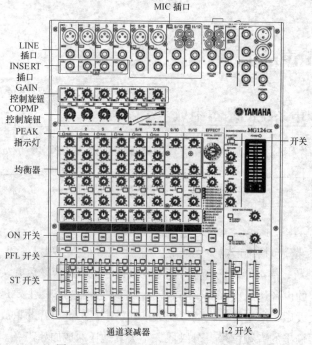

图 7-3　YAMAHA MG124CX 调音台面板

在智能楼宇的扩声系统使用中，若是用于会议扩声，可将混响调小，达到使人声更清晰的目的；若用于播放音乐，则可将混响适当调大。

（2）调音台的选用。市场上调音台的品牌和种类很多，选用何种品牌和型号规格的调音台主要根据实际使用规模的要求。首先，根据输入音源的多少和系统需独立调整的扬声器组数的多少，决定调音台输入的路数和输出的组数。在智能楼宇中，中小型会议厅可采用 8 路输入、2 路输出的调音台。大型国际会议厅往往需要采用 16 路以上，4 路编组输出、2 路总输出的调音台。在选择输入路数时，应该留有一定的备用通路。在满足功能要求的情况下，就要选择性价比高的品牌和型号规格。

YAMAHA MG124CX 调音台上常见旋钮名称及功能如下。

① MIC 输入插口。通道 1～4、5/6、7/8 是平衡式 XLR 型传声器输入插口。

② LINE 输入插口。通道 1～4 是平衡式 TRS 耳机插口型线性输入插口。通道 5/6～11/12 是非平衡式耳机插口型立体声线性插口。通道 9/10、11/12 是非平衡式立体声 RCA 针式插口。

③ INSERT 插口。通道 1～4，每个这类插口都在相应输入通道的均衡器与衰减器之间提供一个插入点。这些 INSERT 插口可用来独立地将图形均衡器、压缩器或噪声过滤器等设备接入相应的通道。这些插口是 TRS（尖端、环、套筒）耳机插口，可以同时携带发送信号和返回信号。

④ GAIN 控制旋钮。该按钮调节输入信号电平。为了获得信噪比和动态范围的最佳平衡，调节电平使 PEAK 指示灯仅在最高输入瞬间峰值时偶尔短暂地亮起。

⑤ 开关（高通滤波器）。此开关使 HPF 打开或者关闭。按下此开关，打开 HPF，HPF 将削去 80Hz 以下的频率（HPF 不使用于立体声输入通道 3、4 的线性输入）。

⑥ COPMP 控制旋钮。该旋钮调节本通道应用的压缩电平值。将旋钮向右旋转时，压缩率将增大，同时相应地自动调节输出增益，将获得一个更平滑的、甚至是动态的效果，这是由于整体电平增强后高声信号变得柔和所致。

⑦ PEAK 指示灯。该指示灯检测均衡（EQ）后信号的峰值电平。当电平达到削波以下 3dB 时，PEAK 指示灯亮红灯。对于配有 XLR 型的立体声输入通道（5/6 和 7/8），将同时检测 EQ 后信号和后置传声器放大器的峰值电平，并在其中任一电平达到削波以下 3dB 时指示灯亮红灯。

⑧ 均衡器（HIGH、MID、LOW）。该三频段均衡器可在高、中和低 3 个频率带调节通道。通道 9/10 和 11/12 有两个频率带：高和低。将旋钮设定在下箭头位置可以在相应的频率带产生平坦的响应。将旋钮转向右侧可增强相应的频率段，而转向左侧可削弱该频率段。

⑨ ON 开关。打开此开关可将信号发送到总线。打开时开关亮橙色灯。

⑩ PFL 开关。该开关用来监控通道前置衰减器信号。按下此开关使其灯亮。开关打开时，通道的前置衰减信号被输出到 PHONES 插口和 MONITOR OUT 19 插口用于监听。

⑪ 1-2 开关。此开关将通道信号输出到 GROUP1 和 GROUP2 总线。

⑫ ST 开关。该开关将通道信号输出到 STEREO L 和 R 总线。

⑬ 通道衰减器。通道衰减器调节通道信号的电平。用这些衰减器可以调节各通道之间的平衡。

2. 功率放大器

（1）功率放大器的基本功能

功率放大器（简称功放）是扩声系统中的一个重要单元。它将前置放大器或调音台送来的信号进行功率放大，再通过传输线去推动扬声器，把声音送入声场。

（2）功率放大器与音箱的配接方式

① 定压式功放。在智能楼宇的扩声系统中，室外及一些公共区域的扩声系统常采用定压式功放，一些住宅小区里的音柱也是采用定压式功放来推动的。

为了远距离传输音频信号，应减少在传输线上的能量损耗，以较高电压形式传送音频功率信号。一般有 76V、120V、240V 等不同电压输出端子供使用者选择。使用定压式功放要求功放和扬声器之间使用线间变压器进行阻抗的匹配。如果使用多只扬声器，则需要用公式进行计算，多只扬声器的功率总和不得超过功率放大器的额定功率。另外，传输线的直径不要过小，以减小导线的电流损耗。

② 定阻式功放。在智能楼宇的扩声系统中，包括会议室等室内的扩声系统常采用定阻式功率放大器。这种功率放大器以固定阻抗形式输出音频功率信号，也就是要求音箱按规定的阻抗进行配接，才能得到额定功率的输出分配。例如，一台 100W 的功率放大器的实际输出电压是 28.3V（在一个恒定音频信号输入时），那么接上一只 8Ω音箱后，才可获得 100W 的音频功率信号（$P=U^2/R$）。

（3）功率放大器的选择

功率放大器的选用是有一定要求的。首先要根据厅堂的性质、环境和用途来选择不同类型和功率的功率放大器。一般情况下，舞厅要选择大功率的功率放大器；歌厅则要选择频率响应范围宽、失真度小、信噪比大、音色优美的功率放大器；如果是会议室，可选用小功率的功率放大器。其次，要根据音频功率信号传输的距离远近选用定压式或者定阻式功放。例如，若某多功能厅的会议系统采用远距离分散式扬声器系统，那么就需要选用定压式功放；而歌舞厅和剧场的主音箱系统则应选用定阻式功放。另外，还可根据音箱的功率来配置功率放大器。功率放大器的功率一般要大于音箱的额定功率。

3. 扬声器及扬声器系统

扬声器是一种电声换能器，它通过某种物理效应把电能转换成声能。

这里说的扬声器是指扬声器单元，扬声器系统是指音箱。在智能楼宇的音响系统中，除了天花扬声器（见图 7-4）和客房中的床头柜是使用扬声器单元之外，其余几乎都是使用扬声器系统的。为了简便起见，在以下的叙述中把单元和系统都统称为扬声器。

选择扬声器时必须先明确几点：扬声器使用目的是什么；使用的场地有多大；所购扬声器的价格档次是多少。

首先，根据使用目的来确定扬声器的一些性能指标，例如，用于听音乐的扬声器，因此就应选择灵敏度86dB 左右的，其灵敏度最好不要超过 90dB，因为一般来说，灵敏度低一些的音箱，其瞬态响应都会稍好一些，

图 7-4　天花扬声器

用于会议室扩声的扬声器应该具有较好的频率特性，能清晰地突出人声。

其次，要知道所用的场地有多大，从而简单计算出所需音箱的功率大致是多少。音箱的功率大致可以按 6W/m^2 来计算，如果会议场地大约为 30m^2，那么，音箱的功率只需 30m^2 × 6W/m^2=180W 就可以了，这样的估算是留有余量的。

最后，根据价格成本选取适合的不同品牌的扬声器。

4. 传声器

（1）传声器的定义和分类

传声器是一种换能器件，其作用是将声音信号转变为相应的电信号，通常人们称之为话筒或

麦克风。

传声器的种类繁多，从不同角度可以进行多种方式的分类。

① 根据传声器换能原理的不同，可将传声器分为电动式（含动圈式、带式）、电容式（含一般电容式、驻极体式）、电磁式、半导体式（含晶体式、陶瓷式、压电高聚物式）等。电动式传声器历史较久，使用广泛，而电容式传声器则以其优良的性能受到广大录音工作者的青睐，得以迅速发展，现已成为主流。

② 根据传声器指向性的不同，可将传声器分为无指向性（全指向性）、双指向性（8 字形指向性）、单指向性、心形指向性、超心形指向性和锐角指向性等。

③ 根据传声器使用功能或场合的不同，可将传声器分为普通传声器、专用传声器、立体声传声器、手持传声器、无线传声器、近讲传声器、佩戴式传声器、枪式传声器、测量传声器等。

（2）传声器的使用和选择

在传声器的使用过程中，使用者应该根据不同的需要正确选择其类别和型号，同时合理安排传声器的布局，设计最佳的拾音方案，这样才能取得良好的效果。

选择传声器首先要根据使用的目的和用途来进行。乐器类常使用电容式传声器，而语言类常使用动圈式传声器，但这也不是绝对的，总体来说，在要求高的情况下采用电容式传声器。

传声器的选择还要考虑使用的场合。如室外最好使用无指向性传声器，室内则可使用双指向性或单指向性传声器，而如果是为了增加室内混响则可使用无指向性传声器。图 7-5 所示为单指向性的驻极体电容式传声器，图 7-6 所示为动圈式传声器。

图 7-5　驻极体电容式传声器

图 7-6　动圈式传声器

5. 其他扩声系统周边设备

（1）均衡器。均衡器是用来调校幅频特性的设备。它把人耳的可闻声分频段调节，每一频段的参量（中心频率、中心频率带宽、Q 值）都可以任意调节，对一些频率点的电平值也可做提升或衰减，起到补偿或抑制的作用。

（2）效果器。效果器作为音响系统中重要的声音处理设备，其基本功能主要有 3 种：混响、延时和非线性效果。

我们都知道，歌声经过效果处理后将变得浑厚、丰满，空间感会增加，音色会更富弹性，歌手唱起来会更轻松。对于业余歌手的歌声，经过效果处理后还会使某些缺陷得以掩饰，例如可将喉音和声带噪声加以掩盖；同时，效果器也可对音色结构中泛音不丰满的缺陷加以弥补；另外，效果器还能产生特殊的效果声。因此，效果器是歌舞厅音响系统中必不可少的重要设备。

（3）激励器。音响系统中有不少设备，每一种设备都有一定的失真度。当声音从扬声器里放出来时，已经失掉了不少成分，其中主要是中频和高频的丰富谐波。激励器是从现代电子技术和心理声学的原理上，把失落的细节进行重新修复和再现的一种设备。

在公共扩声系统，如大型文艺演出或体育馆中，激励器可使声音的清晰度在嘈杂的环境中增强，在声场中，可使声音泛音丰富，富于表现力。

（4）压限器。在对一套音响系统设备进行扩声的过程中，对于不同的音源如美声唱法、民族唱法和通俗唱法而言，其歌声的力度会不同，动态范围就会很大，因此往往需要根据输出的电平对信号进行提升或衰减，以使强音时不至于因声音信号过载而产生严重的失真，弱音时不至于因声音信号过小而造成输出电平不足的现象。例如，当不小心将传声器掉在地上时，使音源信号产生了强烈的信号峰值，或者当插接头和插接口接触不良或受撞击产生瞬时强大电平冲击时，保护功放和扬声器的高音单元。

因此，压限器的功能就是放大作用+压缩作用。压限器对小信号有放大作用，使弱音不至于因信号过小而造成输出电平的不足；对超强信号有压缩作用，使强音不至于因信号过载而产生严重的失真。

（5）声反馈抑制器。在接入了传声器的传声系统中，如果将扩声系统放声功率进行提升或将传声器音量进行较大的提升，则扬声器发出的声音通过直接或间接（声反射）的方式进入传声器，使整个扩声系统形成正反馈从而引起啸叫的现象，这称为声反馈。

声反馈的存在，不仅破坏了音质，而且限制了传声器声音的扩声音量，使传声器拾取的声音不能良好再现；深度的声反馈还容易造成扩声设备的损坏，如功放因过载而烧毁，音箱因系统信号过强而烧坏（一般情况下是烧毁音箱的高音单元）。因此，扩声系统一旦出现声反馈现象，一定要想办法加以制止。

在扩声系统中，声反馈抑制器通常连接在均衡器之后，这时均衡器可仅作为音质的均衡补偿，而声反馈抑制器用于啸叫声的抑制。在有些情况下，也可以把声反馈抑制器放在传声器的输入通道上。

（6）分频器。用于实现分频任务的电路或部件称为分频器。在音响系统中，分频就是把音频输入信号分成两个或两个以上的频段。分频器能使扬声器系统中的各种扬声器都工作于最佳频率范围内，降低扬声器的频率失真度，提高声场还原的质量，从而实现高保真重放声音信号的目的。

7.2 公共广播系统

7.2.1 公共广播系统概述

公共广播系统属于扩声系统中的一个分支，而扩声系统又称专业音响系统，它涉及电声、建声和乐声3种学科的边缘科学。所以，公共广播系统的最终效果涉及合理、正确的电声系统设计和调试良好的声音传播环境（建声条件）及精确的现场调音三者的结合，三者相辅相成、缺一不可。

公共广播系统平时播放背景音乐或其他节目，出现火灾等紧急事故时，则转换为报警广播。火灾事故广播作为火灾报警及联动系统，是紧急状态下指挥、疏散人群的广播设施，在建筑弱电的设计中有举足轻重的作用。

公共广播的建设将对智能楼宇起到以下几个方面的作用。首先，广播将给大厦的管理带来便捷，当管理部门有一些重要事项或突发事件需要通知时，可及时通过广播将信息发布出去。由此可见，公共广播系统应能达到一定的声压级强度，以保证在紧急情况发生时，可以提供足够响亮的声音，使小区内可能涉及区域的人群都能清晰地听到警报、疏导的语音。其次，广播可为大厦的环境增色，各种造型别致、形态逼真的音箱合成为大厦的亮点。最后，广播可为大厦播放背景音乐，掩盖噪声并创造轻松、和谐的气氛。由于扬声器均匀分散布置，无明显声源方向性，音量适宜，不会影响人们的正常交谈，是优化环境的重要手段之一。

7.2.2　公共广播系统的分类

1．广义的公共广播系统

广义的公共广播系统包含扩声系统和放声系统两大类。

（1）扩声系统。扬声器与传声器处于同一声场内，存在声反馈和房间共振引起的啸叫、失真和振荡现象。要保证系统稳定和正常运行，最高可用的系统增益比发生声反馈自激的临界增益低 6dB。

（2）放声系统。系统中只有磁带机、光盘机等声源，没有传声器，不存在声反馈的可能，声反馈系数为 0，是公共广播系统的一个特例。

2．公共广播系统按用途分类

公共广播系统按用途可分为以下两大类。

（1）服务性广播系统。服务性广播系统主要用于车站、公园、艺术广场、音乐喷泉、宾馆、商厦、港口、机场、地铁、学校等地方，主要提供背景音乐和广播节目。它的特点是服务区域面积大、空间宽广、背景噪声大；声音传播以直达声为主；要求的声压级高，如果周围有高楼大厦等反射物体，扬声器布局又不尽合理，声波经多次反射而形成超过 60ms 以上的延迟，会引起双重声或多重声，严重时会出现回声等问题，影响声音的清晰度和声像定位。服务性广播系统的音响效果还受气候条件、风向和环境干扰等影响。

服务性广播系统还兼做紧急广播，可与消防报警系统联动。服务性广播系统的控制功能较多，如选区广播、全呼广播和优先广播权功能等。服务性广播系统扬声器负载多而分散、传输线路长。为减少传输线路损耗，服务性广播系统一般都采用 70V 或 100V 定电压高阻抗输送，声压要求不高，音质以中音和中高音为主。

（2）业务性广播系统。业务性广播系统是应用最广泛的系统，应用于各类会议厅、影剧院、体育场、歌舞厅等场所。它的专业性很强，既能非语言扩声，又能供各类文艺演出使用，对音质的要求很高，系统设计不仅要考虑电声技术问题，还要涉及建筑声学问题。

随着国内、国际交流的增多，近年来电话会议、电视会议和数字化会议系统（DCN）发展很快。业务性广播的会议系统广泛用于会议中心、宾馆、集团和政府机关。会议系统包括会议讨论系统、表决系统、同声传译系统和电视会议系统。会议系统要求音、视频（图像）系统同步，全部采用计算机控制。

7.2.3　公共广播音频系统的组成

不管哪一种广播音频系统，基本可分为节目源设备、信号放大器和处理设备、传输线路及扬声器系统 4 个部分。

1. 节目源设备

节目源设备通常由无线电广播、激光唱机和录音卡座等设备提供，此外，还有传声器、电子乐器等节目源设备。

2. 信号放大器和处理设备

信号放大器和处理设备包括均衡器、前置放大器、功率放大器、各种控制器及音响加工设备等。这部分设备的首要任务是信号放大，其次是信号的选择。这部分设备是整个广播音响系统的"控制中心"。功率放大器则将前置放大器或调音台送来的信号进行功率放大，再通过传输线路去推动扬声器放声。

3. 传输线路

传输线路虽然简单，但随着系统和传输方式的不同而有不同的要求。对礼堂、剧场等，由于功率放大器与扬声器的距离不远，一般采用低阻大电流的直接馈送方式，传输线路要求用专用喇叭线。而对公共广播系统，由于服务区域广、距离长，为了减少传输线路引起的损耗，往往采用高压传输方式，由于传输电流小，故对传输线要求不高，这种方式通常也称为定压式传输。另外，在客房广播系统中，有一种与宾馆共用天线电视系统（CATV）的载波传输系统，这时的传输线就使用CATV的视频电缆，而不能用一般的音频传输线了。

4. 扬声器系统

扬声器系统要求与整个系统匹配，同时其位置的选择也要切合实际。对礼堂、剧场、歌舞厅音色，扬声器一般用大功率音箱；而对公共广播系统，由于其对音色要求不高，一般用3～6W的天花扬声器，把它安装在走廊、大堂、电梯间、写字间的天花板上即可。

7.2.4　公共广播系统的设计

公共广播系统设计通常都从声场开始（即扬声器的放置点），然后再向后推进到功率放大器、声处理系统、调音台，直至传声器和其他音源。这种逐步向后推进的设计步骤是必然的。因为声场设计是满足系统功能和音响效果的基础，它涉及扬声器系统的选型、供声方案和信号途径等。只有确定了扬声器系统，才能进行功率放大器驱动功率的计算和驱动信号途径的确定，然后再根据驱动功率的分配方案进一步确定信号处理方案和调音台的选型等。

在设计公共广播项目时，应参照国家有关声学标准，按照场地的实际情况和使用功能要求，进行广播系统的设计和设备配置，其设计原则如下。

1. 传输方式

公共广播系统采用有线定压传输方式，传输电压为70V或100V。

2. 对线路衰耗的要求

在公共广播系统中，从功放设备的输出至线路上最远的用户扬声器间的线路衰耗应符合以下要求：如果采用定压输出的馈电线路，输出电压采用70V或100V，功率放大器的容量按以下方法计算，功率放大器容量按该系统扬声器总数的1.2倍确定。

$$P=K_1 \times K_2 \times \Sigma P_o$$

式中：P 为功率放大器输出总电功率（W）；P_o 为 $K_i \times P_i$，每分路同时广播时的最大电功率（W），P_i 为第 i 分路的用户设备额定容量，K_i 为第 i 分路的同时需要系数，服务性广播时，客房节目每套 K_i 取 0.2～0.4，背景音乐节目 K_i 取 0.7～0.8；K_1 为线路衰耗补偿系数，线路衰耗 1dB 时取 1.26，线路衰耗 2dB 时取 1.68；K_2 为老化系数，一般取 1.2～1.4。

144

3. 扬声器的设置

扬声器的设置应能适应不同环境的需求，且音量和音质都比较讲究。公共广播系统的扬声器以均匀、分散的原则配置于广播服务区。其分散的程度应保证服务区内的信噪比不小于16dB。

4. 公共广播系统的供电要求

小容量的广播站可由插座直接供电；容量在 600W 以上时，设置广播控制室，其供电可由就近的电源控制器专线供电。交流电压偏移值一般不宜大于+10%，当电压偏移不能满足设备的限制要求时，应在设备的附近装自动稳压装置。广播用交流电源容量一般为终期广播设备交流电耗容量的 1.6～2 倍。对于传输线缆的选择，宜采用铜芯塑料绞合线，而且各种节目信号线应采用屏蔽线。

5. 线路的敷设方式

线路采用穿钢管或线槽敷设，不得与照明、电力线同线槽敷设。

6. 公共/消防广播设计指标

根据《火灾自动报警系统设计规范》(GB 50116—2013)，公共/消防广播系统如下所述。

（1）集中报警系统和控制中心报警系统应设置消防应急广播。

（2）消防应急广播扬声器的设置，应符合下列要求。

① 民用建筑内扬声器应设置在走道和大厅等公共场所。每个扬声器的额定功率不应小于3W，其数量应能保证从一个防火区内的任何位置到最近一个扬声器的距离不大于 25m。走道末端距最近的扬声器距离不应大于 12.5m。

② 在环境噪声大于 60dB 的场所设置的扬声器，在其播放范围内最远点的播放声压级应高于背景噪声 15dB。

（3）消防应急广播与公共广播合用时，应符合下列要求。

① 当火灾发生时,应能在消防控制室将火灾疏散层的扬声器和公共广播扩音机强制转入消防应急广播状态。

② 消防控制室应能监控用于火灾应急广播时的扩音机的工作状态,并应具有遥控开启扩音机和采用传声器播音的功能。

③ 应设置火灾应急广播备用扩音机，其容量不应小于火灾时需同时广播的范围内消防应急广播扬声器最大容量总和的 1.6 倍。

7.2.5 公共广播系统设计实例

以下为某酒店公共广播系统的设计方案。

1. 酒店概况

该酒店是一家大型酒店，共有 28 层（包括地下 1 层停车场），大楼内还有大型中、西餐厅，咖啡室，歌舞厅，影剧院等高级消费场所。由于该楼位于中心地段，人口密度大，故公共广播系统的设计是重要问题之一。

2. 酒店结构说明及功能要求

酒店结构：地下 1 层为停车场，1 层为大堂，2 层为餐厅，3 层为多功能楼层，4 层为酒店自用楼层，5 层为会议楼层，6 层为游泳馆和健身室等，7～27 层为客房（每层有客房 34 间），室外

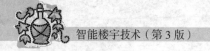

为公共区域。

公共广播要实现以下要求。

（1）平时播放音乐，当有紧急/火警广播要求时，能立即强切为广播状态，对所需要广播的区域进行广播。

（2）可分区广播、寻呼。规定多种音源在不同的区域同时播放。

（3）可定时开启、关闭整个系统电源，做到无人值守。

3. 酒店广播系统设计方案说明

整个酒店只有一个消防中心，只要任何地点发生火警，传感器将即时发出信号并传送给消防中心，消防中心通过计算机处理，排除误操作后，随即开通报警信号及紧急广播、自动喷淋设备等，对火场面积进行有效的控制，并协助人员安全疏散。

根据酒店规划设计的具体情况，设计了一套从音频信号集中控制传输、可靠实用的背景音乐和公共（紧急）广播系统，即设计背景音乐广播与消防应急广播相兼容。所有的背景音乐扬声器在火灾时均能强切至消防应急广播状态。当进行正常背景音乐广播时，一旦发生火灾报警，自动触发语音系统，广播强切至紧急广播状态，以最高优先权向小区内实现分区紧急事故广播，并可进行人工广播来处理事故，避免了慌忙中造成误操作的可能。所以在酒店的广播设计中，要考虑公共广播和紧急广播两个部分。

下面将对其相应方案进行详细说明。

（1）广播系统分析。由于该酒店建筑面积较大，单位和楼层较多。为方便广播，广播系统要分成若干个区，以便在不同情况下可以进行分区广播或分区寻呼。

根据酒店对公共广播的要求，以功能需要为标准，将该广播系统分成多个背景音乐广播区。

① 地下停车场为 1 个广播分区。

② 1 层大堂按功能分为 4 个广播区域（西餐厅、商场、公共走道、档口）。

③ 2 层餐厅按功能分为 4 个广播区域（包间、厨房、公共走道、大堂餐厅）。

④ 3 层多功能楼层按功能分为 4 个广播区域（KTV 包房、公共走道、酒吧、舞厅）。

⑤ 4 层酒店自用楼层按功能分为 5 个广播区域（美容包房、按摩包房、公共走道、酒店服务用房、桑拿更衣室）。

⑥ 5 层会议楼层按功能分为 2 个广播区域（会议室、公共走道）。

⑦ 6 层按功能分为 4 个广播区域（保龄球区、健身室、游泳区、公共走道）。

⑧ 7～27 层客房，每层为一个广播区域。

⑨ 室外公共区域为一个广播区域。

综上所述，公共广播分为 46 个公共广播分区。酒店紧急广播以楼层为单位分为 28 个区。按消防要求，在发生紧急情况时进行 $N\pm1$ 或 $N\pm4$ 邻层报警。

（2）扬声器方面。由于考虑到环境因素，所以室外公共区域和地下停车场选用音柱扬声器，在有天花的广播区域安放吸顶天花扬声器，没有天花的区域安放壁挂扬声器，游泳区安放音柱扬声器为佳，保龄球馆放置壁挂扬声器。

① 扬声器的具体配置如表 7-1 所示。

表 7-1   扬声器的具体配置

分区	楼 层	区 域	天花扬声器 CH-706（3W）/个	壁挂扬声器 CW-106（10W）/个	室外音柱扬声器 CS-620（20W）/个	室内音柱扬声器 KOKO-602（20W）/个	强插音控器 VC-606RF（6W）/个	负载功率 /W
1 区	地下1层	地下停车场				10		200
2 区	1 层	西餐厅	22					66
3 区		档口	32					96
4 区		公共走道	10					30
5 区		商场	30					90
6 区	2 层	大堂餐厅	68					204
7 区		包间	11				11	33
8 区		厨房		4				80
9 区		公共走道	10					30
10 区	3 层	KTV 包房	33				33	99
11 区		酒吧	28					84
12 区		舞厅				9		180
13 区		公共走道	10					30
14 区	4 层	美容包房	13				13	42
15 区		按摩包房	20				20	60
16 区		酒店服务用房	10				10	30
17 区		桑拿更衣室		5				50
18 区		公共走道	42					126
19 区	5 层	会议室	93				44	279
20 区		公共走道	23					69
21 区	6 层	保龄球区		15				150
22 区		健身室		12				120
23 区		游泳区			8			160
24 区	6 层	公共走道	10					30
25～45 区	7～27 层	客房	21×34				21×34	2 142
		公共走道	21×10					630
46 区	室外	公共区域			10			200
合计			1 389	32	22	19	845	5 310

注：强插音控器的功率不算入负载总功率中，只单独算入音箱点位。

② 广播系统主设备。本系统设计音箱点位为 2 307 个，音箱总的工作功率需要 5 310W，由于广播是有线传输，线路比较远，功率损耗大，按照提供功率多余实际功率 20% 设计，总的工作功

率至少需要 6 372W。根据各分区喇叭的功率需求，该系统配置了 11 台 660W 定压式功放（10 台背景功放、1 台报警功放）。

广播音源采用双卡座、CD 机、节目定时播放器和调谐器。双卡座具有自动翻带功能，能够播放不同种类的磁带；CD 机自动循环播放，不需要人员随时监管；节目定时播放器可自动定时播放音乐，自行录制，不需要人值守。广播系统流程图如图 7-7 所示。

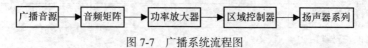

图 7-7　广播系统流程图

本系统配置两台 AP-9848S 音频矩阵器（4 进 8 出）来进行音频分区，双卡座和 CD 机接入到音频矩阵系统上。音源通过音频矩阵传输到功率放大器，功率放大器将传输来的信号进行放大后传输到输出区域控制器。

本系统广播分成 46 个区，因此配置 3 台 AP-9813A 十六路分区器来进行分区，因功率放大器可接入监听器，为了便于操作人员在控制室随时知道每一区的广播情况，配置了 6 台 AP-9812M 十路监听器，它可以随时监听每个分区的播放节目。

为了实现整个系统设备电源的定时开启功能，需配置 1 台 AP-9816T 定时器。因定时器的输出功率有限，无法满足整个广播系统的需求，就要配置 AP-9828S 十六路电源时序器来满足需要。除 AP-9816T 和 AP-9828S 外的所有设备电源都接在 AP-9828S 上。AP-9816T 的后面插座口上，只接 AP-9828S 的电源受控线。

消防报警方面，为方便与消防中心联动，还给该系统配置了 1 台 AP-9816E 报警信号发生器和 6 台 AP-9810P 十分区寻呼器。考虑到楼层邻层报警部分，还需添加两台 AP-9819A 智能化报警矩阵，此矩阵可控制 30 个区，每个区至多可有上下 4 个邻区同时被激活。必要时还可扩展到 120 个区。该报警矩阵是与消防中心连接的智能化接口，可以通过编程实现。当消防中心发生某分区火警信号时，报警矩阵能根据预编程的要求，自动地强行开放警报区及与其相关的邻区，以便插入紧急广播；对于具有音控开关的分区，须在分区电源 AP-9820S 帮助下才能强行打开（或绕过）音控器进行插入。在警报启动时，报警信号发生器 AP-9816E 也同时被激活，自动地向警报区发送警笛声或先期固化的告警录音（如指导公众疏散的录音）。在本系统中，各楼层广播平时播放背景音乐，当发生紧急情况时，客房通过强插音控器来进行强插报警，即哪一层发生紧急情况就强插哪层的音控开关，这样就可做到邻层报警。

③ 广播线路敷设及材料使用。安装的重点是敷设线路，由于传输距离较远，为了保证信号在线路上不产生太大的衰减，主干线采用 2 mm × 2.6mm 多股平衡线，支线用 2 mm × 1mm 多股平衡线。为了达到消防要求，线管采用阻燃线槽或阻燃线管。每一接线点及分支点都设分支盒。

为便于检查故障，拉好线后，即可用万用表测量。先把线路终端短接，用万用表在始端测量，如果电阻阻值为无穷大，则证明线路有断路问题；如果电阻阻值接近零，再把终端开路，电阻应是无穷大，则表明两条线之间有短路问题。另外，还要测量线与线管之间有无短路漏电现象。每装好一段线要立刻检查，然后按照设计图装好设备，检查每一区到消防中心的阻抗等设计是否有出入。最后接上功放，试听每一区的声音是否正常。由于每一区扬声器所处的位置不同，覆盖区域大小也有差异，为使声场达到预定的均匀度，可调节扬声器（线间变压器）上 0～70V 或 0～100V 输入的每个挡位。例如，远的扬声器可用线间变压器 0～70V 挡，近的扬声器用 0～100V 挡，视具体情况而定。

7.3 会议音频系统

7.3.1 会议音频系统简介

1. 会议室的类型

当今社会生活中，会议无处不在，大至跨国企业集团、社会公共事业部门，小到一个工作小组，进行日常工作乃至推动业务发展都离不开会议这个传统方式。因此，智能楼宇中多配备了各种会议室。

会议室的类型按会议的性质进行分类，一般分为公用会议室与专用会议室。

① 公用会议室是适应于对外开放的会议，包括行政工作会议、商务会议等。这类会议室内的设备比较完备，主要包括会议电视终端设备（含编解码器、受控型的主摄像机、配套的监视器）、传声器、扬声器、图文摄像机、辅助摄像机（景物摄像等），若会场较大，可配备投影电视机。

② 专用会议室主要提供学术研讨会、远程教学、医疗会诊，因此除上述公用会议室的设备外，可根据需要增加供教学、学术用的设备，如电子白板、摄像机、传真机、打印机等。

2. 基本会议音频系统

本节着重介绍会议音频系统。会议音频系统包括以下几种类型：讨论型会议系统、带同声翻译会议系统、表决型会议系统、摄像跟踪型会议系统等。下面简要介绍智能楼宇中的会议音频系统。

图 7-8 所示为最基本的会议音频系统，它由主席机、控制主机和若干代表机组成。主席机和代表机采用链式连接后接到控制主机上。

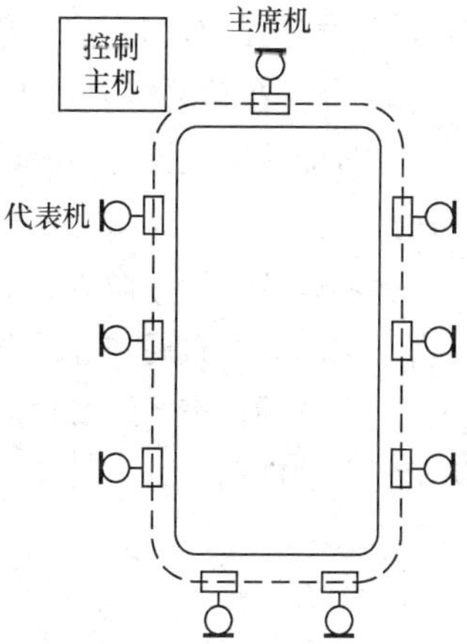

图 7-8 基本会议音频系统

每位代表通过自己面前的代表机进行发言，通过操作设备面板上的按键来控制自己的传声器开关状态，实现申请发言、表决、选择收听语种等功能。

会议主席有优先权，可以管理和控制会议进程。会议主席的传声器可随时通过自己控制面板上的开关键打开和关闭，不受其他发言代表的影响。此外，主席机可通过主席优先面板上的优先键关闭所有发言代表的传声器，同时主席的传声器自己打开。通过中央控制器可以设置会议发言模式，有以下两种模式。

① 一人轮流发言模式：代表席如需要发言，先按代表机上的请求发言键，如此时无其他人发言，控制面板的指示灯变为红色，传声器上的光管也变为红色；如此时有其他代表发言，控制面板上的指示灯变为闪动的绿色，中央控制器会根据现有请求进行排队，在其余代表先发言完毕后，申请发言代表即可发言，此时控制面板上的指示灯及传声器上的指示光管均为红色。

② 多人轮流发言模式：即所有传声器全开的讨论模式，这种模式基本与一人轮流发言模式功能相同，但允许多名代表同时开启传声器。

3. 带有表决的会议系统

根据不同会议的需要，可以配置带表决功能的会议系统或同声传译系统。

在表决时，代表只需按下自己面前设备上的表决键，表决结果会显示在主席机的液晶显示器（LCD）屏上，或通过摄像机控制器（CCU）和数字化会议系统（DCN）软件显示在会议室的其他大屏显示设备上。

4. 同声传译系统

同声传译一般最少采用 1+3（1 个母语种和 3 个受译语种）语种的传译，除正式代表外，还可根据需要增设旁听的席位。

语种分配可采用有线或无线方式。

① 有线语种分配利用 DCN 系统的电缆干线向会议参加者分配翻译语种，正式代表通过接到装有通道选择器的发言设备上的耳机收听翻译语种，列席代表通过接到通道选择器上的耳机收听翻译语种。

② 无线语种分配利用红外系统实现无线传送。典型红外系统由红外发射机、红外辐射器、红外个人接收机组成。红外发射机为每个语种通道产生一个载波。红外辐射器用于向整个会场发布红外线信号。安装红外辐射器时可以将它们嵌入墙面或天花板。正确调整红外辐射器的安装位置，可达到最佳会场红外线信号覆盖。红外个人接收机最多可接收 16 个语种通道，具有高速换挡的通道选择功能、LED 显示以及语音放大等功能。

5. 会议音频系统基本要求

在智能楼宇会议厅的设计中，要注意影响视频会议系统中音频效果的因素及其处理的技术和方法。

会场设备包括摄像机、电视机、传声器以及音响系统等具体的音视频信号输入、输出设备。结合不同的会场布局和装修条件，这些设备在配置上都应该有所差异，才能真正保证会议效果。例如，会场的扩声系统必须与会场布局很好地配合才能真正保证其效果，专业的扩声系统设计依赖于复杂的声场测试与反复调试过程。

7.3.2 会议室设计要求

会议室是放置会议电视终端设备的场所，同时又是人们开会的场所。会议室设计是否合理将直接影响会议电视图像和声音的质量，从而影响会议的效果。完善的视频会议室规划设计除了可以给参加会议人员提供舒适的开会环境外，还可以逼真地反映现场的人物、景象和发言者的声音，使与会者有一种临场感，以实现良好的视觉与听觉效果。

1. 会议室装修工程参考

① 会议室地面：要求铺地毯。

② 顶上吊天花板：要求采用吸音材料，颜色不做要求。

③ 墙壁装修：要求采用吸音毯进行软包装。

④ 吸音毯：用 6m 或者 2m 宽的材料，用 6～10cm 宽木条固定，另外用木板做 1m 高的墙围。

⑤ 门：采用木门，并进行软包装，尽量避免进出时发出声响。

⑥ 窗：采用两层玻璃，窗帘用厚绒布。

2. 会议室大小

会议室的大小与电视会议设备、参加人员数目有关。

① 空间大小。扣除第一排座位到前面监视器的距离（该距离是提供摄像必要的取景距离），按每人 2～2.6m² 占用空间来考虑，音箱的功率，大致可以按 6W/m² 来计算，然后根据总功率数确

定音箱的个数。

② 高度。天花板的高度应大于 3m，一般在 4m 左右。

3. 会议室环境

电视会议室内摆有电视设备，这些设备对温度、湿度都有较高的要求，合适的温度、湿度是保证电视会议系统可靠稳定运行的基本条件。为了达到合适的温度、湿度，会议室内可以安装空调系统，以达到加热、加湿、制冷、去湿、换气的功能。

会议室的环境噪声级要求 40dB（A），以形成良好的开会环境。若室内噪声大，如空调机的噪声过大，就会大大影响音频系统的性能，其他会场就很难听清该会场的发言，更严重的是，当多点会议采用"语音控制模式"时，多点控制单元（MCU）将会发生持续切换到该会场的现象。

4. 会议室音响效果

根据声学技术，一定容积的会议室有一定混响时间的要求。一般来说，混响的时间过短，则声音枯燥发干；混响的时间过长，则声音混淆不清。因此，不同的会议室都有其最佳的混响时间，如混响时间合适则能美化发言人的声音，掩盖噪声，增强会议的效果。具体混响时间的计算公式为

$$T=0.161V \div \{-S \times [2.3\lg(1-A)]+4M \times V\}$$

式中：V 为房间容积（m^3）；S 为房间内总表面积（m^2）；A 为室内平均吸声系数；M 为空气衰减系数；T 为混响时间（s）。

在会议室内的高度大约为 4 m 的情况下，根据上式可以得出如下的参考数据。

① 容积小于 $200m^3$ 时的最佳混响时间为 0.3～0.6s。

② 容积在 $200～600m^3$ 时的最佳混响时间为 0.6s。

③ 容积在 $600～2\,000m^3$ 时的最佳混响时间为 0.6～0.8s。

5. 会议室布线

会议电视系统应采用暗敷方式布线，会议室和控制室之间应预先埋设地槽或管子。布设时，在不影响美观的情况下尽可能走最短路线。

视频、音频、通信电缆与电源线应分开布放；布线时还要考虑布放备用线，以防线缆损坏影响设备的正常使用。

传声器线：带屏蔽层立体声电缆，总长不宜超过 75m，数量视实际需要而定。另外，需多布放 60%～100% 的备用线，而且麦克风和扬声器间的距离至少在 3m 以上，并且要尽量避免麦克风的接收方向朝向扬声器的辐射方向。

音响设备电缆有两种，一种是两芯带屏蔽层立体声电缆，另一种是分左右声道的 75Ω 同轴电缆。音频电缆的布线根据音响设备的音频接口而定，也可以做两种准备而同时布放两种类型的电缆，音频电缆的长度不宜超过 75m。

6. 其他音频处理技术

会议室设计时，除上述依靠装饰、装修改善声学环境，提高会议音频系统效果外，还可以利用以下音频处理技术改善效果。

（1）自动回声抑制。召开多点视频或电话会议时，每一个会场的声音编码器都将音频包向 MCU 传输，而 MCU 将发言会场的音频包向所有其他会场广播，当会议终端接收音频包时，将解码后音频流与本地输入的音频流进行电平比较，去掉相同的部分，这样本地的声音就不会在自

己的会场扬声器传出，引起音频的振荡，从而避免回声。

（2）自动增益控制。由于有些视频或电话会议使全向式麦克风放置在会场的中心位置，这样每一个发言人由于距离麦克风的位置不同，麦克风接收到的电平也不同。

为了保证传向远程的音频电平的平稳，在进行编码时要进行音频的增益处理，以保证一定范围内的发言人以同一个音调发言，这样远程会场的声音就不会忽高忽低。

（3）自动噪声抑制。召开会议时不可避免地会有一些环境噪声，例如空调、风扇等电气设备持续发出的环境噪声，这些声音严重影响了会议的音频质量。

自动噪声抑制系统会根据音频的高低、持续情况，判断是否为环境噪声，并且进行处理，以达到良好的声音会议效果。

7.4　视频会议系统

7.4.1　视频会议的定义及功能

随着现代通信技术的发展和人们对高效沟通的需求，面对面的视频会议系统越来越广泛地进入智能化楼宇的音视频系统中。

生活中如果对谈话内容安全性、音画质量和规模没有要求，可以采用如 QQ、微信这样的软件来进行视频聊天。而企事业单位的商务视频会议，要求有稳定安全的网络、可靠的会议质量、正式的会议环境等条件，则需要使用专业的视频会议设备，组建专门的视频会议系统。

视频会议，就是利用现代音视频技术和通信技术在两个或多个地点的用户之间举行会议，如图 7-9 所示，这种实时传送声音、图像的通信方式，具有实时性和交互性的特点。通过视频会议系统，身处异地的人们可以进行面对面的会议和讨论，不仅可以听到对方的声音，更可以看到对方的表情、动作，还可以传送相关数据资料，实现共享软件应用等更高层次的应用。

（a）两点之间用户

（b）多点之间用户

图 7-9　视频会议系统

视频会议系统包括如下基本功能。
（1）实时音、视频广播。
（2）查看视频。
（3）字幕功能。
（4）多媒体功能。其包含电子白板、文字讨论、系统消息、发送文件、程序共享、演讲稿列表区、网页同步、座位列表显示区。

（5）会议投票。

（6）会议管理。其包含主持助理、试听功能、会议录制、远程设置、设为发言人、系统设置、用户管理等。

7.4.2　视频会议的发展及分类

1. 视频会议的发展阶段

我国真正实用的会议电视业务是在 1984 年国家公众会议电视骨干网的开通以后才开始的。1984 年 9 月 6 日，中华人民共和国国务院首次利用国家会议电视骨干网召开了全国电视会议，全国各省市有 180 多万人收看、收听会议的内容。

2003 年的重症急性呼吸综合征（SARS）疫情给人们带来重大影响，使人与人的距离拉大了，需要通信手段来解决沟通问题，对视频通信的渴望空前强烈，这种需求带动了我国视频会议市场的增长。

视频会议在十多年的发展里，大致可分为 3 个阶段。

（1）第一阶段是基于数字通信网，如 SDH、DDN 等的会议电视系统。

（2）第二阶段是基于 ISDN、ADSL 网络的会议电视系统。

（3）第三阶段是基于 LAN 和 Internet 的会议电视系统。

2. 视频会议的分类

通常从实现方式来看，视频会议系统有如下几类。

（1）基于硬件的视频会议系统：该系统是目前最常用的实现手段。其特点是使用专用设备来完成视频会议，系统使用简单、维护方便，音视频的质量好，对网络要求高，需要专线来保证，整套系统造价较高。

（2）基于软件的视频会议系统：该系统完全使用软件来完成硬件的功能，主要借助于高性能的计算机来实现硬件解码功能。其特点是充分利用已有的计算机设备，总体造价较低。

（3）网络视频会议系统：该系统完全基于互联网来实现。其特点是可以实现非常强大的数据共享和协同办公，对网络要求极低，完全基于电信公共网络的运营，客户使用非常方便，不需要购买软件和硬件设备，只需交费即可，视频效果一般。

7.4.3　视频会议的应用及组成

1. 视频会议的应用

（1）远程商务会议：视频会议普遍和广泛的应用领域，适用于一些大型集团公司、外商独资企业等在商务活动猛增的情况下，充分利用视频会议方式来组织频繁的商务谈判、业务管理和远程公司内部会议。

（2）远程教育：如图 7-10 所示，利用视频会议开展教学活动，使更多、更大范围的学生能够聆听优秀教师的教学，学生们可以与全球各地的同学进行通信，进行文化交流并实现国际化。

（3）远程医疗：如图 7-11 和图 7-12 所示，利用视频会议实现中心医院与基层医院就疑难病症进行会诊、指导治疗与护理，对基层医务人员的医学培训等。高质量的视频业务使医生、护士在不同地方协同工作成为可能。

（4）政府行政会议：我国幅员辽阔，各级政府会议频繁，视频会议系统是一种召开现代化会议的多快好省的方法，它可使上级文件内容即时下达，使下级与会者面对面地讨论和深刻领会上级精神，使上级指示及时得到贯彻执行。

图 7-10　远程教育

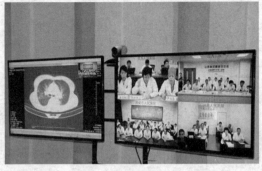

图 7-11　远程医疗（1）

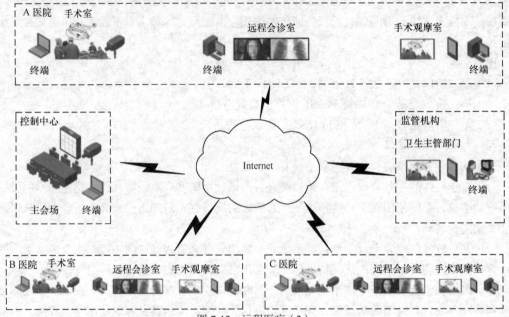

图 7-12　远程医疗（2）

2．视频会议系统的基本组成

一套完整的视频会议系统应由视频会议终端、多点控制单元（MCU）、网络管理软件、传输网络以及相关附属设备五大部分构成。

（1）视频会议终端：视频会议终端设备主要包括摄像机、传声器、监视器、扬声器、回波抵消器、终端处理器、会议控制器等。

（2）多点控制单元：多点控制单元（Multi Control Unit，MCU）也叫多点会议控制器，是多点视频会议系统的关键设备，它的作用相当于一个交换机，它将来自各会议场点的信息流，经过同步分离后，抽取出音频、视频、数据等信息和信令，再将各会议场点的信息和信令，送入同一种处理模块，完成相应的音频混合或切换、视频混合或切换、数据广播和路由选择、定时和会议控制等过程，最后将各会议场点所需的各种信息重新组合起来，送往各相应的终端系统设备。

（3）传输网络：传输网络即宽带连接方式，通常有 LAN 接入、ADSL 接入、电缆调制解调器（Cable Modem）接入方式和无线接入 4 种方式。

（4）附属设备：一套视频会议系统需要哪些附属设备要看具体应用需求，通常用到的附属设备包括投影仪、监视器/电视机、大型扩音器、麦克风、大型摄像机、DVD 影碟机、录像机、外部遥控器、写字板、计算机等。

7.5　会议音频系统的连接与调控实训

1. 实训目的

通过实训，熟悉一般会议音频系统的布局和设计，掌握常用会议音频设备的连接与使用，掌握音频系统的整体调控，特别是传声器的调控。

2. 实训条件

模拟会场一间，调音台一个，传声器若干（有线、无线皆可，无线传声器配备相应接收器），功放一台，扬声器一对，影碟机一台，音响连接线、插板若干。

3. 实训内容

（1）会议音频系统设计。

（2）根据所提供设备进行音频系统连接。

（3）传声器的调控。

4. 实训方法和步骤

（1）会议音频系统设计。根据会议规模和主办方要求，确定传声器类型、个数和摆放模式，以及扬声器数量和摆放模式。根据所提供设备，决定连入系统的音响设备。根据设备输入/输出插孔，确定插板数量，音响线种类、长度和数量。

（2）音频系统的连接。按照影碟机、调音台、功放、扬声器的顺序把设备连好，注意上一个设备的输出是下一个设备的输入，直插线要插到底部。再把有线传声器直接插入调音台输入通道，无线传声器接收器的输出插入调音台的输入通道。

（3）音频系统开机。连接无误、插线牢固后，检查各设备面板旋钮、按钮和推子的初始位置，特别是增益、电平、声像旋钮和旁路、衰减按钮及音量推子是否在正确的位置上。检查无误后，按照影碟机、无线传声器接收器、调音台、功放的顺序开机。

（4）有线传声器发声的调控。打开传声器开关，旋转调音台该传声器输入通路的增益旋钮，打开本通道音量，打开调音台总音量，打开功放总音量，开始试音，注意不能吹、拍传声器，调音者发声即可。用增益旋钮调节 PEAK 指示灯闪烁即可，如果指示灯常亮，则增益旋小，如果指示灯不亮，则增益旋大即可。音量大小不用增益旋钮来调控，可用调音台通道音量、调音台总音量和功放音量综合调节声音的大小。

（5）无线传声器发声的调控。该传声器对应的无线传声器接收器通道音量打开，打开传声器开关，旋转调音台该传声器输入通路的增益旋钮，打开本通道音量，打开调音台总音量，打开功放总音量，开始试音，注意试音时传声器不能吹不能拍，调音者发声即可。用增益旋钮调节 PEAK 指示灯闪烁即可，如果指示灯常亮，则增益旋小，如果指示灯不亮，则增益旋大即可。音量大小不用增益旋钮来调控，可用调音台通道音量、调音台总音量和功放音量综合来调节声音的大小。

（6）传声器不发声的情况模拟。在传声器已经发声的情况下，进行以下几项的实践，留心音频系统是否能正常扩声，从而总结传声器不发声的故障原因。

① 取下传声器电池或换上电量不足的电池。

② 关闭传声器开关或传声器开关打至待机挡位。

③ 关闭无线传声器接收器通道音量。

④ 无线传声器接收器换个通道。

⑤ 关闭调音台对应输入通道增益。

⑥ 关闭调音台对应输入通道音量。

⑦ 关闭调音台总音量。

⑧ 关闭功放音量。

（7）音频系统关机。关机是开机的逆过程，先把各旋钮、按钮和推子还原到初始位置，可以先关闭传声器上的开关，按照功放、调音台、无线传声器接收器、影碟机的顺序关机。

5. 实训要求

（1）熟悉会议音频系统的组成。

（2）掌握会议音频系统的连接。

（3）掌握传声器的调控。

（4）思考除上述提及的因素外，还有哪些原因会导致传声器无声。

（5）写出实训报告。

本章小结

本章主要讲述智能楼宇中音频系统的基本组成、主要设备及它们在扩声系统、公共广播系统和会议音频系统中的应用。

一个基本的扩声系统主要由音源、调音台、功率放大器和扬声器组成。根据不同使用场合还可以适当添加其他音响周边设备，例如，激励器、效果器、压限器、分频器、均衡器、声反馈抑制器等，以满足不同扩声效果的需要。

基本的公共广播系统是扩声系统的一个分支，平时播放背景音乐或其他节目，出现火灾等紧急事故时，转换为报警广播，在智能楼宇中有不可忽略的地位和作用。

会议音频系统在智能楼宇中的主要作用是提供较好的扩声效果，与同声翻译系统、表决系统、视频系统等一起为各种类型的会议系统服务。

视频会议系统利用现代音视频技术和通信技术在两个或多个地点的用户之间举行会议，可以实现远程商务会议、远程教育、远程医疗和政府行政会议等，由视频会议终端、多点控制单元（MCU）、网络管理软件、传输网络以及相关附属设备五大部分构成。

复习与思考题

1. 简述扩声系统最基本的组成并画出设备连线图。

2. 简述激励器、效果器、压限器、分频器、均衡器、声反馈抑制器的功能和应用。

3. 简述会议扩声系统和背景音乐扩声系统的区别和联系，特别是混响效果在这两种系统中的不同要求。

4. 在一般扩声系统中如何选择合适的调音台？

5. 在公共广播系统中如何选择合适的功率放大器、扬声器？

6. 在会议扩声系统中如何选择合适的传声器？

7. 会议音频系统分为哪些类型？各有什么区别和联系？

8. 会议音频系统有哪些音频处理技术来改善其音效？

9. 会议室在装饰、装修方面应注意哪些环节以改善会议音频系统的音质？

10. 某栋大楼 1 层以下，有两层停车库，1～6 层为商场，7 层为餐厅，8 层为电影院、娱乐室，9～16 层每层有 16 个写字间，试粗略设计这栋楼宇的公共广播系统。

11. 视频会议系统的应用有哪些？它由哪几部分组成？

第8章

办公自动化系统

知识目标

（1）了解办公自动化系统的基本概念。

（2）掌握办公自动化系统的层次结构及作用。

（3）掌握办公自动化系统的组成要素。

（4）了解办公自动化系统的软件和硬件构成。

能力目标

（1）能够认知办公自动化系统的构成。

（2）能够理解和运用办公自动化系统的相关技术。

（3）能够了解办公自动化对人员素质的基本要求。

（4）会应用移动办公自动化系统。

8.1 认识办公自动化系统

8.1.1 办公自动化系统的基本概念

1. 办公自动化系统的定义

办公自动化是 20 世纪 80 年代迅速发展起来的一门综合性学科，英文名称为 Office Automation，人们也习惯称之为 OA。

办公自动化技术是对传统办公方式的变革，是衡量一个国家社会信息化程度的重要标志之一。

办公自动化的概念在世界各国出现以来，产生了很多关于办公自动化的定义，这些定义从不同的角度描述了什么是办公自动化。一般来说，现代办公可理解为是人们利用现代先进的办公设备，操作和管理办公信息以完成某些事务活动的过程。同时，随着时代的不断进步，办公自动化的概念也逐渐有一个不断发展的过程，即表现出一种力争把现代科技的最新成果应用于办公和管理的行为，由于它从概念到实际应用都在不断发展，因此，许多办公自动化产品也就围绕所使用设备来定义，以下列举几种目前比较流行的有关办公自动化的定义。

（1）强调提高效率。办公自动化是用计算机及相关的办公设备连续、自动地处理办公事务，提高人们在办公中的工作和管理效率。

（2）强调现代技术综合。办公自动化是把计算机技术、信息技术、系统科学和行为科学应用于由传统的数据处理技术难以管理的、数量庞大而结构又不明确的工作，而且进行自动化处理的一项综合技术。

（3）强调实现的目标。办公自动化是用现代的信息技术和手段实现现代办公，达到无纸化、自动化和智能化的目标。

（4）1985 年，我国的专家学者对办公自动化的定义：办公自动化是利用先进的科学技术，不断地使人们的一部分办公业务活动物化于人以外的各种设备中，并由这些设备与工作人员共同构成的人-机信息处理系统。

由此可以看出，办公自动化并没有一个统一的概念，而且随着社会的发展，特别是计算机及其相关技术的发展，办公自动化的含义还会不断发生变化。

目前，办公自动化是指在政府和企业内部各部门之间利用计算机系统、通信网络、办公设备等，建设一个安全可靠、开放高效的日常办公现代化、信息电子化、传输网络化和决策科学化的管理信息系统。

2. 办公自动化系统的特点

虽然以上这些对办公自动化定义的内容不尽相同，但它们都有某些共同点，具体如下所述。

（1）强调办公自动化系统是以行为科学为指导，以管理学、社会学、系统工程学为理论基础，充分结合计算机技术、通信技术和自动化技术的一门综合性科学技术，是一个多学科相互交叉、相互渗透的系统工程。

（2）强调办公自动化系统是一个由办公人员和办公设备构成的人-机信息处理系统，具有很强的信息处理功能。它包括信息的采集、加工、传递和存储等环节。它是对文字、语音、数据和图形、图像等多媒体信息一体化的处理过程，能把基于不同技术的办公设备（如计算机、打印机、传真机等）用网络连成一体，将文字处理、语音处理、数据处理和图像视频处理等功能集成在一个系统中，使办公室具有综合处理这些信息的能力。

（3）强调办公自动化系统的任务是尽可能有效地利用信息资源，向办公人员及时提供所需信息，进行辅助决策，提高办公效率，改进办公质量，以获得良好的社会和经济效益，并达到既定的工作目标。

3. 办公自动化系统应满足要求

为达到以上几个共同点，办公自动化系统应满足以下 3 个要求。

（1）个性化要求。每个办公自动化系统都是根据某一个或某一类具体用户的需求开发的，并运行在各行各业特殊的办公环境下。

（2）开放性要求。办公自动化系统所选用的运行平台和软、硬件产品应尽量符合标准，不受具体厂家和供应商的限制，便于和其他信息处理系统集成，便于系统的扩充和发展。

（3）动态性要求。办公自动化系统需要不断适应变化的办公环境，因此它是一个复杂的动态系统。

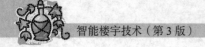

尽管办公活动有其相对固定的一面，如办公机构、办公制度及办公场所等，但由于其办公活动的内外部环境随时都有可能发生变化，导致了办公业务的不确定性，办公场所和人的思想观念等也都可能发生变化，因此需要不断地采用新的信息处理方法和手段，以适应日益先进高效的办公要求。这些被称为适应软科学的方法和手段，反映了办公自动化系统的本质。

8.1.2　办公自动化的发展阶段

我国办公自动化是从 20 世纪 70 年代开始发展的，现在已具有相当大的规模。如果按照所使用的办公设备和技术的高低来划分，办公自动化大致经历了以下 3 个阶段。

（1）第一个阶段，其主要标志是办公过程中普遍使用现代办公设备，如传真机、打字机和复印机等。由于传真机代替了书信，打字机代替了手工书写，复印机代替了书面信息复制，从而极大地减轻了办公人员的工作负担，减小了工作强度，提高了工作效率。

这个阶段的办公自动化是以数据为处理中心的传统 MIS 系统（管理信息系统）。其最大的特点是基于文件系统和关系型数据库系统，以结构化数据为存储和处理对象，强调对数据的计算和统计能力。其贡献在于把 IT 技术引入办公领域，提高了文件管理水平。但是，这种方式缺乏群组协同工作过程的处理能力，因而其自动化程度是有限的。

（2）第二个阶段，其主要特点是开始使用计算机和打印机。在这个阶段，人们的一部分业务或事务活动已由计算机所代替。在以数字处理为主的业务部门，如财政、金融和税务行业，已经开始摒弃手工账务，使用计算机进行账务管理；其他诸如统计、档案及人事劳资等部门，也已经开始使用计算机进行信息管理。这样进一步减轻了办公人员的工作强度，工作效率也得到了飞速提高。

这个阶段的办公自动化是以工作流为中心，这种方式彻底地改变了早期办公自动化的不足之处，以 E-mail，文档数据库管理、复制、目录服务，群组协同工作等技术为支撑，包含众多实用功能和模块，实现了对人事、文档、会议的自动化管理。

（3）第三个阶段，其主要表现为网络技术的应用。当一台计算机作为网络节点进入网络的时候，不但一个单位内部各部门之间可以进行文件信息资源共享，企业之间乃至异地之间的计算机也可以进行准确、实时的信息传输和交换。例如，银行之间的同城和异地存取款等。

这个阶段的办公自动化的特点是知识的综合运用，因为它不仅模拟和实现了工作流的自动化，而且模拟和实现了工作流中每一个单元和每一个工作人员运用知识的过程。这一阶段办公自动化具有的突出特点：实时通信，员工与专家可以网上实时交流；具有功能丰富、来源丰富的数据信息处理功能；具有知识管理的平台与门户作用。

8.1.3　办公自动化的功能

办公自动化的功能是指办公自动化系统可能具备的功能。根据现代办公的需要，办公自动化系统应该具有以下几个方面的功能。

（1）数据处理功能。办公室的中心任务就是处理大量的数据，因此数据处理是办公自动化系统的最基本功能。数据处理包括数据的收集、录入、计算、分类、存储、查询、统计等一系列工作。数据库技术和电子报表技术是数据处理的有效工具。

（2）文字处理功能。在实际的办公过程中，大量的工作是由文字处理组成的，包括对中外文字和数字的输入、编辑、排版、存储和打印等工作。

（3）资料处理功能。资料处理指对各种文档资料的分类、登记、查询和搜索等工作。

（4）事务处理功能。事务处理包括人力资源、工资、财务和办公事务管理等工作。

（5）多媒体信息处理功能。多媒体信息处理指对有关图形图像、语音、影像等的输入、编辑、识别、转换、输出等工作。

（6）网络通信功能。计算机网络技术应用于办公自动化系统使得各种办公设备连成网络，使它们能互相通信并实现资源共享。目前，电子邮件和视频会议系统等能够传送综合信息的通信工具已经取代了传统的办公模式，成为现代办公自动化系统不可或缺的组成部分。

（7）信息管理功能。信息管理指对信息的收集、存储、查询和发布工作。

（8）辅助决策功能。为了适应现代办公业务的需要，办公自动化系统应该具有决策及辅助决策功能，即应能协助办公人员根据已有的信息进行分析、判断，为决策提供可选择的方案。

（9）安全保密功能。安全保密指对需要安全保密的数据信息按要求进行防范加密措施。

8.1.4　办公自动化的层次结构

按照办公自动化系统应用技术的差别，办公自动化系统可分为事务型、管理型和决策支持型3 个不同的层次。

（1）第一个层次是事务型的办公自动化系统，它支持办公室的基本事务活动。这个层次只限于单台计算机或简单的小型局域网上的文字处理及电子表格、数据库等辅助工具的应用，所以一般称之为事务型办公自动化系统。事务型办公自动化系统的功能是处理日常的办公操作，是直接面向办公人员的。为了提高办公效率，改进办公质量，适应人们的办公习惯，需要提供良好的办公操作环境。

在事务型的办公自动化系统中，最普遍的应用有文字处理、电子排版、电子表格处理、文件收发登录、电子文档管理、办公日程管理、人事管理、财务统计、报表处理、个人数据库等。这些常用的办公事务处理的应用可做成应用软件包，包内的不同应用程序之间可以互相调用或共享数据，以便提高办公事务处理的效率。这种办公事务处理软件包应具有通用性，以便扩大应用范围，提高其利用价值。

此外，在办公事务处理上可以使用多种办公自动化子系统，如电子出版系统、电子文档管理系统、智能化的中文检索系统（如全文检索系统）、汉字识别系统、语音识别系统等。在公用服务业、公司等经营业务方面，使用计算机替代人工处理的工作日益增多，如订票、售票系统，柜台或窗口系统，银行业的储蓄业务系统等都属于这个层次的范围。

（2）第二个层次是管理型的办公自动化系统，它包含业务管理的大部分功能，是事务型办公系统和管理信息系统的结合，这个层次属于信息管理型的系统。

所谓信息管理型的办公系统，就是把事务型办公自动化系统和综合信息（数据库）紧密结合的办公信息处理系统。其中，综合数据库用于存放有关单位的日常工作所必需的信息。例如，在公司企业单位的综合数据库中包括工商法规、经营计划、市场动态、供销业务、库存统计、用户信息等。一个现代化的企事业单位，为了优化日常的工作，提高办公效率和质量，必须具备供本单位的各个部门共享的综合数据库。这个数据库建立在事务型办公自动化系统的基础上，构成信息管理型的办公自动化系统。

（3）第三个层次是决策支持型的办公自动化系统，它建立在前两个层次的基础上，即建立在信息管理型办公自动化系统的基础上，使用由综合数据库系统所提供的信息，针对企业所需由计算机执行其集成的决策程序，从而做出相应的决策。

决策支持型办公自动化系统是在管理型办公自动化系统的基础上再加上决策支持系统而构成的。它使用由综合数据库系统所提供的信息，针对所需要做出决策的课题，构造或选用决策数字模型，结合有关内部和外部的条件，由计算机执行决策程序，做出相应的决策。它也具备对业务数据的分析、评测等决策支持的功能。

一般说来，事务型办公自动化系统称为普通办公自动化系统，而管理型办公自动化系统和决策支持型办公自动化系统称为高级办公自动化系统。

以上 3 个层次的划分，是相对于办公自动化发展的初级阶段的分类。近几年来，随着网络通信的三大核心支持技术——网络通信技术、计算机技术和数据库技术的成熟，目前先进的办公自动化系统正在进入一个更新的层次——智能化办公系统，这个层次具备以下 4 个新的特点。

（1）集成化。软硬件及网络产品的集成，人与系统的集成，单一办公系统同社会公众信息系统的集成，组成了"无缝集成"的开放式系统。

（2）智能化。面向日常事务处理，按照工作流的方式，辅助人们完成智能性劳动，如汉字识别、对公文内容的理解和深层处理、具体办公事务的处理，辅助决策及处理意外等。

（3）多媒体化。多媒体化包括对数字、文字、图像、声音和动画的综合处理。

（4）运用电子数据交换（EDI）。通过数据通信网，在计算机间进行交换和自动化处理。

这个层次包括信息管理型办公自动化系统和决策支持型办公自动化系统。

8.1.5 办公自动化的组成要素和任务

办公活动的核心是实现科学管理，而能否真正做到这一点，就取决于办公自动化系统各个要素的组成及作用的发挥。办公自动化系统的组成要素一般包括办公人员、办公机构、办公制度、办公信息、技术设施和办公环境 6 个方面。

1. 办公人员

在计算机应用中，信息处理与数值运算之间的一个关键性区别就是人在处理过程中所起的作用不同。办公自动化系统是一个信息处理系统，办公人员是系统不可缺少的重要组成部分。众所周知，办公是基于人群的一种管理活动，其基本特征是协同性。当代信息社会中，这种协同性表现得更加突出。因此，办公人员都必须具备按既定要求完成自身职务范围内任务的能力和素质，他们组合在某个系统中，既有分工又有合作，各尽其责。概括地讲，办公人员分为上、中、下 3 个层次，相应地有领导决策人员、中层管理人员、专业人员和辅助人员。

（1）领导决策人员。领导决策人员是指企业的高级管理层或政府机关中各级领导决策人员，他们需要掌握准确的信息和情报，综合分析本单位和有关单位的具体情况和动态，制定短期目标和长远规划，对单位的重大事项做出决断，其办公活动性质一般是非确定性的、无规律可循的。

（2）中层管理人员。中层管理人员是指企事业单位的部门负责人，他们不但负责安排、协调专业技术人员的工作，还要收集信息，进行决策，根据上级指示及时解决本部门的问题，并做到信息的上传下达，其办公活动性质属于混合型。

（3）专业人员和辅助人员。专业人员在行政机关内是指负责社会、经济、政治、法律等各项业务的工作人员；在企业内是指负责生产、经营销售和技术开发的各类人员。辅助人员是指行政机关和企事业单位的一般办公人员和后勤人员。

上述各类办公人员的素质将直接影响办公自动化系统的效能，其素质的高低对办公自动化的实施成功与否至关重要。

2. 办公机构

办公机构是指决定办公自动化系统的层次和职能的企事业行政机构，它将直接影响办公自动化系统的总体结构。

3. 办公制度

办公制度决定具体办公业务和办公流程。为了协调各级办公机构的职能，明确各级办公人员的职责，需要建立各种规章制度，使办公活动规范化。在我国一般是领导决策，职能部门管理，基层人员操作。例如，在企业是总经理负责制。

4. 办公信息

办公信息是办公自动化系统的处理对象。办公活动从信息处理的角度讲，就是对各类信息进行采集、存储、处理和传输的过程。分析办公活动的过程可以把办公信息资源种类归纳为数据、文字、语音图形和图像四大类。

（1）数据信息。此类信息包括人事，财务，计划，统计，劳资，市场和产、供、销等各种数据。数据库管理系统为这些数据的输入、存储、查询、统计分析和报表生成提供了方便、快捷的手段。通过专用软件对这些数据进行深入加工，同时借助由综合数据库、模型库和方法库组成的知识库，构成决策支持型办公自动化系统。

（2）文字信息。此类信息包括公文、报告、公函、档案和情报资料等文件。计算机的各种汉字输入法、手写汉字识别技术、印刷体文字识别技术和汉字语音识别技术为此类信息输入提供了手段。光盘存储技术、多机共享大容量磁盘阵列技术为信息的存储提供了空间。具有编辑、排版和打印功能的计算机中文处理系统及办公软件使办公人员能方便、直观地加工文字信息。专用的文档管理和全文检索软件等提供了对文档的分类和检索功能。

（3）语音信息。声音的计算机输入、存储、传递使办公自动化系统具有了基本的多媒体功能。语音合成技术可将计算机中存储的文件资料朗读出来。语音识别技术赋予计算机聆听和理解的能力，办公人员可以口授命令与计算机对话。这些都使办公自动化系统更接近人们习惯的办公方式。

（4）图形、图像信息。通过对基础数据库的数据进行加工，生成曲线图、直方图等，比报表更直观。图像的计算机传输使计算机具有传真机的功能。利用计算机进行图像处理，可以实现高层次的档案管理、人事管理和多媒体电子邮件管理等。

5. 技术设施

技术设施指构成现代化办公系统的各种软、硬件设备和工具，包括计算机软、硬件设备，网络设备和各种常用办公设备等。办公设备的技术性能直接影响到办公自动化系统平台的性能，所以必须根据具体需求精心选择和配置。

6. 办公环境

办公环境包括物理的和抽象的环境、内部的和外部的环境。物理环境指办公大楼建筑设施情况、位置及综合布线情况等。抽象环境指办公自动化系统在横向和纵向上与左邻右舍及上下级之间的关系，它形成了一个办公自动化系统的约束条件，在系统分析和系统设计时要全面考虑。

上述六大要素，对开发设计具有实效的办公自动化系统是至关重要的，其中技术设施是实现开

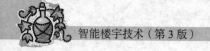

放的现代化管理和办公环境的关键，而起决定因素的是办公人员对办公自动化技术的掌握和应用。

8.1.6　办公自动化对人员的素质要求

办公自动化系统是对传统办公模式的一种变革，由于新技术的广泛应用，必然会对办公人员提出新的要求，这主要包括两方面的要求，一是对办公人员的思维方式适应能力的要求，二是对基本技术和技能的要求。

办公自动化本身就是对信息技术和计算机技术的利用，它需要使用者具备一定的基本知识和技能，如不能很好地掌握，就很难使用办公自动化系统来完成日常工作。所以对于办公人员来说，首要的问题是要接受新生事物，勇于放弃和改变自己习惯了的传统工作方式和思维习惯。

1. 对办公操作人员的素质要求

由于在不同组织机构的办公自动化系统中，会包括许多具有不同专业背景的办公人员，他们有着不同的文化程度、工作经历和办公习惯。现在，人和计算机之间的工作距离已很接近，不断发展的新的软件技术也正在不断改善人-机界面，使计算机使用起来更简单。随着办公操作人员工作的熟练、经验的丰富，以及对计算机工作的感性认识和部分理性认识的逐步积累，他们已经可以依靠计算机处理各种办公任务。

从组织方面来看，办公操作人员实现办公任务，直接参与系统的工作，他们是办公自动化系统的组成部分之一，而不是系统以外的实体。因此，应避免把办公操作人员看成系统的"用户"。而办公自动化系统操作人员应把计算机看成他们工作的延伸，系统是按他们的指挥来运作的。

办公自动化系统的操作人员应有较高的业务素质，不但要熟悉本岗位上的业务操作规范，而且要注意和各个办公环节的操作人员在工作上相互配合，应有系统、整体的观念。此外，也要求操作人员懂得他们所操作的办公设备在每个处理环节上的处理过程。这些感性或理性知识会对办公人员起积极的指导作用，以便他们能更好、更有效地完成办公任务。

2. 对专业技术人员的素质要求

专业技术人员根据使用人员、管理人员提出的目标，确定用什么样的技术方案达到所要求的目标。当然，这里最重要的是如何能够实现这些目标，采用什么设备及如何进行投资成本之间的权衡和折中。对于专业技术人员来说，办公自动化代表着传统的数据处理应用进入办公室信息处理领域，是计算机应用到办公管理的一种必然趋势。从技术革新的角度看，专业技术人员应明白以往数据处理的过程已经经历了很大程度上的革新。无论是文字处理、电子表格，还是图形、图像和语音处理技术，与以往的数据处理技术都有着密切的联系。办公自动化系统应用不同于以往的状况主要体现在以下几个方面。

（1）办公信息处理设备处于办公室内，实际上紧密地靠近办公人员，如终端设备、微型计算机等。软件技术的发展使人-机之间的关系更为接近，计算机更易于操作和使用。办公信息处理设备使用的特点是联机交互与实时响应。即使是在使用网络作为办公自动化系统的主机，信息处理都集中在机房中进行的情况下，其系统的输入、输出设备（显示终端、打印机）也必须分散放置在办公室，而且办公人员可以自由地对这些设备进行操作。

（2）办公自动化系统的应用包括对办公室所必需的事务处理提供支持，这些支持包括文字处理，表格处理，图形、图像处理，语音处理，电子邮件处理和决策支持功能等。因此，虽然程序员或数据处理的专业人员并不包括在办公自动化系统之中，但他们应了解办公室应用的各项办公事务和有关的业务，善于把计算机信息处理技术恰当地应用在这些业务处理过程中，为高效地进行办公信息处理开发出良好的软件。

（3）专业技术人员也应明确和办公自动化系统有关的人员（办公操作人员或秘书）在职业背景和操作技能上的差别，这是目前软件开发中一个普遍存在的问题，这就要求开发办公应用软件的专业技术人员应多为办公操作人员着想，尽可能方便他们的操作，即要尽量开发出具有良好的用户界面、完善的操作指导且方便易用的帮助功能的应用系统。

8.2 办公自动化软/硬件构成

8.2.1 办公自动化系统的构成

我们知道，计算机系统的分类可以按照硬件和软件进行分类，同样，办公自动化系统也可以划分为硬件系统和软件系统，它主要由以下几部分构成。

1. 硬件和软件设备

（1）事务型办公自动化系统的硬件设备以微机为主，多机系统则还包括网络。应用软件以独立支持它的各种基本功能的软件为主，如文字处理软件、电子报表软件、小型关系数据库软件等。它的专用办公应用软件必须是支持公文处理、办公事务处理和机关行政事务处理活动的独立应用系统。

（2）管理型办公自动化系统由微机、网络及其办公设备、通信设备组成。它在事务型处理系统的基础上，使用的主机档次更高，各种硬件、软件较复杂。管理型办公自动化系统的外部设备较齐全、先进，这类系统的计算机应用软件除具有事务型办公自动化系统的各种通用、专用应用软件外，还要建立各种信息管理系统，这些系统应该支持各专业领域的数据采集及数据分析，以便为高层领导的决策提供各业务领域的综合信息。

（3）决策支持型办公自动化系统的计算机设备、办公应用软件和管理型办公自动化系统相同，只不过这些设备一般是在网络通信技术的支持下运行。决策支持型办公自动化系统的应用软件是在管理型办公自动化系统的基础上，扩充决策支持功能，通过建立综合数据库得到综合决策信息，通过知识库和专家系统进行各种决策的判断，最终实现综合决策支持。在决策支持型自动化系统中，综合数据库、知识库、模型库技术发挥了很大的作用，它们包含了各种技术领域的相关知识，并加以归纳处理，使决策系统得以在优化状态下运行。

2. 办公用基本设备

支持事务处理和决策处理系统的办公基本设备包括打字机、轻印刷系统、复印机、缩微设备、邮件处理设备和会议用各种录音、投影设备，其中多计算机系统还应该具有计算机网络的功能，以随时支持更多复杂的功能。例如，电子会议中心可以通过计算机终端与大屏幕投影系统连接起来，从而访问计算机网络中的各种资料。

3. 通信系统

事务型的单机系统不具备计算机通信功能，它主要靠人工信息方式及电话通信完成其所需信息的传输。如果是多机系统，则可采用局域网方式实现计算机间的通信功能。

管理型办公自动化系统需要在各部门之间具有通信能力，利用网络可方便地实现本部门之间或者是与远程网之间的通信。这一模式由计算机网络、微机系统和工作站组成，多级通信网结构方式最为普遍。其中，计算机网络主要完成信息管理系统的中心功能，处于第一层，设置于计算中心的机房。功能较强的微机处于中层，设置于各职能管理机关，主要完成办公事务处理功能。而工作站则置于各基层科室，为最底层。这种结构有很强的分布处理能力、较好的资源共享和较高的可靠性。

4. 数据库

事务型数据库包括小型办公事务处理数据库、小型文件库、基础数据库。其中，小型办公事务处理数据库主要存放机关内部文件及会议、行政事务、基建、车辆调度、办公用品发放、财务、人事材料等与办公事务处理有关的数据。基础数据库主要存放与整个目标相关的原始数据。基础数据库的数据模型类似于原始报表的形式。

管理型办公自动化系统要在事务型办公系统的基础上加入专业（或专用）数据库，即在对基础数据库中的原始数据进行加工、处理的基础上，按主要功能的不同分类形成专用数据库。

决策支持型数据库要在事务型、管理型办公自动化系统的数据库基础上，加入大型知识库。大型知识库包括模型库、方法库和综合数据库。

8.2.2　办公自动化硬件设备

随着办公自动化的发展，其硬件结构可以分为以下几类。

（1）办公信息的输入和输出设备。它是指打印机、扫描仪、数码设备（包括数码相机、数码摄像机、手写输入设备、语音输入设备等）。

（2）信息处理设备。它是指各种个人计算机、工作站或服务器等。

（3）信息复制设备。它是指复印机、光盘刻录机等。

（4）信息传输设备。它是指电话、传真机、计算机局域网、广域网等。

（5）信息存储设备。它是指硬盘、移动硬盘、携带方便的 USB 存储设备、光盘存储系统等。

（6）其他辅助设备。它是指不间断电源 UPS、移动通信设备、无线网络设备等。

8.2.3　办公自动化软件

办公自动化软件分为工具软件、平台软件及系统级应用软件。其中，工具软件和平台软件包括计算机的操作系统、网络操作系统、文字处理软件、办公套装软件、中文语音识别软件、手写输入系统、多媒体应用软件等。而对于办公自动化应用软件，又可以细分为以下 8 个功能模块。

1. 公文管理

公文管理主要负责公文的发送与接收工作，发送流程按照流程定制来完成，所以还包括流程定制功能。这三大块是办公自动化系统的核心部分，其实现也最为复杂，特别是流程定制功能，是一个非常灵活的模块，它决定了该办公自动化系统的效率和可用性。

2. 邮件管理

邮件管理的主要功能是发送与接收内部邮件、发送与接收外部邮件（外部邮件服务器必须支持邮局协议版本 3（POP3），），邮件需要存入数据库，以便今后浏览查询。

3. 表单管理

表单是一个人-机交互的界面，通过它来完成数据的采集。表单管理是一个辅助性模块，在其他所有模块中都有可能使用它的功能，它主要实现表单模板的定制、表单的存储、打印等功能。它在办公过程中出现的频率仅次于公文，但是表单的定制与打印是一个技术难点。

4. 档案管理

档案管理功能是对准备归档的公文或者企业各类合同、协议、文件、指示、资料等的一个合理存储与查阅功能，针对那些复杂的分类和查阅权限，实现合理存取、管理的基本功能。

5. 人事管理

人事管理功能包括员工档案管理、工资管理、考勤管理、部门机构管理、部门任命管理等，这个模块将直接反映企业职工的基本构成状况，它应该尽量做到全面和准确。

6. 日程安排

日程安排是办公系统的一个必不可少的辅助功能，可分为个人日程、部门日程、主要领导者的活动日程等，它主要负责日程信息的基本存储和提示。

7. 公共信息管理

公共信息管理包含企业新闻、文档、员工论坛、资料下载等功能，主要是针对所有部门的一个共用系统。该系统可以采用传统模式，如论坛可以采用电子公告牌系统（BBS）等，底层主要是统一规范，提供基本功能。

8. 会议管理

会议对于任何一个企业都是重要的，而会议的形式随着网络的发展也变得多样化，除了传统的会议外，还出现了网络会议、视频会议等新型会议方式。实际应用中，对于相隔较远的部门，如总公司与子公司之间的交流建议采用视频的网络会议，可以使会议气氛更贴近传统会议的效果，而且交流也更人性化。

以上介绍的几个功能子模块是办公自动化系统的基础，在这个基础上，还可以创建更多的功能和辅助功能，使得办公自动化系统的形式变得轻松活泼，而且更丰富。

8.3　办公自动化系统的开发与应用案例

8.3.1　办公自动化系统模型的建立与开发

模型是系统或过程的一种简化、模拟、抽象的表示，它包含原系统或过程的本质特征，可以提供与原系统或过程相似的环境。所以，办公自动化系统模型可以理解为一组或一个定量化分析的数学公式，或者说是一种处理问题的方法、模式、程序流程等。按照模型的构成形式，可以分为物理模型、图表模型、数学模型等。按照模型与时间的关系，可以分为确定模型、随机模型、静态模型、动态模型等。在自然科学、工程技术等领域中，科研人员和技术人员很习惯采用模型来简化、演示、分析、评价研究对象，力求以较小的代价解决某些较复杂的问题。在社会科学活动中同样需要引入这样一种手段。

从办公自动化系统的基本特征可以看到，其处理过程中常常具有灵活性、无规律性、综合性，因而更具复杂性。就目前来说，人们还难以对办公活动给出一个严格的模型，适用于传统的数据处理系统中的方法也不适合于解决办公环境下的很多问题，这些为办公活动的描述和模型化带来了很大的困难。但从另外的角度看，办公活动也有其自身的规律。建立办公模型的基本要求如下。

① 简明性。模型简单明了，有助于设计人员准确理解和掌握系统的主要特征。

② 准确性。模型能完整无误地反映系统工作的过程。

③ 可模拟性。利用模型可以方便地完成对现实系统的模拟。

根据上述要求，可以归纳出办公自动化系统的 5 类模型。

1. 信息流模型

办公的核心是对信息的处理，可以用信息在办公室内和办公室之间的流动来表示办公活动的情况。该模型就是描述这种信息传递与处理的状况，强调办公活动中信息的转换与流向。

2. 过程模型

过程模型着眼于办公活动的动态性，把办公活动看成是对信息的有步骤的处理，以完成某项具体任务（如安排会议、签订合同）。该模型主要用于描述为完成特定任务而具体执行的步骤。

3. 数据模型

数据模型又称数据库模型。它是把办公事务所要处理的信息看成是由若干记录组成的数据库，这些数据是办公活动所要处理的对象。该模型描述的是有关的数据结构、操作方式与约束机制。

4. 决策模型

决策模型与系统科学、经济学的关系尤为密切。办公可以被看成是办公群体按已知的决策规律收集、整理、处理信息并完成决策的活动。这种已知规律的抽象表示就是决策模型。高层决策机构的决策模型往往牵涉宏观经济问题，即国家或地区性的决策问题，如人口、环境、资源、工资与物价模型等，而低层决策机构（如企业级）的决策模型则较多地牵涉微观经济模型，如市场、投资、销售、企业的战略发展规划等。

5. 行为模型

办公信息处理是在人们的社会活动中得以发生并完成的。办公自动化系统是一个人-机相结合的系统，所以人对系统的认识和看法是非常重要的。行为模型概括了人类思维活动的概念和规律，使人-机关系更为协调，人-机接口更为顺畅。

选择适用的办公自动化系统模型，是研制办公自动化系统必要的准备工作。现阶段在办公自动化系统的研制和开发过程中，常常需要使用多个模型，以全面、准确地反映办公活动的特点、内容、过程与目标。

8.3.2　Web 方式的办公自动化系统的特点

目前，办公自动化系统比较先进的模式是客户/服务器方式，即 B/S 方式。这就是在 Internet/Intranet 的模式下运行、基于 Web 的办公自动化系统。它需要客户在客户端工作站通过浏览器从服务器下载 Web 方式的办公自动化应用程序后才能运行。这种方式的系统具有以下特点。

（1）基于 Web 的办公自动化系统可以在任何具备浏览器的机器上通过 Internet/Intranet 实现 Web 方式的操作。它支持通过 VPN 或申请固定域名方式，可以使出差在外的员工通过 Internet 随时访问公司的办公自动化系统，保持动态方式的移动办公，体现了协同办公的优势。

（2）基于 Web 的办公自动化系统对客户端机器的硬件要求较低，而且目前流行的浏览器支持各种操作系统，使用户可以在保留原有的软件和硬件的基础上运行新的应用系统，保护现有的资源投入。

（3）基于 Web 的办公自动化系统只需在服务器上做配置和维护，降低了用户对于软件系统维护和升级的难度和费用，使办公自动化更加容易实施。

（4）和其他基于 Web 的应用系统一样，基于 Web 的办公自动化系统也是通过浏览器统一的界面来访问的，其界面相当友好，操作十分简单，易学易用，用户乐于接受，从而节省用户的培训时间和费用。这对减轻实施办公自动化的难度来说，有相当重要的意义。

（5）基于 Web 的办公自动化系统安全、可靠，可扩展的性能良好，用户可以针对各自部门的特点和需要，进一步开发出一些简单易行的管理项目。

8.3.3　移动 OA 办公系统客户端开发

移动 OA 也就是移动办公自动化，是利用无线网络实现办公自动化的技术。它将原有 OA 系统上的公文、通信录、日程、文件管理、通知公告等功能延伸到收集，支持 Android、iOS 等多种手机平台，让客户可以随时随地进行掌上办公，对于突发性事件和紧急性事件有高效和出色的支持，是办公人员贴心的掌上办公产品。

移动 OA 的功能主要包括公文处理、公告发布、集团通信录、信息查询、日程管理和邮件提醒等功能。其中公文处理为主要功能，主要包括新建公文、公文处理批复、公文流转、公文查阅、和建立公文列表等功能。其具体功能如下。

（1）协同移动办公技术创新。基于浏览器/服务器（B/S）、客户机/服务推送（C/S）两种手机版本的应用架构，支持 iOS、Android 版手机操作系统，使随时随地办公成为可能。C/S 手机版支持消息推送（push）功能，即便在未登录系统的情况下，也能接收到新消息提醒。

（2）交互界面清新便捷。移动 OA 通常有清晰的功能划分、方便的按键设置，操作起来更简单、便捷、实用。

（3）海量通信录随需而用。移动 OA 能够第一时间呈现出最新消息，查找方便，一目了然。它可以调用客户端资源，设置手机客户端选择联系人同步，即可同步办公系统中的内部联系人。打电话、发短信、收发邮件、拍照上传等功能一应俱全。

（4）在线互动更有效。无论何时何地都可以登录处理办公事务，使同事间沟通更加及时、有效，有助于培养和增强团队凝聚力和向心力。

（5）安全保护值得信赖。登录系统及个人设置保护，满足用户自主设置个人信息和系统登录密码的需求，通过登录限制及监控、传输协议认证和数据加密等方式，对用户的在线办公信息进行安全防护，移动办公设置了高低两种安全策略，在满足响应策略的情况下才能允许用户登录。

8.4　移动 OA 方案实例

下面以重庆某高职院校的移动 OA 平台为例进行介绍，该校采用的是某企业研发的通达 OA 平台。

通达 OA 系统采用领先的 B/S 操作方式，使得网络办公不受时间和空间的限制。主服务器采用了世界上最先进的 Apache 服务器，性能稳定可靠，数据存取集中，避免了数据泄漏的可能。并且提供数据备份的工具，保护系统数据安全。多级的权限控制、完善的密码验证与登录验证机制加强了系统安全性。

该校 OA 登录账号采用的是教工号作为用户名，内网办公直接登录，能够方便快捷地进入 OA 主界面，如图 8-1 所示。该系统集成了电子邮件、公告通知、内部新闻、日程安排、工作日志、工作流、个人文件柜、公共文件柜、便签、通信簿、人员查询、天气预报、手机考勤、工资条查询、会议申请、投票、任务管理等功能模块，如图 8-2 所示。

图 8-1　通达 OA 登录系统　　　　　　　图 8-2　通达 OA 主界面

登录以后，包括电子邮件、公告通知等模块都出现在主界面上，点击任意一个模块，都可以进行相应的操作。

首先在菜单栏可以直接进入"微讯"，能够实现微讯的收发、查询，即时通信和离线文件的收发。能够分享本地文件、照片以及实时地址，同时还能进行通信群组管理。如图 8-3 所示，用户可以查看群组"电子工程系"的信息，并能向个人收发信息。

同时"组织"操作界面也可以直接从菜单栏进入。此界面可以查看单位信息、部门信息以及用户信息。如图 8-4 所示，在部门信息中以列表形式，罗列了"电子工程系"所有人员信息，若要查询某位老师的信息，可直接点击，并能够进行实时通信。

图 8-3　"微讯"操作界面　　　　　　　图 8-4　"组织"操作界面

点击"主页"操作界面，可以任意进入各功能模块。

"公告通知"功能模块位于"主页"操作界面中，其主要实现单位内部公共告示的作用，是单位内部不可缺少的信息发布与共享的平台。普通工作人员不具备发布公告的权限，只能浏览。如

图 8-5 所示，有公告权限的人员可以通过逐级审批，发布公告。公告通知分为"已读公告"和"未读公告"，并高亮显示"未读公告"，确保单位内部的各人员都能看到公告通知。

图 8-5　"公告通知"功能模块

"工作流"功能模块可以让教师随时随地办理调、停、补课。点击进入操作，显示有"新建工作""办结工作""工作查询"。进入"新建工作"，有公文、行政类流程、党政办公类、教学办公类、后勤事务类。以某教师申请停课为例，点击进入"AB 区教师停课申请表"，填写相关信息，然后交由下一步办理。经教师→课程部门领导→教务处领导→教务处经办人→教学秘书→教学督导→通知班主任，完成停课手续，整个流程可以不受时间和空间限制。整个流程如图 8-6 ~ 图 8-8 所示。

图 8-6　"工作流"功能模块　　图 8-7　"新建工作"操作界面　　图 8-8　"办结工作"显示界面

在"日程安排"功能模块可以查看自己有权限查看的员工的日程安排和任务安排。较高权限的人员可以给较低权限的人员安排工作，点击人名之后的空白处，就可给该员工安排该时段的日程。如图 8-9 所示，员工自己也可安排日程，可选择工作事务或个人事务，若该日程类型是个人事务，较高权限的人员也查询不到。

图 8-9 "日程安排"功能模块

"会议申请"功能模块可以查看需要申请的会议室在自己所需要的时段是否被使用。如图 8-10 所示，例如，需要使用二号标准会议室，即可填写会议申请。如图 8-11 所示，点击所需要的时间"2017-08-02"，填写会议主题、出席人员、开始时间、结束时间以及会议描述等内容，提交并经过上级审批即可。

图 8-10 会议室列表

图 8-11 会议申请

除了上述功能以外，教师常用的功能模块还有电子邮件、个人文件柜、投票等。

"电子邮件"，即为通过网络电子邮件系统进行信息交换的通信方式，默认为内部电子邮件地址。它能够实现邮件即时收发、邮件群发等功能。

"个人文件柜"用于存放自己的文件。用户可以建立自己的文件夹,然后在文件夹里进行增减文件、上传附件等操作。

"投票"模块实现了针对某些议题进行投票的功能。

本章小结

办公自动化技术是对传统办公方式的变革,是衡量一个国家社会信息化程度的重要标志之一。

办公自动化的概念没有一个统一的定义,即从不同的角度都可以描述办公自动化的基本特征。一般说来,现代办公可理解为人们利用先进的办公设备,操纵办公信息以完成某些事务活动的过程。同时,随着时代的进步,办公自动化系统的概念也逐渐有一个不断发展的过程,是一种力争把现代科技的最新成果应用于办公和管理的行为。因此,对办公设备的应用也随着时代的进步而在不断改变。办公自动化系统是对传统办公模式的一种变革,由于新技术的广泛应用,对办公人员提出了新的要求,这主要包括对办公人员的思维方式适应能力的要求和对基本技术、技能的要求。一个成功的办公自动化系统,必然需要有一个高素质的专业人员和管理人员组成的团队。

复习与思考题

1. 办公自动化的英文名称是什么?简称是什么?

2. 我国的专家学者定义的办公自动化的概念是怎样的?

3. 办公自动化系统应满足的 3 个基本要求是什么?

4. 按照所使用的办公设备和技术的高低划分,办公自动化系统的发展经历了哪 3 个阶段?并简述其特点。

5. 按照办公自动化系统应用技术的差别来划分,办公自动化系统可分为哪 3 个层次?各有何特点?

6. 办公自动化系统的组成一般包括哪 6 个要素?

7. 随着办公自动化系统的发展,它的硬件结构可以分哪 6 类?

8. 办公自动化系统对人员的素质要求包括哪两个方面?

9. 办公自动化系统为什么对人员的高素质要求特别重要?

10. Web 方式的办公自动化系统有哪些特点?

第9章

综合布线系统

知识目标

（1）理解综合布线系统的概念。

（2）掌握综合布线系统的结构及组成。

（3）掌握综合布线系统设计的知识。

能力目标

（1）能够根据需要进行综合布线各子系统的初步设计。

（2）会进行综合布线系统的安装。

9.1 认识综合布线系统

20 世纪 80 年代中后期，随着计算机技术的发展，计算机网络在世界范围内的迅速扩展直接导致了综合布线系统的产生。

9.1.1 综合布线系统的发展

传统的布线系统，如电话、计算机局域网，各系统分别由不同的厂商设计和安装，使用不同的线缆和不同的连接设备，这些不同的连接设备是不能互相兼容的。如果需要调整办公设备或者根据新技术的发展需要更换设备，就必须重新布线。时间一长，就会导致建筑物内有很多不用的旧线缆，而新线缆的敷设维护也非常不方便。在布线改造上花费的资金及在使用维护上消耗的大量精力，促使人们不得不思考一种更优化的方案来解决不断复杂的信息网络线缆。

正是在这样的背景下，智能建筑应运而生。它抛弃了传统的布线技术，寻求一种规范统一、结构化易于管理、开放式便于扩充、高效可靠、维护和使用费用低廉、更多关注健康和环境保护的综合布线方案。

20 世纪 80 年代末期，美国电话电报公司（AT&T）的贝尔实验室的专家们经过多年的研究，在办公楼和工厂试验成功的基础上率先推出了建筑与建筑群综合布线系统，并及时推出了结构化布线系统（Structured Cabling System，SCS）。结构化布线系统是仅限于电话和计算机网络的布线。当建筑物内的电话线缆和数据线缆越来越多时，就需要建立一套完善可靠的布线系统对成千上万的线缆进行端接和管理。目前，结构化布线系统的代表产品称为建筑与建筑群综合布线系统（Premises Distribution System，PDS）。

综合布线是一种预先布线，能够适应较长一段时间的需求。它是完全开放的，能够支持多级多层网络结构，能够满足智能建筑现在和将来的通信需要，系统可以适应更高的传输速率和带宽。综合布线还具有灵活的配线方式，布线系统上连接的设备在改变物理位置和数据传输方式时，都不需要进行重新定位。

9.1.2 综合布线系统的特点

综合布线系统由高质量的线缆、标准的配线接续设备和连接硬件组成。由于综合布线有一个开放的环境，因而具有传统布线无法比拟的优越性。它具有综合性和兼容性好，开放性好，灵活性强，可靠性高，先进性和经济性好的特点，因而在综合布线系统设计规划、施工、调试和维护时给人们带来了很多便利。

1. 综合性和兼容性好

综合性、兼容性是指设备或软件可以用于多种系统的特性。综合布线系统把语音信号、数据信号和监控设备的视频图像信号的配线经过统一的规划设计，采用相同的传输介质、信息插座、连接设备和适配器等，将这些性质不同的信号综合到一套标准的布线系统中。这样就避免了传统布线系统中不同的系统需要使用不同的线缆和接线设备所造成的混乱，使布线简洁美观。同时还可以节约大量的物质、时间和空间。在具体使用时，用户不必定义工作区某个信息插座的具体应用，只需把某个终端设备接入这个信息插座，然后在管理间和设备间的交连设备上做相应的跳线操作，这个终端设备就被接入系统了。

2. 开放性好

综合布线系统采用了开放式的体系结构，符合多种国际流行的标准，它不但对几乎所有著名厂家的设备是开放的，并且对几乎所有的通信协议也是开放的。这样一来，各个著名厂家的设备就随时可以接入系统，彻底改变了传统布线系统一种设备对应一种传输介质和相应布线方式的局限性。

3. 灵活性强

综合布线系统灵活性强，能够适应各种不同的应用需要，使用起来十分方便。一个标准的信息插座，既可以接入电话等语音设备，又可以用来连接计算机终端，实现语音/数据设备的互换。所有设备的开通和更换都不需要改变布线系统，只需要增加或减少相应的设备及进行必要的跳线管理即可。另外，系统组网也可以灵活多样。

4. 可靠性高

综合布线系统采用了高品质的标准器件和线缆，所有的器件和线缆都通过 UL、CAS 和 ISO 认证，质量可靠。每条信息通道采用了物理星形拓扑结构，点到点端接，任何一条线路故障都不会影响其他线路的运行，从而保障了系统的可靠性。综合布线系统还采用相同的传输介质，连接设备的种类也比传统布线减少了很多，这样也有效地提高了系统的可靠性。

5. 先进性和经济性好

综合布线系统通常采用光纤与双绞线混合布线方式，这种方式能够非常合理地构成一套完整的布线系统。所有的布线都采用了先进的通信标准和先进的布线材料（如超五类、六类双绞线），最大数据传输率可以达到1 000Mbit/s。干线光缆可以设计成超过1Gbit/s的传输速率，可以满足今后的发展需要。

综合布线系统是将原来的相互独立、互不兼容的各种布线类别，综合成为一套完整的布线系统，并由一个施工单位就可以完成几乎全部弱电线缆的布线。这样就可以节省大量的重复劳动和设备占用，使布线周期大大缩短，节省了费用。虽然综合布线系统的初期投资费用较传统布线费用高，但它采用了一套标准设备且可以在若干年内不增加投资就可以满足使用要求。综合布线系统的使用时间很长，维护费用很低。因此，它是具有很高的性能价格比的高科技产品，具有良好的经济性。

9.1.3 综合布线系统的结构和组成

综合布线系统是智能建筑的"信息高速公路"，一般采用分层星形拓扑结构。该结构下的每个分支子系统都具有独立性。为了适应不同的网络结构，可以在综合布线系统的管理间进行跳线连接，使系统连接成为星形、环形、总线型等不同的逻辑结构。

综合布线系统包括建筑群子系统、干线子系统和配线子系统，如图9-1所示。

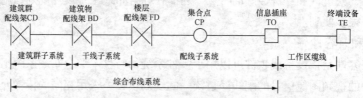

图9-1　综合布线系统基本构成

从设计和施工上考虑，一般可以把综合布线系统分成图9-2所示的7个部分，即工作区子系统、配线子系统、干线子系统、管理子系统、设备间子系统、进线间子系统和建筑群子系统。

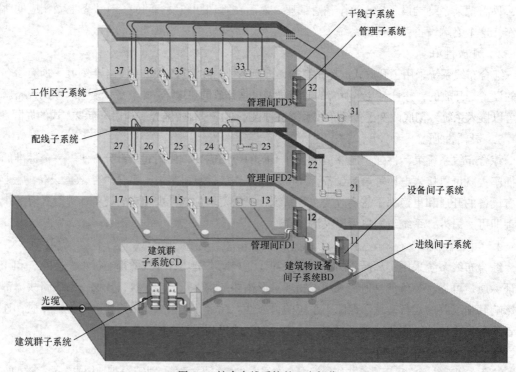

图9-2　综合布线系统的7个部分

从图 9-2 中可以看出，这 7 个子系统都相互独立，可以单独设计、单独施工。变动其中任何一个子系统，都不会影响其他子系统。

1. 工作区子系统

工作区子系统又称为服务区子系统。它的范围是从通信引出端（即信息插座 TO）到终端设备（TE）的接线处，通常由连接线缆和适配器与信息插座连接的终端设备组成。连接线缆把终端设备（如电话机、计算机等）与信息插座连接在一起。信息插座通常由标准模块组成，完成各种弱电信号、各种数字信号到网络的信息传输。工作区子系统的布线一般是非永久性的，用户可以根据工作需要随时移动或改变。工作区子系统的结构如图 9-3 所示。

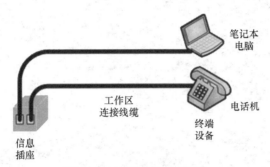

图 9-3　工作区子系统结构图

2. 配线子系统

配线子系统是指从用户工作区信息插座连接到楼层配线间（也称为管理间）的线缆，通常由用户信息插座（TO）、水平线缆、管理间配线架（FD）等组成，结构一般为星形结构。水平线缆通常使用非屏蔽双绞线（UTP）或者屏蔽双绞线（STP），也可以根据需要选择光缆。水平线缆的一端与干线子系统或管理子系统相连，另一端连接到工作区的信息插座上。连接两端线缆的最大长度不能超过 90m。配线子系统结构如图 9-4 所示。

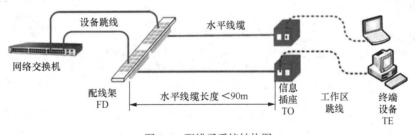

图 9-4　配线子系统结构图

3. 干线子系统

干线子系统是建筑物内最重要的通信干道，相当于建筑物综合布线系统的中枢神经。干线子系统由管理间配线架（FD）、设备间配线架（BD）以及它们之间连接的缆线组成。这些缆线包括双绞线电缆和光缆。一般这些缆线都是垂直安装在建筑物的弱电竖井内，它的两端分别连接在设备间和楼层配线间的配线架上，干线子系统位置及结构如图 9-5、图 9-6 所示。

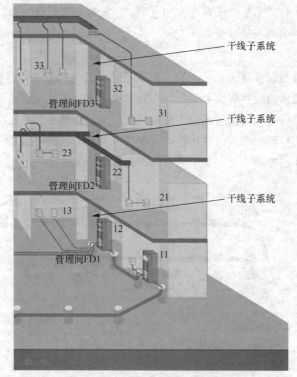

图 9-5　干线子系统位置示意图

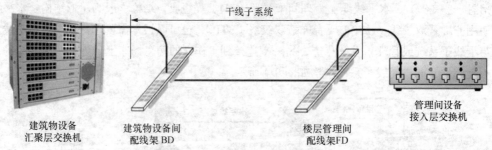

图 9-6　干线子系统结构图

4. 管理子系统

管理子系统设置在每个楼层接续设备房间内，由交连、互连、跳线和插头等标准的通信线路连接设备或装置组成。其主要功能是对工作区、管理间、设备间以及进线间的配线设备、缆线、信息插座模块等设施按一定的模式进行标识和记录。常用的管理子系统设备有网络交换机、布线配线系统和其他有关的通信设备。通过布线配线系统，管理者可以非常方便地利用各种跳线变更、调整布线的连接关系。

布线配线系统通常称为配线设备，由各式各样的跳线板和跳线组成。当需要调整配线连接时，可以通过配线架来重新配置布线的连接顺序。跳线有多种类型，如双绞线跳线和光纤跳线、单股跳线和多股跳线。跳线大都采用不需焊接的快速接线方法。

5. 设备间子系统

设备间子系统是建筑物的网络中心，也是综合布线系统的管理中枢和最主要的节点。该系统是对建筑物的全部网络和布线进行管理和信息交换的地方。整个建筑的各种信号都经过相应的通信线缆汇集到设备间。设备间一般设置在建筑物的中心位置，它由进入设备间的各种线缆、连接器和有关的支撑硬件设备组成，在这里安装、运行和管理整个系统的公共设备，如计算机局域网主干通信设备、网络服务器和交换设备等。设备间子系统位置如图 9-7 所示。

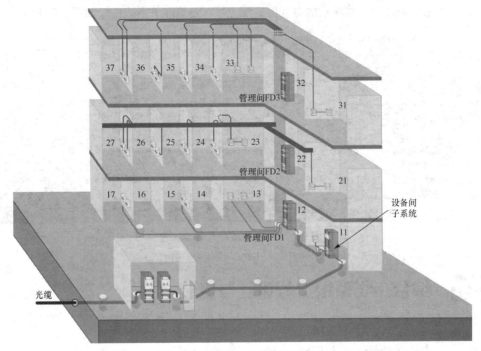

图 9-7　设备间子系统位置示意图

6. 进线间子系统

进线间是建筑物外部通信缆线的入口部位，建筑群主干电缆和光缆、公用网和专用网电缆、光缆等室外缆线进入建筑物时，应在进线间由器件成端转换成室内电缆、光缆。进线间应该满足多家电信运营商的需要，避免一家运营商自建进线间后独占建筑物的宽带接入业务。进线间子系统位置如图 9-8 所示。

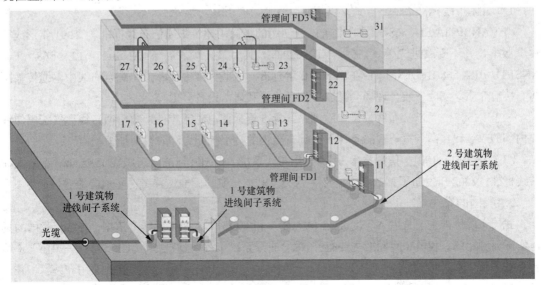

图 9-8　进线间子系统位置示意图

7. 建筑群子系统

建筑群由两幢或两幢以上的建筑物组成。建筑群子系统又称楼宇子系统，通过通信缆线及相应的硬件设备实现建筑物与建筑物之间的通信连接。系统组成主要包括电缆、光缆、连接部件及防止电缆上的浪涌电压进入建筑物的电气保护设备等。建筑群子系统位置如图9-9所示。

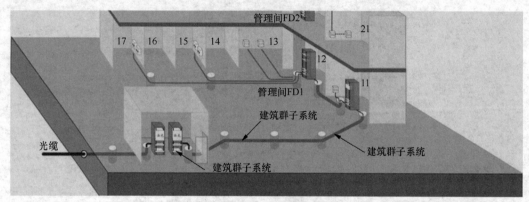

图9-9　建筑群子系统位置示意图

9.2　综合布线系统工程设计与安装

9.2.1　综合布线系统标准

综合布线系统的标准是指一套技术法规，它明确规定了产品的规格、型号和质量，也提供了一套明确的判断标准和质量检验的方法。综合布线系统的标准包含了设计标准、施工标准和防护标准等。所有布线系统的厂商都必须遵守标准，否则其产品就没有市场。标准有国际标准和国家标准，它们具有权威性、强制性。

1. 国际布线标准

（1）ANSI/TIA/EIA 568-A 是在北美广泛使用的《商用建筑物通信布线标准》。1991 年形成第一个版本，并不断改进完善，1995 年正式颁布。其后又陆续发布了 ANSI/TIA/EIA 568-A.5、ANSI/TIA/EIA 568-B、ANSI/TIA/EIA 568-C 等标准。这些标准主要考虑了综合布线中电缆传输距离、传输介质、实际安装、现场测试、工作区连接和通信设备等内容。

（2）EN50713 是欧洲布线标准。欧洲布线标准更强调电磁兼容性，提出通过线缆屏蔽层使线缆内部的双绞线在高带宽传输的条件下，具备更强的抗干扰能力和防辐射能力。

（3）ISO/IEC 11801《信息技术 用户通用布线系统》是国际标准化组织在 1995 年颁布的国际布线标准，2002 年发布了第二版，定义了六类、七类线缆的标准，并考虑了电磁兼容性问题。

2. 我国的布线标准

我国布线标准主要是以 ANSI/TIA/EIA 568-A 和 ISO/IEC 11801 等作为依据，并结合我国的具体实际而制定的。我国布线标准主要有：《综合布线系统工程设计规范》（GB 50311—2016）、《综合布线系统工程验收规范》（GB/T 50312—2016）、《信息技术 用户建筑群的通用布缆》（GB/T 18233—2008）及《数据中心设计规范》（GB 50174—2017）。这些标准作为综合布线系统工程实施时的技术执行和验收标准。

9.2.2 综合布线系统的设计等级

智能建筑综合布线系统的设计等级完全依据用户的实际需要，不同的要求可以给出不同的设计等级。综合布线系统的设计等级可以分成基本型、增强型和综合型三大类。

1. 基本型设计等级

基本型设计等级是一个经济、有效的布线方案，它适用于综合布线系统中配置标准较低的场合，能够满足用户对语音和数据的基本使用要求，能够支持语音或综合型语音/数据产品，并且能够升级到增强型或综合型布线系统等级。

（1）基本配置

① 每个工作区有一个信息插座。

② 每个工作区有一个配线（4 对 UTP 双绞线电缆）系统。

③ 完全采用 110A 交叉连接硬件，并与未来增加的设备兼容。

④ 每个工作区的干线电缆至少有 4 对双绞线，2 对用于数据传输，2 对用于语音传输。

（2）基本型设计等级的特点

① 能够支持所有语音和数据传输的应用。

② 支持语音、综合型语音/数据的高速传输。

③ 便于技术人员维护和管理。

④ 能够支持众多厂家的设备和特殊信息的传输。

2. 增强型设计等级

增强型设计等级不仅支持语音和数据处理的应用，还支持图像、影像、影视和视频会议等。该类设计方案不仅可以增加功能，还可以提供发展余地，并且能按需要利用接线板进行管理。

（1）基本配置

① 每个工作区有 2 个或 2 个以上信息插座。

② 每个信息插座均有独立的配线（4 对 UTP 双绞线电缆）系统。

③ 采用 110A 或 110P 交叉连接硬件。

④ 每个工作区的干线电缆至少有 8 对双绞线。

（2）增强型设计等级的特点

① 每个工作区有 2 个以上信息插座，灵活方便、功能齐全。

② 任何一个信息插座都可以提供语音和高速数据传输。

③ 可统一色标，用户可以按需要利用接线板进行管理，便于维护和管理。

④ 它是一个能够为众多厂商提供服务环境的布线方案。

3. 综合型设计等级

综合型设计等级适用于综合布线系统中配置标准较高的场合，它是用光缆和双绞线电缆混合组网。

（1）基本配置

① 每个工作区有 2 个或 2 个以上信息插座。

② 在建筑物、建筑群的干线或配线子系统中配置 62.5μm 的光缆或光纤到桌面。

③ 每个工作区的电缆中应有 2 条以上的双绞线。

④ 每个工作区的干线电缆中配有 4 对双绞线。

（2）综合型设计等级的特点

① 每个工作区有 2 个以上信息插座，灵活方便、功能齐全。

② 任何一个信息插座都可以提供语音和高速数据传输。

③ 用户可以利用接线板进行管理，便于维护和管理。

④ 有一个很好的环境为用户提供服务。

9.2.3 工作区子系统的设计与安装

1. 工作区子系统的设计

（1）工作区的基本概念

工作区是指一个独立工作的终端设备所服务的范围。工作区的终端设备可以是电话、数据终端、计算机、传真机、监视器等终端设备。工作区是包括办公室、写字间、工作间、机房等需要使用电话、计算机等终端设备的区域和设备的统称。工作区子系统由终端设备连接到信息插座的线缆和适配器等组成。线缆包括装配软线、跳线和扩展软线，适配器可以是阻抗变换、协议转换、速率转换和光电转换等多种类型。对于一般的办公室，工作区的服务面积为 $5 \sim 10m^2$，在设计时应根据用户需要和不同的应用场合进行设置。

（2）工作区的设备配置

工作区的设备配置主要有通信引出端（信息插座）的配置、连接线缆的配置、适配器的配置和电源的配置等内容。

① 通信引出端（信息插座）的配置。工作区的每一个通信引出端（信息插座）都能支持电话、数据终端、计算机、传真机、监视器等终端设备的设置和安装，并有效工作。

每个工作区的信息插座的数量应按照综合布线系统的不同类型级别配置，即基本型配置 1 个信息插座，增强型配置 2 个信息插座，综合型配置 2 个以上信息插座，也可以根据用户的实际需要进行调整设置。

每个信息插座的类型应根据传输信息的速率来确定：对于语音和报警信息，可选用三类信息模块；对于 100Mbit/s 传输速率的数据、视频信息，可选用超五类信息模块；对于 1 000Mbit/s 传输速率的数据、视频信息，可选用六类信息模块。

信息模块的需求量一般为

$$m = n + n \times 3\%$$

式中：m 为信息模块的总需求量；n 为信息点的总量；$n \times 3\%$ 为富余量。

② 连接线缆的配置。工作区连接信息插座和终端设备之间的连接线缆的长度应小于 5m。连接线缆可以根据实际需要，选用屏蔽或非屏蔽双绞线电缆、光缆。

③ 适配器的配置。工作区布线的连接器应配套，即插座应与插头匹配。对不同类型的终端设备或连接器，应设置适配器。

a. 当工作区的设备电缆不同于配线子系统所选用的电缆时，应选用适配器。

b. 当连接传输不同信号的数模转换或不同数据速率转换装置时，要采用适配器。

c. 对于不同的网络协议，可采用协议转换适配器。

d. 当工作区内采用不同的通信终端设备或其他装置时，可配备相应的终端适配器。

e. 当需要在单一信息插座上进行两项服务时，应使用 Y 形适配器。

④ 电源的配置。在进行工作区子系统的设计时，必须同时考虑终端设备的电源配置。电源配置的总容量应大于工作区内所有设备电源容量的总和并留有一定的余量。在距每组信息插座200mm 处配备多个 220V 电源三孔插座为设备供电，且保护地线与零线严格分开。

2. 工作区子系统的安装技术

（1）信息插座安装位置

① 地面安装的信息插座，必须选用地弹插座，不使用时盖板应该与地面高度相同。

② 墙面安装的信息插座底部离地面的高度宜为 0.3m，嵌入墙面安装，使用时打开防尘盖插入跳线，不使用时，防尘盖自动关闭。信息插座与电源插座保持 200mm 以上的距离。

③ 安装在工作台侧隔板面或工作台临近墙面上的信息插座底部离地面的高度宜为 1.0m。

（2）信息插座安装原则

信息插座的安装包括底盒安装、模块安装和面板安装。其安装需要遵循下列原则。

① 在教学楼等不需要进行二次区域分割的工作区，信息插座宜设计在非承重的隔墙上。

② 写字楼等需要进行一次分割和装修的区域，信息点应设置在四周墙面上。墙面插座底盒下沿距离地面高度为 0.3m，地面插座底盒应低于地面。

③ 学生公寓等信息点密集的隔墙，应在隔墙两面对称设置。

④ 银行营业大厅的对公区，特别是离行式 ATM 机的信息插座不能暴露在客户区。

⑤ 电子屏幕、指纹考勤机、门警系统信息插座的高度宜参考设备的安装高度设置。

（3）插座底盒安装步骤

第一步：检查底盒质量和螺孔。如图 9-10 所示，如果底盒质量不合格或缺少配件，坚决不能使用。

第二步：去掉挡板。如图 9-11 所示，根据进出线方向和位置，去掉底盒预留孔中的挡板。注意，不需要进出线的位置的挡板应该保留，如果全部取消，在施工中水泥砂浆会灌入底盒。

第三步：固定底盒。如图 9-12 所示，墙面明装底盒按照设计要求用膨胀螺栓直接固定在墙面。暗装底盒首先使用专门的管接头把线管和底盒连接起来，然后用膨胀螺栓或者水泥砂浆固定底盒。

第四步：成品保护。暗装底盒的安装一般在土建过程中进行，因此在底盒安装完毕后，必须进行成品保护，特别要保护螺孔，防止水泥砂浆灌入螺孔或者穿线管内。一般做法是在底盒外侧盖上纸板，也有用胶带纸保护螺孔的做法，如图 9-13 所示。

图 9-10　检查底盒　　　　图 9-11　去掉上方挡板　　　　图 9-12　固定底盒　　　　图 9-13　成品保护

（4）网络模块安装

① 网络模块安装技术要求

a. 保证模块的压接线序正确。模块上的 8 个塑料线柱分别对应着水晶头内的 1～8 根线芯，左边的 4 个线柱从上到下依次对应水晶头的 2、1、6、3 线芯；右边的 4 个线柱从上到下依次对应 8、7、4、5 线芯。当插入的水晶头为 T568A 线序和 T568B 线序时，模块上对应的压接线序如图 9-14 所示。

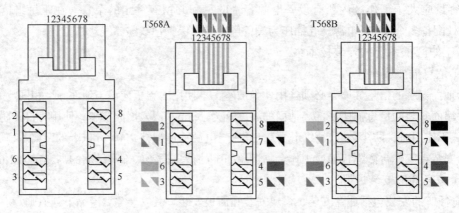

图 9-14　模块线序示意图

b. 8 芯导线必须压入塑料线柱刀片底部。网线的 8 芯导线必须压入塑料线柱刀片底部，否则塑料线柱中的刀片没有完全穿透导线绝缘层，接触到铜导体，将造成线芯接触不良，而且容易被拔出。

c. 使用打线钳时，较长的一侧刀口向外，用于切断外部多余的线芯，如果刀口方向放反，则会将内部压接到刀片的导线切断，不能实现电气连接。

② 网络模块安装步骤

a. 安装材料和工具。网络模块安装需要的材料：网线 1 根、网络模块 1 个、防尘盖 1 个。网络模块安装工具：剪刀、剥线器、打线钳、卷尺，如图 9-15 ~ 图 9-18 所示。

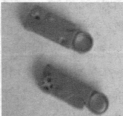

图 9-15　剪刀　　　　　图 9-16　剥线器　　　　　图 9-17　打线钳　　　　　图 9-18　卷尺

b. 网络模块安装步骤。

第一步：计算所需网线的长度。用卷尺测量，剪刀裁剪，注意应留有一定的余量。

第二步：调整剥线器刀片进深高度。由于剥线器可用于剥除多种直径的网线护套，每个厂家的网线护套直径也不相同，因此，在每次制作前，必须调整剥线器刀片进深高度，保证在剥除网线外护套时，不划伤导线绝缘层或者铜导体。切割网线外护套时，刀片切入深度应控制在护套厚度的 60% ~ 90%，而不是彻底切透，如图 9-19 所示。

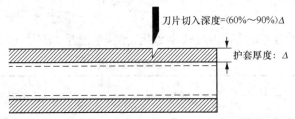

图 9-19 剥除护套切割深度示意图

第三步：剥除网线外护套。首先将网线放入剥线器中，顺时针方向旋转剥线器 1~2 周，然后用力取下护套，剥除长度为 30mm。

第四步：剪掉撕拉线。用剪刀剪掉撕拉线，六类线还需要剪掉中间的十字骨架。

第五步：拆线。拆开 4 对双绞线按照模块外壳侧面色标的线序，将 4 对双绞线拆开排好。

第六步：压接芯线。用手将 8 根线芯压入网络模块对应的 8 个塑料线柱刀片中，注意检查线序是否正确。

第七步：打线。用打线钳将 8 根线芯压到塑料线柱底部，同时打断多余的线头，注意打线钳刀口的方向不可错放。

第八步：盖上防尘盖。

第九步：理线。模块安装完毕后，把双绞线电缆整理好，保持较大的曲率半径。

第十步：卡装模块。把模块卡装在面板上。

（5）面板安装步骤

面板安装是信息插座安装的最后一个工序，应在装好模块后立即进行，以保护模块。其具体安装步骤如下。

第一步：固定面板。将卡装好模块的面板用两个螺栓固定在底盒上。要求横平竖直，用力均匀，固定牢固。注意不能用力太大，以面板不变形为原则。

第二步：面板标记。面板安装完毕，立即做好标记，将信息点编号粘贴或者卡装在面板上。

第三步：成品保护。在实际工程施工中，面板安装后必须做好面板保护，防止污染。一般常用塑料薄膜保护面板。

9.2.4 配线子系统的设计与安装

配线子系统布线路由遍及整个智能建筑，且与建筑结构、内部装修和室内各种管线布置有密切关系，具有系统复杂、布线路由长、拐弯多、造价高的特点，是综合布线系统工程中工程量最大、最难施工的一个子系统。配线子系统设计的内容有网络拓扑结构、设备配置、线缆类型、最大长度、路由选择、管槽的设计等，它们既相互独立又密切相关，在设计中要充分考虑相互间的配合。

1. 配线子系统的设计

（1）网络拓扑结构

配线子系统的网络拓扑结构都是星形拓扑结构，它以楼层配线架（FD）为主节点，各个工作区的通信引出端（信息插座）为从节点，两者之间采用独立的线路相互连接，形成以 FD 为中心向外辐射的星形网络。这种网络拓扑结构的线路长度较短，有利于保证信息传输质量、降低工程造价和便于维护使用。水平子系统通常使用双绞线，最大长度为 90m。

（2）设备配置

配线子系统的设备配置主要是信息插座和配线接续设备的配置。信息插座的配置原则如表9-1所示。

表 9-1　　　　　　　　　　　　　　　　　信息插座的配置原则

序号	综合布线系统的类型等级	传输速率	传输介质	信息插座类型	备　注
1	基本型	低速率系统	三类双绞线对称电缆	单个连接 4 芯插座	在高速率系统中，传输媒质也有采用光缆的
		高速率系统	五类双绞线对称电缆	单个连接 8 芯插座	
2	增强型	低速率系统	三类双绞线对称电缆	2 个连接 4 芯插座	在高速率系统中，传输媒质也有采用光缆的
		高速率系统	五类双绞线对称电缆	2 个连接 8 芯插座	
3	综合型	高速率系统	五类双绞线对称电缆和多模光纤光缆或单模光纤光缆（用于主干布线系统上）	2 个连接 8 芯插座或更多个信息插座，也有采用光纤光缆插座	一般以光缆为主，与铜芯对绞线对称电缆混合组网

对于配线接续设备，其连接方式可按下面的原则选用：楼层内水平电缆线路的变化不大，宜采用夹接线的连接方式；楼层内水平电缆线路经常需要变动的，为方便操作、适应变化，宜采用插接线的连接方式。

另外，在选用配线接续设备的规格容量时，应做适当预留。

（3）线缆类型的选择

选择水平线缆要依据信息的类型、容量、带宽和传输速率来确定。一般采用双绞线电缆就能满足要求，但当传输带宽和传输速率较高，管理间到工作区距离超过 90m 时，就应选择光纤作为传输介质。

在配线子系统中，推荐采用的线缆有100Ω对称非屏蔽双绞线电缆、150Ω对称屏蔽双绞线电缆、50μm /125μm 多模光纤、62.5μm /125μm 多模光纤及 8.3μm /125μm 单模光纤。

对于一些特殊的应用场合，可以选用具有阻燃、低烟、无毒等特点的线缆。

（4）布线的最大长度

水平线缆是从楼层配线架到信息插座间的固定布线，一般采用 100Ω 对称非屏蔽双绞线电缆，最大长度为 90m。配线架（FD）跳接到交换设备和信息插座（TO）跳接到终端设备（TE）的跳线的总长度不得超过 10m。通信通道总长度不超过 100m，如图 9-20 所示。

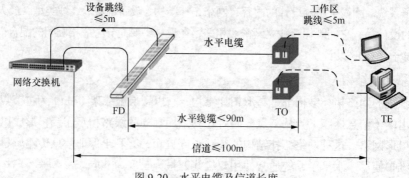

图 9-20　水平电缆及信道长度

（5）线缆长度的计算

线缆长度的计算可以按下列步骤进行。

① 确定布线方法和线缆走向。

② 确定每个楼层管理间所管理的区域。

③ 确定距离楼层配线间最远的信息插座的距离（L）和距离楼层配线间最近的信息插座的距离（S），则平均电缆长度为（$L+S$）/2。

④ 电缆平均走线长度=平均电缆长度+备用部分（平均电缆长度的10%）+端接容差6m。

每个楼层的用线量（单位：m）的计算公式为

$$C = [0.55（L+S）+6] \times N$$

式中：C 为每个楼层的用线量；N 为每层楼信息插座的数量。

整幢大楼的用线量公式为

$$W=MC$$

式中：M 表示楼层数。

（6）布线方式的选择

在配线布线系统中，缆线必须安装在线槽或者线管内，不得将线缆直接卡钉在墙上。

在建筑物墙面或者地面内暗埋布线时，一般选择线管，不允许使用线槽。

在建筑物墙面明装布线时，一般选择线槽，很少使用线管。

在楼道或者吊顶上长距离集中布线时，一般选择桥架。

2．配线子系统的安装施工技术

（1）桥架安装施工技术

① 桥架吊装安装方式

在楼道有吊顶时配线子系统桥架一般吊装在楼板下，如图9-21所示。其具体步骤如下。

第一步：确定桥架安装高度和位置。

第二步：安装膨胀螺栓、桥架吊杆、桥架挂板，调整好高度。

第三步：安装桥架，并且用固定螺母把桥架与挂板固定。

第四步：安装电缆和桥架盖板。

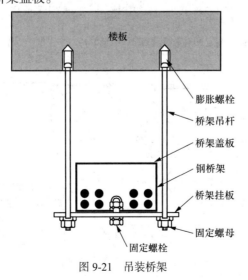

图9-21 吊装桥架

② 桥架壁装安装方式

在楼道没有吊顶的情况下，桥架一般采用壁装方式，如图 9-22 所示。

第一步：确定桥架安装高度和位置，并且标记安装高度。

第二步：安装膨胀螺栓、桥架支架，调整好高度。

第三步：安装桥架，并且用固定螺栓把桥架与桥架支架固定牢固。

第四步：安装电缆和桥架盖板。

（2）线槽安装施工技术

在旧楼改造中，配线子系统有时会用到明装线槽布线。线槽布线施工一般从安装信息点插座底盒开始，具体步骤如下。

第一步：安装插座底盒，给线槽起点定位。

第二步：钉线槽。

第三步：布线和盖板。

配线子系统明装线槽安装时要保持线槽的水平，必须确定统一的高度，如图 9-23 所示。

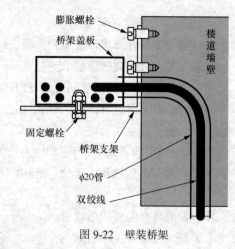

图 9-22　壁装桥架

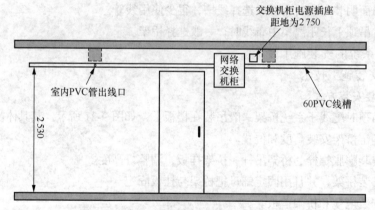

图 9-23　墙面明装线槽施工图（单位为 mm）

有吊顶的楼层在安装线槽时，可以将线槽用吊装的方式安装于吊顶内，如图 9-24 所示。

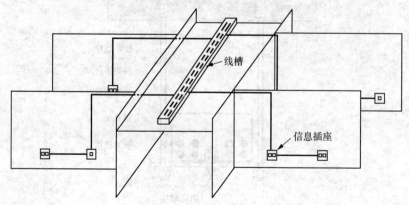

图 9-24　吊顶内安装线槽施工图

（3）线管安装施工技术

① 埋管最大直径原则

预埋在墙体中间暗管的最大管外径不宜超过 50mm，预埋在楼板中暗埋管的最大管外径不宜超过 25mm，室外管道进入建筑物的最大管外径不宜超过 100mm。

② 穿线数量原则

同一直径的线管内如果穿线太多时，会造成拉线困难；穿线太少时会增加布线成本，这就需要根据实际情况确定线管的穿线数量。

③ 曲率半径原则

金属管一般使用专门的弯管器成形，这种方法制作的弯管拐弯半径较大，能够满足双绞线对曲率半径的要求。墙内暗埋塑料线管时，要特别注意拐弯处的曲率半径。一般采用弯管器现场制作大拐弯的弯头，这样既保证了缆线的曲率半径，又方便轻松拉线，降低布线成本，保护线缆结构。其制作步骤：根据实际需要，用黑色记号笔在线管需要拐弯处做标记，如图 9-25 所示；将弯管器插入线管，如图 9-26 所示；两手各握线管两端，弯出需要的形状，如图 9-27 所示。

  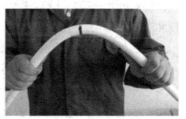

图 9-25　做标记　　　　　　图 9-26　插入弯管器　　　　　　图 9-27　弯管

④ 平行布管原则

同一走向的线管应遵循平行原则，不允许出现交叉或者重叠。

⑤ 线管连续原则

从插座底盒至楼层管理间之间的整个布线路由的线管必须连续，否则将来就会无法穿线。特别是在用 PVC 管布线时，要保证管接头处的线管连续，管内光滑，方便穿线。

⑥ 拉力均匀原则

配线子系统路由的暗埋管比较长，大部分都在 20 ~50m，有时可能长达 80~90m，中间还有许多拐弯，布线时需要用较大的拉力才能把网线从插座底盒拉到管理间。4 对双绞线最大允许的拉力为一根 100N，两根为 150N，三根为 200N，……，N 根拉力为（$N \times 50 + 50$）N，不管多少根线对电缆，最大拉力不能超过 400N。

⑦ 预留长度合适原则

缆线布放时应该考虑两端的预留，方便理线和端接。在管理间电缆预留长度一般为 3 ~ 6m，工作区为 0.3 ~ 0.6m；光缆在设备端预留长度一般为 5 ~ 10m。

⑧ 牵引钢丝原则

土建埋管后，必须穿牵引钢丝，方便后续穿线。穿牵引钢丝的步骤如下。

第一步：将钢丝一端用尖嘴钳弯成一个 ϕ10mm 左右的小圈，这样做可以防止钢丝在 PVC 管内弯曲，或者在接头处被顶住。

第二步：把钢丝从插座底盒内的 PVC 管端往里面送，一直送到从另一端出来。

第三步：把钢丝两端折弯，防止钢丝缩回管内。

第四步：穿线时用钢丝把电缆拉出来。

⑨ 管口保护原则

钢管或者 PVC 管在敷设时，应该采取措施保护管口，防止水泥砂浆或者垃圾进入管口，堵塞管道。一般用塞头封住管口，并用胶布绑扎牢固。

9.2.5 干线子系统的设计与安装

干线子系统是智能建筑综合布线系统工程设计的重点和关键部分，是建筑物内综合布线的中枢部分，是楼层之间垂直（或空间较大的单层建筑物的配线）线缆的统称。干线子系统与建筑设计密切相关，主要确定垂直路由的多少、位置和干线系统的连接方式。

1. 干线子系统的设计

（1）干线子系统的设计内容和要求

干线的类型需要根据布线系统的等级和所处的环境确定，有铜缆和光缆。目前主干线缆可以在以下几种传输介质中选择：100Ω 或者 150Ω 大对数双绞线电缆；$62.5\mu m/125\mu m$ 多模光缆或 $8.3\mu m/125\mu m$ 单模光缆；可以单独使用也可混合使用。

目前，针对语音传输一般采用三类大对数双绞线电缆；针对数据和图像信息传输采用五类大对数双绞线电缆或光缆；对于带宽要求高、传输距离远、要求保密性好、各种干扰较强的场合，应当选择光缆。

在确定干线的电缆总对数之前，必须确定在同一电缆中语音和数据信号共享的原则。对于基本型，每个工作区可选定一对双绞线；对于增强型，每个工作区可选定两对双绞线；对于综合型，每个工作区可在基本型和增强型的基础上增设光缆系统。

（2）干线子系统的拓扑结构设计

干线子系统的拓扑结构是星形拓扑结构，它是由设备间的建筑物配线架（BD）到各个楼层的配线架（FD）之间的干线电缆构成的。为了使综合布线系统的网络拓扑结构具有更高的灵活性和可靠性，且能适应今后多种应用系统的需要，可以在两个层次的配线架之间（如建筑物配线架之间或楼层配线架之间）用电缆或光缆连接，构成分级有迂回路由的星形网络拓扑结构，如图 9-28 所示。

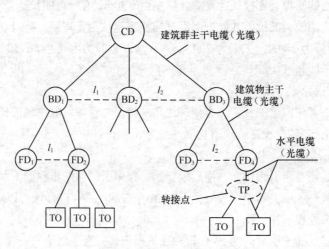

图 9-28 星形网络拓扑结构

（3）干线子系统的布线距离

在综合布线系统中，无论是电缆还是光缆，干线子系统都受到最大布线距离的限制，即建筑群配线架（CD）到楼层配线架（FD）的距离不能超过 2 000m，建筑物配线架（BD）到楼层配线架的距离不能超过 500m。采用多模、单模光缆时，CD 到 BD 的最大距离可以延伸到 3 000m。采用五类双绞线电缆时，对传输速率超过 100Mbit/s 的高速系统，布线距离不宜超过 90m，否则需要选用单模或多模光缆。

在建筑群配线架和建筑物配线架上，接插线和跳线的长度不宜超过 20m，超过 20m 的长度应从允许的干线线缆中扣除。把电信设备（如程控用户交换机）直接连接到建筑群配线架或建筑物配线架的设备电缆、光缆长度不宜超过 30m，否则应从干线线缆长度中适当扣除。

在通常情况下，将主配线架放在建筑物的中间部位，使线缆的距离不超过限制距离。如果超过上述距离限制，就需要将其划分成几个区域，使每个区域满足规定的距离要求。

（4）干线子系统的接合方法

在确定主干线缆如何与楼层配线间和二级交接间连接时，需要根据建筑结构和用户要求考虑采用哪些接合方法。通常干线子系统的接合方法有两种。

① 点对点端接法。这是最简单、最直接的接合方法，如图 9-29 所示。首先要选择一根双绞线电缆或光缆，其双绞线的对数或光纤的芯数应该能够满足一个楼层的全部信息插座的需要，而且这个楼层只设一个配线间。然后从设备间引出这根电缆，经过干线通道，端接于该楼层的一个指定配线间的连接硬件上。这根电缆到此为止，不再往别处延伸。所以，这根电缆的长度取决于它要连往哪个楼层及端接的配线间与干线通道的距离。这种方法的主要优点是在主干线路上可以采用容量较小、重量较轻的电缆，不必采用分配线对的接续设备。其缺点是干线通道中的电缆条数较多；因为各个楼层的电缆容量不同、电缆外径粗细不同，施工时安装固定的方法和器材也不同。在设计阶段，就必须在电缆的材料清单上反映出来，在施工图纸上要详细说明。

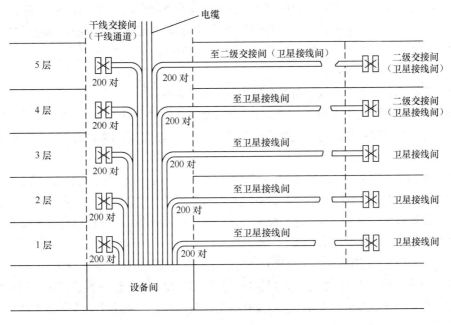

图 9-29　点对点端接法

② 分支接合方法。分支接合方法是主干线路为一根容量较大的电缆，它的容量可以分别支持若干个配线间或若干楼层的通信需求。它通过接续设备把这根主电缆分成若干根容量较小的电缆，分别连接到各楼层的配线间。典型的分支接合方法如图 9-30 所示。

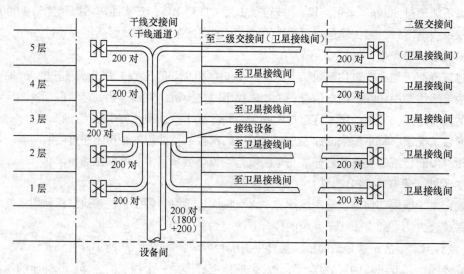

图 9-30　分支接合方法

分支接合方法又可以分为单楼层分支连接和多楼层分支连接。单楼层分支连接是将主干大对数电缆经过接续设备，分支出若干根容量较小的电缆，分别供应楼层各个二级接线间，此方法用于楼层面积较大、通信业务量和二级接线间较多的场合。多楼层分支连接通常用于供应 5 个楼层的通信线对，一根大容量的干线电缆敷设到中点（5 个楼层的中间一层），在该楼层的配线间安装接续设备，接续设备把这根主电缆分成若干根容量较小的电缆，分别连接到各楼层的配线间。

分支接合方法的主要优点是干线通道中的主干电缆数量较少，可以节省一些空间；在某些情况下，分支接合方法的成本低于点对点端接法。它的缺点是电缆对数过于集中，如电缆发生故障，涉及的范围较大；由于电缆分支要经过接续设备，检修时较困难。

（5）干线子系统的布线路由

干线子系统的布线通道可以采用电缆竖井和电缆孔两种方法。

① 电缆竖井方法。竖井是建筑物中为了满足某些使用要求而设计的一些建筑通道，如电缆竖井、电梯竖井、管道竖井等。电缆竖井是建筑物内电力、通信等的通道，有强电竖井和弱电竖井之分。

电缆竖井方法通常用于干线通道。在竖井内，需要把干线电缆固定在竖井的墙壁上，如图 9-31 所示。因为干线电缆本身有一定的重量，且竖井内是各个楼层连通的，有一定的长度，因此，需要在竖井内设置必要的支撑装置。电缆竖井可以让粗细不同的电缆以任何组合方式通过。电缆竖井方法方便、灵活，但造价较高。

② 电缆孔方法。如果建筑中没有竖井，就必须采用电缆孔方法，如图 9-32 所示。干线通道中使用的电缆孔，是在各个楼层打孔，根据信息量的多少和电缆对数的数量，选择不同直径的金属管做成。把管子嵌在混凝土地板中，电缆往往捆在钢丝绳上，通过管道通到各个楼层，在各楼层应该设置相应的固定装置。

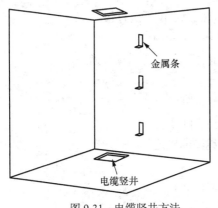

图 9-31 电缆竖井方法

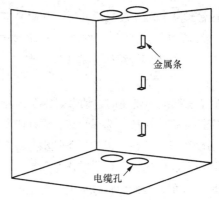

图 9-32 电缆孔方法

2. 干线子系统的安装技术

（1）干线子系统缆线的绑扎

干线子系统敷设缆线时，应对缆线进行绑扎，绑扎间距不宜大于 1.5m。在绑扎缆线的时候特别注意的是应该按照楼层进行分组绑扎。

（2）线缆敷设要求

① 光缆

a. 光缆敷设时不应该绞结。

b. 光缆在室内布线时要走线槽。

c. 光缆在地下管道中穿过时要用 PVC 管。

d. 光缆需要拐弯时，其曲率半径不得小于 30cm。

e. 光缆的室外裸露部分要加铁管保护，铁管要固定牢固。

f. 光缆不要拉得太紧或太松，并要有一定的膨胀收缩余量。

g. 光缆埋地时，要加铁管保护。

② 双绞线

a. 双绞线敷设时要平直，走线槽，不要扭曲。

b. 双绞线的两端点要标号。

c. 双绞线的室外部分要加套管，严禁搭接在树干上。

d. 双绞线不要拐硬弯。

（3）干线子系统布线方法

在智能建筑的设计中，一般都有弱电竖井，用于干线子系统的布线。在竖井中敷设缆线时有两种方式，向下垂放线缆和向上牵引线缆。相比较而言，向下垂放的方式比较容易。

① 向下垂放线缆

a. 把线缆卷轴放到最顶层。

b. 在离房子的开口 3~4m 处安装线缆卷轴。

c. 在线缆卷轴处需有专人操作，每层楼弱电井内安排一个工人，以便牵引下垂的线缆。

d. 旋转卷轴，将线缆从卷轴上拉出。

e. 将拉出的线缆引导进竖井中的孔洞。在此之前，先在孔洞中安放一个塑料护套，防止孔洞不光滑的边缘擦破线缆的外皮。

f. 慢慢地从卷轴上放线缆并进入孔洞向下垂放，注意速度不要过快。

g. 继续放线，直到下一层布线人员将线缆引到下一个孔洞。

h. 按前面的步骤继续慢慢地放线，直至线缆到达指定楼层进入横向通道。

② 向上牵引线缆

向上牵引线缆需要使用电动牵引绞车，其主要步骤如下。

a. 按照线缆的质量，选择绞车，先往绞车中穿一条绳子。

b. 启动绞车，并往下垂放一条拉绳，直到安放线缆的底层。

c. 将放至底层的绳子和线缆连接起来。

d. 启动绞车，慢慢地将线缆通过各层的孔向上牵引。

e. 线缆的末端到达顶层时，停止绞车。

f. 在地板孔边沿上用夹具将线缆固定。

g. 当所有连接制作好之后，从绞车上释放线缆的末端。

9.2.6 管理子系统的设计与安装

调整管理子系统的交接就可以安排或重新安排路由，因此，传输线路能够延伸到建筑物内部的各个工作区，这就是综合布线系统灵活性的集中体现。管理子系统有 3 种应用，即水平/干线连接、主干系统相互连接、入楼设备的连接。线路的色标标记管理也是在管理子系统中实现。

1. 管理子系统的设计

（1）管理子系统的基本要求

一般来说，管理间设置在楼层配线间，是配线子系统电缆和干线子系统电缆端接的场所。管理间的位置一般要求选在弱电竖井附近的房间。根据信息点的分布、数量和管理方式确定楼层配线架（FD）的位置和数量。对于信息点不多、使用功能近似的楼层，为了便于管理，可以多个楼层共用一个管理间，但 FD 的接线模块应有 10%～20%的余量。按照标准，建筑物的每层至少应当设置一个管理间。但是，如果网络和建筑物的规模很小，或者跨度较大而信息点并不多，例如大的厂房车间等，可以考虑整个建筑物共用一个管理间。

对于管理间的配线架，需要确定配线架的种类和容量。确定配线架的种类，需要根据水平线缆的种类，并参考用户对日常使用和管理的要求而定。对于配线架上相对固定的线路，宜采用卡接式配线架；对于经常需要调整或重新组合的线路，宜采用快接式配线架；对于配线架，可以用交连或互连方式调整和更改布线路由。

管理子系统中干线配线管理宜采用双点管理双交连，楼层配线管理宜采用单点管理。管理内容包括交连管理、标识管理和连接件管理。

（2）交连管理

交连管理就是指线路的跳线连接控制，通过跳线连接可以安排或者重新安排线路的路由，管理整个用户终端，从而实现综合布线系统的灵活性。交连管理有单点管理和双点管理两种类型。

单点管理属于集中型管理，有单点管理单交连和单点管理双交连两种方式。单点管理在网络系统中只有一个"点"可以进行线路跳线连接，其他连接点采用直接连接。

双点管理属于分散型管理，有双点管理双交连、双点管理三交连和双点管理四交连等方式。双点管理在网络系统中只有两个"点"可以进行线路跳线连接，其他连接点采用直接连接。这是管理子系统普遍采用的方法，适用于大中型系统工程。

用于构造交连场的硬件所处的地点、结构和类型决定综合布线系统的管理方式。交连场的结构取决于工作区、综合布线的规模和选用的硬件。

① 单点管理单交连。单点管理单交连方式只有一个管理点，是指位于设备间里的交换设备或互连设备附近的线路不进行跳线管理，线缆直接从设备间连接到各个楼层的信息点。这种方式使用的场合较少，其结构如图 9-33 所示。

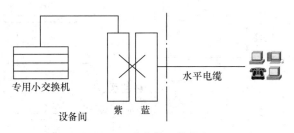

图 9-33　单点管理单交连

② 单点管理双交连。单点管理双交连方式也只有一个管理点。单点管理双交连是指位于设备间里的交换设备或互连设备附近的线路不进行跳线管理，线缆直接从设备间连接到配线间里面的第二个接线交连区。如果没有配线间，第二个接线交连可以放在用户房间的墙壁上，如图 9-34 所示。这种方式只能用于信息点距离设备间 25m 范围内的情况，仅在信息点比较少的工作区中应用。

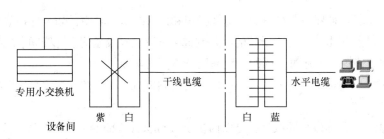

图 9-34　单点管理双交连

③ 双点管理双交连。当智能建筑（如机场、大型商场）规模比较大、信息点比较多、管理结构比较复杂时，多采用二级交连间，配置成双点管理双交连方式。双点管理除了在设备间里有一个管理点之外，在配线间里再设一级管理交连（跳线）。

在二级交连间还有第二个可管理的交连。双交连要经过二级交连设备。第二个可管理的交连可能是一个连接块，它对一个接线块或多个终端块（其配线场与小交换机干线电缆、水平电缆站场各自独立）的配线和站场进行组合，如图 9-35 所示。

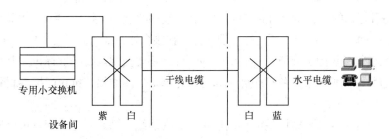

图 9-35　双点管理双交连

④ 双点管理三交连和双点管理四交连。如果建筑物的规模大，而且结构复杂，还可以采用双点管理三交连，如图9-36所示，甚至可采用双点管理四交连方式。综合布线中使用的电缆，一般不能超过4次交连。

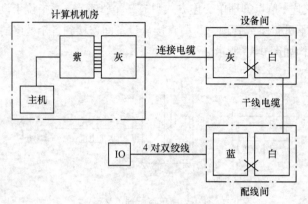

图9-36　双点管理三交连

（3）标识管理

标识管理是管理子系统的一个重要组成部分。通过标识，人们可以非常清楚地知道管理的内容。完整的标识应该提供建筑物的名称、位置、区号等。

① 标识分类

综合布线使用了3种标识：场标识、电缆标识和插入标识。其中，插入标识最常用。

a. 场标识。场标识由背面为不干胶的材料制成，可以贴在设备间、配线间、二级交连间和建筑物布线场的平整表面上。通过不同的颜色来区分不同的功能。

b. 电缆标识。电缆标识由背面为不干胶的白色材料制成，可以在标注后直接贴在各种电缆的表面上。

c. 插入标识。插入标识是硬纸片，可以插在 1.27cm×20.32cm 的透明塑料夹里，这些塑料夹位于 110 型接线块上的两个水平齿条之间。每个标识都用色标来指明电缆的源发地，这些电缆端接于设备间和配线间的管理场。

② 管理方案

在综合布线中，应用系统的变化会导致连接点经常移动或增加。如果没有标识，就会造成维护时间和费用的增加，而引入标识管理则可以进一步完善和规范综合布线工程。

标识方案因具体应用系统的不同而有所不同。方案通常由管理人员提供标识制定的原则。为了有效地进行线路管理，方案必须作为技术文件存档。

物理件需要标识线缆、通道（线槽/管）、设备、连接件和接地5个部分。它们的标识相互联系、互为补充，而每种标识的方法和使用的材料又各有特点。如线缆的标识，要求在线缆的两端都进行标识，严格地讲，每隔一定距离都要进行标识，并且在接合处、维修口等地方也要进行标识。

配线架和面板的标识除了要清晰、简洁、易懂外，还要美观。线缆的标识尤其是跳线的标识要求使用带有透明保护膜（带白色打印区域和透明尾部）的耐磨损、抗拉的标签材料，标签上的字迹应清楚。

通常施工人员为了保证线缆两端的正确连接，会在线缆上贴好标签。用户可以通过每条线缆的唯一编码，在配线架和面板插座上识别线缆。越是简单、易识别的标识越容易被用户接受。应用系统管理人员还应该随时做好布线移动或重组的各种记录。

③ 标签种类

《商业建筑的电信基础设施的管理标准》（ANSI/TIA/EIA606）中推荐了两种标签，一种是专用标签，另一种是套管和热缩套管。

专用标签可以直接粘贴、缠绕在线缆上。这种标签通常由耐用的化学材料而不是纸质制成。

套管类产品只能在布线工程完成前使用，因为需要从线缆的一端套入并调整到适当的位置。热缩套管还要使用加热枪使其收缩固定。套管标签的优势在于紧贴线缆，提供最大的绝缘和永久性。

（4）连接件管理

由于主要的管理集中在楼层配线间，楼层配线间在 ANSI/TIA/EIA 568A 中称为管理间。管理子系统应根据所管理的信息点的多少安排使用管理间房间的大小。如果信息点多，可以用一个房间；如果信息点少，可以选用墙上型机柜进行管理。作为管理间一般有如下设备：机柜、交换机、信息点集线面板（配线架）、语音点 S110 配线架、跳线和交换机需要的稳压电源。

在管理子系统中，数据信息点的线缆是通过配线架进行管理的，语音点的线缆是通过 110 型交连硬件进行管理的。

信息点集线面板有 12 口、24 口、48 口等，应该根据信息点的多少来配备集线面板。

110 型交连硬件是 AT&T 公司为连线端接而制订的 PDS 标准交连硬件。该硬件可以分为两大类：110A 和 110P。这两种硬件的电气功能完全相同，管理的线路数据相同，但是体积不同，110A 的体积只有 110P 的 1/3 左右，而且价格也较低。

110 型交连硬件的基本部件包括配线架、连接块、跳线和标签。其中配线架是核心部分，它是用阻燃塑料做的基本器件，布线系统中的电缆对就端接在上面。

110 型配线架有 25 对、50 对、100 对和 300 对等多种规格，它的套件还包括连接块、空白标签和标签夹、基座。110 型配线架系统使用方便的插拔式、快接式跳接，也可以简单进行回路的重新排列，这样就为非专业人员管理交叉连接系统提供了方便。

① 110A 型配线架（见图 9-37）。110A 有若干引脚，可以应用于所有场合，特别是大型语音应用场合，也可以应用在配线间接线空间有限的场合。110A 一般用 CCW-F 单连线进行跳线交连，而 CCW-F 跳线性能只能达到三类水平。但如果使用 110A 快接式跳线，可以将性能提高到五类或六类水平。110A 系列是 110 配线架系列中价格最低的组件。110A 型配线架安装示意如图 9-38 所示。

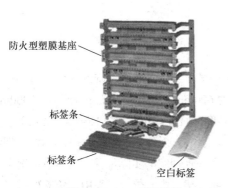

图 9-37　110A 型配线架

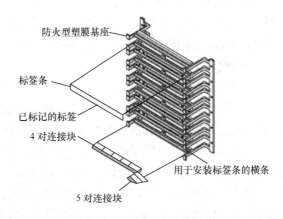

图 9-38　110A 型配线架安装示意

②110P 型配线架。110P 型配线架外观简洁，用简单易用的插拔快接跳线代替了跨接线，但是 110P 硬件不能重叠在一起。110P 型配线架由配线架及相应的水平过线槽组成，并安装在一个背板支架上。110P 型配线架有两种型号：300 对和 900 对。110P 型配线架由多个 110DW 配线架及在 100DW 配线架上的 110B3 过线槽组成，其底部是一个半密闭状的过线架，如图 9-39 所示。110P 型配线架安装示意如图 9-40 所示。

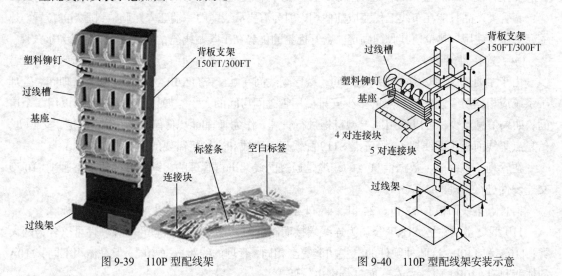

图 9-39　110P 型配线架　　　　　图 9-40　110P 型配线架安装示意

在 110 系列中都用到了连接块，连接块固定在 110 型配线架上，为在配线架上的电缆连接器和 CCW-F 跳线或 110 型快接式跳线之间提供了电气紧密连接。连接块有 3 对（110C-3）、4 对（110C-4）和 5 对（110C-5），如图 9-41 所示。连接块的前面有彩色标识，可以快速进行双绞线鉴别和连接。注意，所有线对数必须是 10 的倍数，如需要 45 个端子，则必须订购 50 个端子。

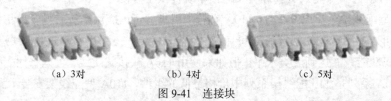

（a）3对　　　　　（b）4对　　　　　（c）5对

图 9-41　连接块

连接块上彩色标识顺序为蓝、橙、绿、棕、灰。在 25 对的 110A 型配线架基座上安装时，应选择 1 个 5 对连接块和 4 个 4 对连接块，从左到右完成白区、红区、黑区、黄区和紫区的安装，这与 25 对大对数电缆的安装遵从的色序是一致的。

2. 管理子系统的安装技术

（1）机柜安装要求

《综合布线系统工程设计规范》（GB 50311—2016）中规定：综合布线系统的配线设备和计算机网络设备采用 19 英寸标准机柜安装。机柜尺寸通常为 600mm（宽）×900mm（深）×2000mm（高），共有 42U（U 是国际通用机柜内安装设备所占高度的特殊计量单位，1U=44.45mm）的安装空间。机柜内可安装光纤连接盘、RJ45（24 口）配线模块、多线对卡接模块（100 对）、理线架、计算机 HUB／SW 设备等。考虑到管理子系统的规模和管理间的实际位置，大多数情况下可以采用 6U~12U 壁挂式机柜，一般在每个楼层的竖井内或者楼道中间位置，采用三角支架或者膨胀螺栓固定的方式安装。

（2）通信跳线架的安装

通信跳线架主要用于语音配线系统，一般采用 110 跳线架，其安装步骤如下。

① 取出 110 跳线架和附带的螺栓。

② 利用十字螺丝刀把 110 跳线架用螺栓直接固定在网络机柜的立柱上。

③ 理线。

④ 按打线标准把每个线芯按照顺序压在跳线架下层模块端接口中。

⑤ 把 5 对连接模块用力垂直压接在 110 跳线架上，完成下层端接。

（3）通信配线架的安装

① 网络配线架安装要求如下。

a. 在机柜内安装配线架前，首先要进行设备位置的规划，统一考虑机柜内部的跳线架、配线架、理线环、交换机等多种设备的安装，同时考虑跳线方便。

b. 线缆采用地面出线方式时，一般线缆从机柜底部穿入机柜内部，配线架宜安装在机柜下部。采取桥架出线方式时，一般线缆从机柜顶部穿入机柜内部，配线架宜安装在机柜上部。线缆从机柜侧面穿入机柜内部时，配线架宜安装在机柜中部。

c. 配线架应该安装在左右对应的孔中，水平误差不大于 2mm，更不允许错位安装。

② 网络配线架的安装步骤如下。

a. 检查配线架和配件完整。

b. 将配线架安装在机柜设计位置的立柱上。

c. 理线。

d. 端接打线。

e. 做好标记，安装标签条。

（4）理线环的安装

① 取出理线环和所带的配件——螺栓包。

② 将理线环安装在网络机柜的立柱上。

注意：在机柜内设备之间的安装距离至少留 1U 的空间，便于设备的散热。

9.2.7 设备间子系统的设计与安装

设备间应该能够支持独立建筑或建筑群环境下的所有主要通信设备，包括交换机、服务器、路由器、网关等网络设备。设备间还是外部通信线缆的接入点。因此，需要在设计时考虑以下几个方面。

1. 设备间子系统的设计

（1）设备间的基本要求

① 设备间的位置。设备间应该设在一个安全的地方，它的理想位置应处于建筑物或园区的中心，并尽量靠近外部通信线缆的引入端；还应邻近电梯间，以便搬运笨重设备；设备间必须位于具有电气基础设施的地方，并且要远离电磁干扰源；设备间的附近和上面不应有渗漏水源；不应存放有损害仪器设备的腐蚀剂和易燃、易爆物品。设备间的位置应便于安装接地装置，根据通信

网络的技术要求和房屋建筑的具体条件，按照接地标准采用有效的接地。

② 设备间的面积。设备间的面积应该根据智能建筑的规模、使用的各种不同系统、安装设备的数量、设备的体积、维护维修方便、网络结构要求及今后发展需要等因素综合考虑。在设备间内应该能够安装所有设备，并保证有足够的施工和维护空间。一般，设备间的最小使用面积为 $10m^2$。

③ 设备间的结构。设备间的净高（地板到吊顶之间）一般不得小于 2.55m。设备间门的最小尺寸为 2 100mm × 900mm（ 高 × 宽），以便体积较大的设备进出。设备间的楼板载荷一般分为两级：A 级，楼板载荷大于或等于 $5kN/m^2$；B 级，楼板载荷大于或等于 $3kN/m^2$。

④ 设备间的环境。

a. 温度、湿度。为了保证电子设备和维护人员的正常工作，要求设备间的温度应保持在 10～30℃，相对湿度应保持在 20%～80%，超出此范围，将使设备性能下降，甚至寿命缩短。对于达不到这个要求的，就要安装空调。

b. 照明。设备间设一般照明，按照规定，在水平工作面距地面高度为 0.8m 处、垂直工作面距地面高度为 1.4m 处，被照面的最低照度标准应为 150lx。

c. 设备间应按防火标准的规定，安装相应的防火自动报警装置。设备间的门应向外开，并使用防火防盗门。房间墙壁不允许采用易燃材料，应有至少能耐火 1h 的防火墙。地面、楼板和天花板都应涂刷防火涂料，所有穿放线缆的管材、孔洞和线槽都应用防火材料堵严密封。

d. 设备间内应防止有害气体侵入，并应有良好的防尘措施。

e. 电磁场干扰。根据综合布线系统的要求，设备间无线电干扰的频率应在 0.15～1000MHz 范围内，噪声不大于 120dB，磁场干扰场强不大于 800A/m。

⑤ 设备间的电源。电源频率为 50Hz，电压为 220V 和 380V，三相五线制或者单相三线制。

（2）设备间子系统的具体设计

设备间子系统的设计可以分为 3 个阶段：选择和确定主布线场连接硬件（配线架、机柜等）的规模；选择和确定中继场/辅助场连接硬件的规模；确定设备间各个硬件设备的安装位置。

① 选择和确定主布线场连接硬件的规模。主布线场是用来端接电信局和公用设备、建筑干线子系统和建筑群子系统的线路。最理想的情况是交接安装使用跳线或跨接线就可以实现任意两点的连接。对于规模较小的交接安装，需要按照不同的颜色一个挨一个地安装在一起。对于规模较大的交接连接，就需要进行设备间的中继场/辅助场设计。

② 选择和确定中继场/辅助场连接硬件的规模。为了便于线路管理和今后的扩充，在设计交接场时，应留出一定的空间，用来容纳今后的交连硬件。中继场/辅助场与主布线场的交连硬件之间应留有一定的空间来安排跳线路由的引线架。中继场/辅助场的规模应根据用户从电信局的进线对数和今后的发展情况确定。

③ 确定设备间各个硬件设备的安装位置。在所有设备确定之后，设备的体积、重量和安装条件也就确定了。这时，就要根据设备间的面积、设备使用的方便程度及相关的规定和要求统一考虑并确定设备的安装位置。其安装的总原则是：放置合理，方便使用，便于维护维修，有利于设备的安全与可靠运行。

2. 设备间子系统的安装技术

（1）网络桥架的安装

设备间内的设备相对较多，因此各种连接线缆也较多，大多数时候采用桥架布放线缆，几种常见的桥架安装方法如下。

① 地板下安装。设备间桥架必须与建筑物干线子系统主桥架连通，在设备间内部，每隔 1.5m 安装一个地面托架或支架，用螺栓、螺母固定，如图 9-42 和图 9-43 所示。

一般情况下可采用支架，支架与托架离地高度也可以根据用户现场的实际情况而定，不受限制，底部至少距地 50mm 安装。

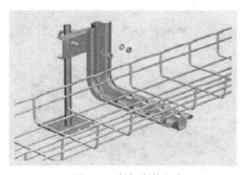
图 9-42　托架安装方式

图 9-43　支架安装方式

② 天化板安装。在天花板安装桥架时采取吊装方式，通过槽钢支架或者钢筋吊杆，再结合水平托架和 M6 螺栓将桥架固定，吊装于机柜上方，如图 9-44 和图 9-45 所示。

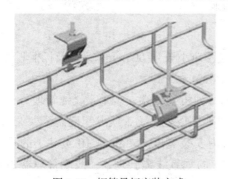
图 9-44　钢筋吊杆安装方式

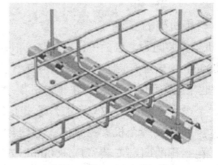
图 9-45　槽钢支架安装方式

③ 特殊安装方式。

a. 分层安装桥架方式：分层吊挂安装可以敷设更多线缆，便于维护和管理，使现场美观，如图 9-46 所示。

b. 机架支撑安装方式：采用这种新的安装方式，安装人员不用在天花板上钻孔，而且安装和布线时工人无须爬上爬下，省时省力，非常方便，如图 9-47 所示。

图 9-46　分层安装桥架方式

图 9-47　机架支撑安装方式

（2）设备间的接地

① 机柜和机架的接地连接。设备间的机柜和机架等必须可靠接地，一般采用自攻螺栓与机柜钢板连接的方式接地。如果机柜表面用油漆刷过，接地必须直接接触到金属，用褪漆溶剂或者电钻帮助，实现电气连接。

② 设备接地。安装在机柜或机架上的服务器、交换机等设备必须通过接地汇集排可靠接地。

③ 桥架接地。桥架必须可靠接地，常见接地方式如图 9-48 所示。

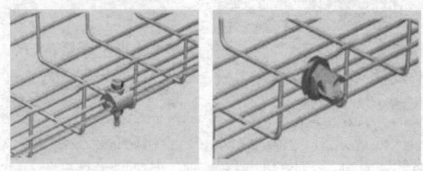

图 9-48　桥架接地方式

（3）机柜机架的安装

① 机柜安装间距。机柜单排安装时，前面净空不应小于 1 000mm，后面及机柜侧面净空不应小于 800mm；多排安装时，列间距不应小于 1 200mm。

② 机架线缆管理器安装。在每对机架之间和每列机架两端安装垂直线缆管理器，垂直线缆管理器至少为 83mm（3.25 英寸）宽。在单个机架摆放处，垂直线缆管理器至少 150mm（6英寸）宽。两个或多个机架一列时，在机架间考虑安装宽度 250mm（10 英寸）的垂直线缆管理器，在一排的两端安装宽度 150mm（6 英寸）的垂直线缆管理器，线缆管理器要求从地面延伸到机架顶部。

③ 机柜安装抗震。单个机柜、机架应固定在抗震底座上，不得直接固定在架空地板的板块上或随意摆放。对每一列机柜、机架应该连接成为一个整体，采用加固件与建筑物的承重柱子或承重墙进行固定。机柜列与列之间也应当在两端或适当的部位采用加固件进行连接。机房设备应防止地震时产生过大的位移、扭转或倾倒。

9.2.8　进线间子系统的设计与安装

进线间是建筑物外部通信和信息管线的入口部位，并可作为入口设施和建筑群配线设备的安装场地。进线间一般通过地埋管线进入建筑物内部，宜在土建阶段实施。

1. 进线间子系统的设计要求

（1）建筑群主干电缆和光缆、公用网和专用网电缆、光缆等室外线缆进入建筑物时，应在进线间由器件成端转换成室内电缆、光缆。

（2）入口设施外线侧配线模块应按出入建筑物的电、光缆容量配置。

（3）入口设施内线侧配线模块应和设备间配线架（BD）或建筑群配线架（CD）之间敷设的

线缆类型和容量相匹配。

（4）进线间的线缆引入管道的管孔数量应满足建筑物之间、外部接入各类通信业务及多家电信运营商的线缆接入需求，并应留有不少于 4 孔的余量。

2. 进线间子系统的安装工艺

（1）进线间内应设置管道入口，入口的尺寸应满足不少于 3 家电信运营商的通信业务接入及建筑群布线系统和其他弱电子系统的引入管道管孔容量的需求。

（2）在单栋建筑物或由连体的多栋建筑物构成的建筑群体内，应设置不少于 1 个进线间。

（3）进线间应满足室外引入线缆的敷设与成端、线缆的盘长空间和缆线的弯曲半径等要求，并应提供安装综合布线系统及不少于 3 家电信运营商入口设施的安装空间与面积，进线间面积不应小于 10m²。

（4）进线间一般应设置在建筑物地下一层邻近外墙处，便于管线的引入，其位置应符合下列规定。

① 管道入口位置应与引入管道高度相对应。

② 进线间应做好防水处理，宜在室内设置排水地沟并与附近有抽排水装置的集水坑相连。

③ 进线间应与电信运营商的通信机房，建筑物内配线系统设备间、信息接入机房、信息网络机房、用户电话交换机房、智能化总控室及弱电井之间设置互通的管槽。

④ 进线间应采用相应防火级别的外开防火门，门高不应小于 2.0m，门宽不应小于 0.9m。

⑤ 进线间宜采用轴流式通风机通风，排风量按每小时不小于 5 次换气次数计算。

（5）与进线间无关的管道不应通过进线间。

（6）综合布线系统进线间不应与数据中心的进线间合设，建筑物内各进线间之间应设置互通的管槽。

（7）进线间应设置 2 个及以上的单相交流 220V/10A 电源插座，每个电源插座的配电线路均应装设浪涌保护器。

9.2.9　建筑群子系统的设计

1. 建筑群子系统的特点

（1）建筑群子系统中除建筑群配线架（CD）等设备在室内以外，其他所有的线路设施都在户外，客观条件和建设条件都比较复杂，易受外界干扰，工程范围大，涉及面较广，技术要求高。

（2）由于综合布线系统必须与外界联系，需要通过建筑群子系统与公用通信网连成整体，因此从通信全程全网看，它是公用通信网不可分割的组成部分，它们的使用性质和技术性能基本一致，技术要求也相同，所以必须从保证整个通信网质量来考虑。

（3）建筑群子系统主要是室外通信线路，通常建在城市市区的道路两侧。其建设原则、系统发布、建筑方式、工艺要求及与全体管线之间的协调配合等，应与市区内的通信线路要求相同，必须按照本地区通信线路的有关规定办理。

（4）当建筑群子系统的线缆在小区敷设成为公用管线设施时，其建设计划应纳入该小区的规划，通信线路的分布（包括路由和位置）应符合所在地区的远期发展规划和小区总平面布置要求，且需要与现状和近期相结合，尽量与城市建设规划和有关部门取得一致，使传输线路建成后能长期稳定、安全、可靠地运行。

（5）在已经建成或正在建设的智能小区内，如已有地下电缆管道或架空通信线路时，应尽量设法利用，以避免重复建设，节省工程投资，且使小区内管线设施减少，有利于小区布置和环境美观。

2. 建筑群子系统的设计要求和步骤

建筑群子系统的设计有以下要求。

（1）建筑群子系统的设计应注意所在地区的整体布局和传输线路的系统分布，应根据美化环境的要求，实现传输线路的隐蔽化和地下化。

（2）建筑群子系统的设计应根据智能小区的信息需求的数量、时间和地点，采取相应的技术方案和具体措施，如线缆对数和敷设路由的确定、建筑方式的选用等，要使传输线路建成后，保持相对稳定，并能满足今后一定时期各种新的信息业务发展的需要。

（3）建筑群子系统是智能小区的综合布线的骨架，它必须根据所在地区的总平面布置和用户信息点的分布情况来设计。其内容包括该地区的通信系统线路的分布和引入各幢建筑的通信线路两部分。

建筑群子系统的设计步骤如下。

① 确定敷设现场的特点。

② 确定建筑物的电缆入口。

③ 确定明显障碍物的位置。

④ 确定主电缆路由和备用电缆路由。

⑤ 确定所使用电缆的技术参数。

⑥ 选择所需电缆的类型和规格。

⑦ 比较每种选择方案的成本和技术的可行性。

⑧ 选择最经济、最实用的设计方案。

3. 建筑群子系统主干线缆的确定

建筑群子系统的主干线缆，要根据传输的信息类型、最高传输速率、最大传输距离以及今后的发展需要等因素来综合考虑。

对于建筑群语音信息的传输，可以选用大对数电缆，其容量（总对数）应根据语音信息点的数量确定，原则上每个电话信息插座至少配一对双绞线，并考虑留有 20%的余量。

对于建筑群数据信息的传输，一般应选用单模室外光缆，这样既能满足当前的需要，又能适应今后的发展。主干光缆可以根据建筑群规模的大小、网络传输速率的高低来分别选择 6～8 芯、10～12 芯甚至 16 芯以上的单模室外光缆。

对于传输距离较远、传输速率较高的情况，应该首先考虑选用光缆。另外，建筑群主干线缆还应考虑预留一定的线缆作为冗余通道，这对于综合布线系统的可扩展性和可靠性都是十分必要的。

9.3 综合布线工程实例

在当今社会中，信息已成为一种关键性的战略资源。为了使信息能准确、高速地在各种型号的计算机、终端机、电话机、传真机和通信设备之间传递，不少发达国家正纷纷兴建信息高速公路。

20 世纪 90 年代是 Inter-Networking（网联机器）、Client/Server 和多媒体整合的年代。现在"网联机器"的概念代替了"机器联网"的传统概念。也就是说，当一个企业、一个政府部门在规划计算机系统时，应先从建网开始，再根据具体需求将各种型号的大、中、小微型机挂在网上，从根本上避免了"机器联网"造成的开放性不良的被动局面。因此，在新建大楼或旧楼改造的工程中迫切需要一种先进的布线系统来敷设信息高速公路。综合布线系统正是这样一个系统，它以其极大的灵活性、适用性、可靠性、完整性等优点代替了传统的布线系统概念，并在我国很快为各级主管和技术人员所认识。

在高品质的综合布线系统支撑下，办公大楼将是一个既投资合理又拥有高效率的舒适、温馨、便利的环境，同时也具有长远的系统灵活性。下面简要介绍办公大楼的综合布线。

1. 大楼布线环境

大楼高 10 层，计算机中心设在 1 层，电话主机房设在 1 层，但不在同一位置。

2. 布线要求

每层 50 个数据点、50 个语音点；总计数据点 500 个、语音点 500 个；数据、语音水平系统均使用六类非屏蔽或屏蔽双绞线；数据垂直主干系统采用室内或多用途 4 芯或 6 芯多模光纤；语音垂直主干系统采用五类 25 对大对数电缆。

3. 布线系统应符合的工业标准

《综合布线系统工程设计规范》（GB 50311—2016）。

《综合布线系统工程验收规范》（GB/T 50312—2016）。

4. 大楼布线建议方案

（1）方案的预期目标。

① 符合最新国家标准，充分保证计算机网络高速、可靠的信息传输要求。

② 能在现在和将来适应技术的发展，实现数据通信、语音通信和图像传递。

③ 除去固定于建筑物内的线缆外，其余所有的接插件都应是模块化的标准件，以便将来有更大的需求时很容易实现设备扩展。

④ 能满足灵活应用的要求，即任一信息点能够连接不同类型的计算机或微机设备。

⑤ 能够支持 100MHz 或 1 000MHz 的数据传输，可支持快速以太网、吉以太网、令牌环网、ATM、FDDI、ISDN 等网络及应用。

（2）方案说明。整个布线系统由工作区子系统、水平子系统、管理子系统、干线子系统、设备间子系统构成。以下对各个子系统分别进行说明，本方案中充分考虑了综合布线系统的高可靠性、高速传输特性、可升级性和高安全性。

① 工作区子系统包括所有用户实际使用区域，共设数据点 500 个、语音点 500 个。为满足办公环境多媒体信息的高速传输，数据点、语音点全部采用六类信息模块，使用国标双口防尘墙上型插座面板。数据点、语音点在每层的分布如表 9-2 所示。

表 9-2　　　　　　　　　　　　工作区子系统数据点、语音点的分布

楼　　层	数据点	语音点	合　计	3m 屏蔽六类跳线/条	T568AB 插座芯/个	国标防尘墙盒面板/个
10	50	50	100	50	100	50
9	50	50	100	50	100	50
8	50	50	100	50	100	50

续表

楼　层	数据点	语音点	合　计	3m 屏蔽六类 跳线/条	T568AB 插座 芯/个	国标防尘墙盒 面板/个
7	50	50	100	50	100	50
6	50	50	100	50	100	50
5	50	50	100	50	100	50
4	50	50	100	50	100	50
3	50	50	100	50	100	50
2	50	50	100	50	100	50
1	50	50	100	50	100	50
总计	500	500	1 000	500	1 000	500

② 水平子系统由建筑物各管理间至各工作区之间的电缆构成。为了满足高速率数据传输，数据、语音传输选用六类非屏蔽或屏蔽双绞线。各楼层所需水平电缆长度的统计如表 9-3 所示。

表 9-3　　　　　　　　　　　　数据点、语音点和水平电缆长度统计

楼　层	数据点、语音点合计	平均电缆长度/m	每层水平电缆长度/m
10	100	22.5	2 250
9	100	22.5	2 250
8	100	22.5	2 250
7	100	22.5	2 250
6	100	22.5	2 250
5	100	22.5	2 250
4	100	22.5	2 250
3	100	22.5	2 250
2	100	22.5	2 250
1	100	22.5	2 250
总计	1 000	—	22 500

注：1. 每根水平电缆平均长度按（最长+最短）÷ 2 × 1.1 计算；

2. 每标准箱为 305m，每标准轴线为 1000m；

3. 22500m÷305m/箱≈73.77 箱，订 74 箱六类双绞线；22500m÷1 000m/轴=22.5 轴，订 23 轴六类双绞线。

③ 管理子系统连接水平电缆和干线，是综合布线系统中关键的一环，常用设备包括快接式配线架、理线架、跳线和必要的网络设备。数据系统层和语音系统层管理间设备配置表分别如表 9-4、表 9-5 所示。

表 9-4　　　　　　　　　　　　　数据系统层管理间设备配置

楼层	数据点	24 口 配线架	32 口 配线架	1U 理线架	6U 壁挂 机架	6 口光纤 交接箱	ST 耦合器	1m 尾纤	2m SC/ST 双芯跳线
10	50	1	1	2	1	1	6	6	1
9	50	1	1	2	1	1	6	6	1
8	50	1	1	2	1	1	6	6	1
7	50	1	1	2	1	1	6	6	1
6	50	1	1	2	1	1	6	6	1
5	50	1	1	2	1	1	6	6	1

续表

楼层	数据点	24 口配线架	32 口配线架	1U 理线架	6U 壁挂机架	6 口光纤交接箱	ST 耦合器	1m 尾纤	2m SC/ST 双芯跳线
4	50	1	1	2	1	1	6	6	1
3	50	1	1	2	1	1	6	6	1
2	50	1	1	2	1	1	6	6	1
1	50	1	1	2	1	1	6	6	1
总计	500	10	10	20	10	10	60	60	10

表 9-5　　　　　　　　　　　　　　语音系统 2 层管理间设备配置

楼　层	语音点	1U 110 型 200 对配线架	1U 110 型 100 对配线架	1U 110 型理线架	110 型对插头/个	软跳线
10	50	1	2	4	100	50
9	50	1	2	4	100	50
8	50	1	2	4	100	50
7	50	1	2	4	100	50
6	50	1	2	4	100	50
5	50	1	2	4	100	50
4	50	1	2	4	100	50
3	50	1	2	4	100	50
2	50	1	2	4	100	50
1	50	1	2	4	100	50
总计	500	10	20	40	1 000	500

④ 干线子系统由连接设备间与各层管理间的干线构成。其任务是将各楼层管理间的信息传递到设备间并送至最终接口。干线的设计必须满足用户当前的需求,同时又能达到用户今后的要求。为此,采用 6 芯多模室内光缆,支持数据信息的传输,采用五类 25 对非屏蔽电缆,支持语音信息的传输。数据主干光纤长度统计表如表 9-6 所示,语音主干电缆长度统计如表 9-7 所示。

表 9-6　　　　　　　　　　　　　　数据主干光纤长度统计

楼　层	层　高 /m	6 芯多模室内光缆根数	6 芯多模室内光缆长度/m
10	27	1	42
9	24	1	39
8	21	1	36
7	18	1	33
6	15	1	30
5	12	1	27
4	9	1	24
3	6	1	21
2	3	1	18
1	0	1	15
总计	—	10	285

表 9-7   语音主干电缆长度统计

楼　　层	层　高/m	五类 25 对大对数根数	五类 25 对大对数长度/m
10	27	2	67
9	24	2	61
8	21	2	55
7	18	2	49
6	15	2	43
5	12	2	37
4	9	2	31
3	6	2	25
2	3	2	19
1	0	2	13
总计	—	20	400

注：1. 每标准 UTP25 对电缆轴为 305m；

2. 400m÷305m/轴≈1.31 轴，订 2 轴。

⑤ 设备间子系统是整个布线系统的中心单元，计算机中心设在 1 层，电话主机房设在 1 层，实现每层楼汇接来的电缆的最终管理。计算机中心设备统计如表 9-8 所示，电话主机房设备统计如表 9-9 所示。

表 9-8   计算机中心设备统计

序　号	种　类	数　量	序　号	种　类	数　量
1	19 英寸 24 口光纤交接箱	1 套	4	1m 尾纤	60 条
2	19 英寸 48 口光纤交接箱	1 套	5	2m SC/ST 双芯跳线	10 条
3	ST 耦合器	60 个	6	36U 机柜	1 套

表 9-9   电话主机房设备统计

序　号	种　类	数　量
1	19 英寸 110 型 100 对配线架	1 套
2	19 英寸 110 型 200 对配线架	2 套
3	19 英寸 110 型理线架	5 个
4	110 型 1 对插头	1000 个
5	1 对软跳线	500m
6	19 英寸机柜（36U）	1 套

9.4 综合布线实训

9.4.1 实训 1 网络插座的设计和安装

1. 实训目的

（1）通过设计工作区信息插座的位置和数量，掌握工作区子系统的设计方法。

（2）通过信息插座和信息模块的安装，训练和掌握工作区子系统的施工技术和要求。

2. 实训要求

（1）设计一个多人工作区，确定信息插座的安装位置和数量。

（2）核算实训材料，列出材料清单。

（3）独立完成工作区信息插座的安装。

3. 实训设备、材料和工具（见表 9-10）

表 9-10 　　　　　　　　　　　　　 实训设备、材料和工具

序号	设备、材料和工具名称	数量
1	综合布线实训装置（西元）	1 套
2	86 系列明装塑料底盒	若干
3	网络双绞线	若干
4	86 系列单口（双口）面板	若干
5	M6 螺钉	若干
6	RJ-45 网络模块	若干
7	十字螺丝刀	1 把
8	打线钳	1 把
9	剥线器	1 把

4. 实训步骤

（1）3~4 人组成一个项目组，设计一种工作区子系统。绘制施工图，集体讨论后确定最优设计方案进行实训。

（2）按照设计需要，列出材料清单并领取材料。

（3）根据实训需要，列出工具清单并领取工具。

（4）安装信息插座。

5. 撰写实训报告

整理实验数据，撰写实训报告。

9.4.2 实训 2 PVC 线管（线槽）布线实训

1. 实训目的

（1）通过对配线子系统布线路由的设计，掌握配线子系统的设计方法。

（2）通过线管（线槽）的安装和线缆的布放，掌握配线子系统的施工技术。

2. 实训要求

（1）设计一种配线子系统的布线路由，确定线管（线槽）的安装位置和数量。

（2）核算实训材料，列出材料清单。

（3）独立完成配线子系统线管（线槽）的安装和布线。

（4）掌握钢锯、弯管器、电动起子等工具的使用方法。

3. 实训设备、材料和工具

（1）综合布线实训装置1套。

（2）ϕ20mm的PVC线管、管接头、管卡、20mm长的PVC线槽、盖板、阴角、阳角、三通若干。

（3）弯管器、电动起子、十字螺丝刀、M16十字螺钉、钢锯。

4. 实训步骤

（1）PVC线管部分

① 3～4人组成一个项目组，使用PVC线管设计一种从信息点到楼层机柜的配线子系统。集体讨论后确定最优设计方案进行实训。

② 按照设计需要，列出材料清单并领取材料。

③ 根据实训需要，列出工具清单并领取工具。

④ 线管安装。首先在需要的位置安装管卡，然后安装PVC管。两根PVC管连接处使用管接头，拐弯处使用弯管器制作大拐弯的弯头连接。

⑤ 穿放线缆，完成安装。

（2）PVC线槽部分

① 3～4人组成一个项目组，使用PVC线槽设计一种从信息点到楼层机柜的配线子系统。集体讨论后确定最优设计方案进行实训。

② 按照设计需要，列出材料清单并领取材料。

③ 根据实训需要，列出工具清单并领取工具。

④ 线槽安装。首先量好线槽长度，再使用电动起子在线槽上开孔（相邻两孔的间距为300mm），安装PVC线槽。

⑤ 布线。边布线边盖上线槽盖板，完成安装。

5. 撰写实训报告

整理实验数据，撰写实训报告。

9.4.3 实训3 干线子系统布线实训

1. 实训目的

（1）通过对干线子系统布线路由的设计，掌握干线子系统的设计方法。

（2）通过线管（线槽）的安装和线缆的布放，掌握干线子系统的施工技术。

2. 实训要求

（1）核算实训材料，列出材料清单，准备好实训工具。

（2）模拟在竖井内布放线缆，合理设计布线路由。

（3）干线路由上要求布线平直、美观，接头合理。

（4）掌握大线槽开孔、安装、布线、盖板的方法和技巧。

（5）掌握钢锯、弯管器、电动起子等工具的使用方法。

3. 实训设备、材料和工具

（1）综合布线实训装置 1 套。

（2）PVC 线槽、盖板、阴角、阳角、弯头、三通若干。

（3）钢卷尺、电动起子、十字螺丝刀、钢锯等。

4. 实训步骤

（1）设计一种使用 PVC 线槽（线管）从设备间机柜到楼层管理间机柜的干线子系统。

（2）按照设计需要，列出材料清单并领取材料。

（3）根据实训需要，列出工具清单并领取工具。

（4）安装 PVC 线槽（线管）。

（5）明装布线实训时，边布管边穿线。

5. 撰写实训报告

整理实验数据，撰写实训报告。

9.4.4　实训 4　配线设备安装实训

1. 实训目的

（1）通过网络配线设备的安装和线缆的压接，掌握配线设备的安装方法。

（2）通过网络配线设备的安装，熟悉常用工具和配套材料的使用方法。

2. 实训要求

（1）列出材料清单，准备好实训工具。

（2）独立完成网络配线架的安装和压接线。

（3）完成理线环的安装并理线。

3. 实训设备、材料和工具

（1）综合布线实训装置 1 套。

（2）24 口网络配线架、110 跳线架、理线环各一个。

（3）4-UTP 双绞线、5 对线连接块若干。

（4）十字螺丝刀、压线钳（或打线钳）各一把。

4. 实训步骤

（1）3 ~ 4 人组成一个项目组，每组设计一种设备安装图。项目负责人指定 1 种方案进行实训。

（2）按照设计需要，列出材料清单并领取材料。

（3）根据实训需要，列出工具清单并领取工具。

（4）合理安排机柜内配线架、理线环的安装位置，主要考虑级连线路合理，施工和维修方便。

（5）在设计好的位置安装配线架、理线环等设备，如图 9-49 所示。

（6）安装完毕后，开始理线和压接线缆。

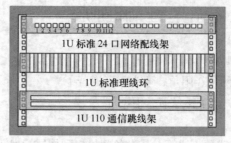

图 9-49　设备安装位置示意图

5．撰写实训报告

整理实验数据，撰写实训报告。

本章小结

综合布线系统是智能建筑内所有信息的传输通道，是智能建筑的"信息高速公路"。综合布线系统由高质量的线缆、标准的配线接续设备和连接硬件组成，具有综合性、兼容性好，开放性好，灵活性强，可靠性高，先进性和经济性好的特点。综合布线系统一般包括工作区子系统、配线子系统、干线子系统、管理子系统、设备间子系统、进线间子系统和建筑群子系统 7 个部分。7 个子系统的设计是综合布线工程设计必须掌握的内容。

复习与思考题

1. 综合布线系统的组成有哪些？有何特点？
2. 综合布线系统工程设计的主要内容有哪些？
3. 综合布线系统工程设计应掌握哪些主要原则？
4. 综合布线系统的设计标准有哪几类？分别列出具有代表性的技术规范。
5. 综合布线系统的设计等级有哪几类？有什么具体要求？
6. 配线子系统设计时应注意哪些问题？可以选择哪些线缆？
7. 干线子系统设计有哪些内容？应注意哪些问题？
8. 管理子系统有哪些管理方式？交连管理有哪几种管理方式？画出各自的交连图形。
9. 管理间和设备间有什么区别？它们对环境有什么要求？
10. 建筑群子系统的特点是什么？

第**10**章
智能建筑系统集成及物业智能化管理

知识目标

（1）理解智能建筑系统集成的基本知识。

（2）掌握智能建筑系统集成的基本方法。

（3）掌握物业智能化管理的基本知识。

能力目标

（1）能够进行初步的智能建筑系统集成。

（2）会进行物业智能化管理。

10.1 智能建筑系统集成

10.1.1 智能建筑系统集成的概念

智能建筑由建筑设备自动化系统、办公自动化系统、通信自动化系统、综合布线和系统集成中心组成，而各个系统又由多个子系统构成，它们都可以按照各自的规律进行开发，自成体系。但是这些各自分离的系统并不能构成真正的智能建筑，只有各个系统通过系统集成，相互协调地工作，形成统一的整体，达到最优组合，才能充分发挥作用，满足用户对功能的要求。所谓系统集成(System Integration，SI)，就是通过综合布线系统和计算机网络技术，将各个分离的子系统、功能和信息等集成到相互关联的、统一和协调的大系统之中，使资源达到充分共享，实现集中、高效、便利的管理。系统集成实现的关键在于解决系统之间的互联和互操作性问题，它是一个多厂商、多协议和面向各种应用的体系结构。这需要解决各类设备、子系统间的接口、协议、系统平台、应用软件等与子系统、建筑环境、施工配合、组织管理和人员配备相关的一切面向集成的问题。

智能建筑与传统建筑的最大区别在于它具有智能。智能建筑是建筑技术、计算机技术、自动控制技术和通信技术的综合应用，是一项复杂的系统工程。

智能建筑的系统集成就是在系统总体设计的指导下及硬件、软件配置的基础上，将建筑物的若干个既相对独立又相互关联的子系统，集成为一个功能强大的大系统的过程。这个大系统不是子系统的简单堆积，而是借助于建筑物内的建筑设备自动化、通信自动化、办公自动化3个自动化系统，利用计算机网络和硬件、软件接口把各个分离的系统连接起来，使分离的设备、功能、信息等综合到一个相互关联的、统一的、协调的大系统之中，从而能够把先进的高新技术巧妙、灵活地应用到智能建筑中，使其发挥更大的作用。系统集成的目的是为了提高智能建筑综合协调和管理的能力，系统集成的本质是达到资源共享。通过系统集成，大系统在各个子系统的功能上产生增值功能，即对建筑物内的各个子系统进行全面集中的监视、控制和管理，以实现对智能建筑内各种自动化设备的综合管理。

为了实现智能建筑的系统集成，首先要求各种自动化设备不但可以独立使用，而且应具备标准化的通信和网络接口，能够与其他设备互联。还要求各子系统运行在同一系统平台上，采用统一的管理和监控软件，并要求各子系统的硬件和软件均采用模块化结构，以满足扩充性、灵活性和兼容性要求。同时，通过综合布线系统建立一体化的公共高速通信网络。

智能建筑系统集成的示意如图 10-1 所示。从图中可以看到，以建筑物作为平台，建筑设备自动化系统（BAS）、办公自动化系统（OAS）、通信自动化系统（CAS）由各自分离到相互渗透直到最后集成为一个相互关联、统一协调的整体。图中的阴影部分代表智能化的系统集成，智能化程度越高，阴影部分的面积就越大。智能建筑智能化程度的高低，取决于3个自动化系统有机结合、相互渗透的程度，也就是系统综合集成的程度。实现3个自动化系统信息传输的通道就是综合布线系统。实现系统集成要依靠系统集成中心。

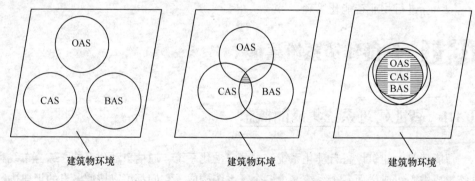

图 10-1　智能建筑系统集成示意

智能建筑系统集成的关键是建筑物内信息通信网络的实现。要实现各种不同类型、不同结构的网络之间的互联，构成一个开放式系统，就必须遵循国际标准化组织（ISO）提出的开放系统互联（OSI）参考模型、制造自动化协议（MAP）和技术与办公协议（TOP），做到接口和界面标准化、规范化。

10.1.2　智能建筑集成化管理系统

智能建筑系统的管理是发挥智能建筑效益的重要措施。为了实现对各子系统的集成化管理而开发出的各种业务支持系统称为智能建筑物管理系统（IBMS），它是以系统集成技术为基础开发出的大批配套应用的软件。

IBMS 是在 3 个自动化系统的基础上开发出来的，它与 3 个自动化系统的逻辑关系如图 10-2 所示。为了实现建筑设备自动化系统（BAS）、通信自动化系统（CAS）、办公自动化系统（OAS）与 IBMS 之间的信息交换，就需要有相应的软件接口 BAI、CNI 和 OAI，同时要求接口和界面标准化、规范化。

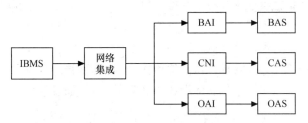

图 10-2　IBMS 与 3 个自动化系统的逻辑关系

IBMS 的功能是在系统集成的基础上，对智能建筑的 3 个自动化系统进行运行管理与协调，包括采集 3 个自动化系统的信息，进行数据处理，按照确定的策略做出决策，实现智能化管理。

IBMS 与 3 个自动化系统之间的接口关系如下。

① BAI（BA 接口）依托建筑设备自动化系统，实现各种自动化设备的各类信息的采集和控制、数据格式的转换、系统设置及安全防范和消防联动等接口功能。

② CNI（CA 接口）依托通信自动化系统，实现计算机网络路由和信息传输等接口功能。

③ OAI（OA 接口）依托办公自动化系统，实现信息库模型分析、办公信息的处理、辅助决策支持等 OA 接口功能。

10.2　智能建筑系统集成的实现

智能建筑的建设本身就是一个系统集成的过程。系统集成实现的流程如图 10-3 所示。

1. 用户需求分析

用户需求分析是一项非常重要的基础性工作，也是一项非常复杂、细致、烦琐的工作，必须充分重视。用户需求分析就是充分了解用户现在及今后的需求，说明整个系统需要达到的功能要求、相应的测试条件、验收要求，形成具体的开发目标。用户需求分析的结果就是系统设计的基础数据，它的准确和完善程度会直接影响系统的网络结构、设备配置、工程投资等重大问题。因此，必须要对用户信息需求进行认真详细的分析，分析的结果必须得到建设方的确认。由于建设方和设计方在对工程的理解上难免存在差异，因此对用户信息需求分析结果的确认，必须得到双方认可才能作为设计的依据。

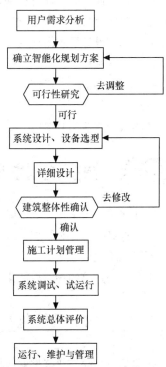

图 10-3　系统集成实现的流程

2. 确立智能化规划方案

在用户需求分析的基础上，确立智能化规划方案，其中包括总体技术指标、系统的规模、系统结构、各子系统的功能指标及规模、网络结构、系统集成平台、系统总经费概算等。

3. 可行性研究

可行性研究是指对确立的智能化规划方案进行论证，通过对技术的可行性、经济的可行性、环境保护的可行性等方面进行分析研究，确定是否具备了必要的条件、是否可行。在进行可行性研究时，必须遵守相关的法律法规和技术标准。如果不可行，则必须重新修改规划方案，使其更科学、合理、经济。

4. 系统设计、设备选型

系统设计是指根据系统总体要求，从硬件和软件两个方面详细分析系统方案，进行具体的、满足功能要求的设计。系统设计包括总体设计和分系统设计，通过系统设计，实现系统的技术、经济和环境指标。

通常，由系统集成商负责系统集成的设计、设备选型、施工、人员培训与维护的全过程。系统集成商是建设方通过招标、投标的方式选择的有资质和实力的公司。选择系统集成商时，对标书进行评审，也是一个分析、比较和确认系统设计的过程。

设备选型是在设计过程中选择满足设计要求的设备，需要对实现功能要求的设备进行技术和经济等方面的比较，选择满足功能要求、性价比高、可靠性好、售后服务有保障的设备。

5. 施工计划管理，系统调试、试运行与总体评价

按照系统设计，经过现场施工、安装调试之后，要对整个系统的功能要求、性能指标进行全面测试和验收，包括系统的正常运转、最大负荷测试、事故测试等，对系统集成的功能设计和施工质量进行全面衡量、评价，验证功能设计的要求，用户应组织有关人员组成验收组，按照相关的规定，对所有功能逐一验收，确保整个系统能够正常运转。验收后，要对工程进行总体评价。对于未能达到设计要求的项目，必须要求设计、施工单位进行整改，直至验收通过。验收时，建设方、设计方和施工方必须对验收结果签字认可。

6. 运行、维护与管理

系统的运行、维护与管理是保证系统发挥功能的重要措施，包括日常运行情况记录、设备保养、维修以及改造、升级等。

10.3　智能建筑的物业智能化管理

智能建筑中由于存在大量的智能化系统，涉及很多高新技术与设备，需要有专人对建筑物和其中的设备进行维护和管理。传统建筑手工作坊式的维修与管理方式已经不能适应智能建筑的需要。智能建筑提供了安全、舒适、高效、便利的生活、工作环境，同时也具备了现代化的管理设备和手段，为建筑的物业智能化管理奠定了良好的基础。

10.3.1　物业智能化管理概述

物业是指已经建成并投入使用的各类房屋及其与之相配套的设备、设施和场地。根据使用功能的不同，物业可分为以下 4 类：居住物业、商业物业、工业物业和其他用途物业。不同使用功

能的物业，其管理有着不同的内容和要求。

物业管理有广义和狭义之分。广义的物业管理是指一切有关房地产发展、租赁、销售及售后、租后的服务。狭义的物业管理是指楼宇的维修及相关的机电设备和公共设施的管护、治安保卫、清洁卫生、绿化等内容。物业管理是通过专业化组织，由专门的机构和人员，运用经济手段，依照合同和契约，对已竣工验收投入使用的各类房屋建筑和附属配套设施及场地以经营的方式进行管理，同时对房屋区域周围的环境、清洁卫生、安全防卫、公共绿地、道路养护统一实施专业化管理，并向住用人在居住环境、物业维修、信息服务等多方面提供高效、优质、经济的综合性服务。

物业管理主要内容：房产信息管理、客户信息管理、租赁管理、收费管理、工程设备管理、客户服务管理、保安消防管理、保洁环卫管理、能耗管理、合同管理等。

物业管理涉及的内容广泛，它包括了对土地、建筑物、设备、家具、房间、环境、服务、信息和能源等的管理。通过物业管理，能够确保建筑物及设备功能的正常发挥，延长物业使用年限，增加物业的效益。

物业管理的对象是完整的物业，指已经建成、验收合格、已经投入使用或即将投入使用的物业。物业管理服务的对象是人，即物业的业主和用户。物业管理服务的投入是为了提高物业的使用功能，延长使用寿命，完善物业环境。物业管理是一种企业化、社会化、专业化、市场经营型的服务。

物业智能化管理是指在物业管理中，运用计算机技术、自动控制技术、通信技术等高新技术和设备，实现对物业及物业设施、环境、消防、安防、通信等的自动监控和集中管理，实现对用户信息、收费、报修、综合服务等的计算机网络化管理，为用户提供优质的服务，充分发挥智能物业的价值。物业智能化管理不仅是管理方式和管理手段的改变，而且是管理理念的转变和管理人员素质的提高，它是物业管理具有知识经济特征的体现，是一种知识型管理。

10.3.2　智能建筑物业管理的内容

1. 智能建筑物及环境的管理

智能建筑物业管理需要对智能建筑及居住其中的所有住户建立完整齐全的档案，并能根据变化及时修正，保证住户信息的完整、准确，以便为用户提供优质高效的服务。同时，物业管理还要对建筑物的环境，如对公共设施的管护、治安保卫、清洁卫生、绿化等方面进行经常性的管理，以保证智能建筑的环境始终保持整洁优美，为用户提供良好的生态环境。

2. 智能建筑设备基础资料的管理

智能建筑设备基础资料的管理可以为设备管理提供可靠的保证和条件。在对建筑设备进行管理的各种资料中，要对所管理物业的设备及设备系统，建立包括设备原始档案和设备技术资料的技术档案，并要求档案完整、详细、准确。

3. 智能建筑设备运行管理

智能建筑设备运行管理包括两方面的内容：智能建筑设备技术运行管理和智能建筑设备经济运行管理。

（1）智能建筑设备技术运行管理的主要任务是保证设备安全、正常运行。这就需要建立完备的安全操作规章制度，对所管理的内容，制订详细、明确的要求，并在实施过程中不断加以完善，做到切实可行。为了提高制度的执行力，需要对设备操作人员、维修人员进行安全操作、安全维修方面的经常性的培训教育，提高他们的素质和技术水平。同时，需要对用户进行安全宣传和教育，提高用户使用设备的安全性。还必须进行监督检查，建立奖励与惩罚相结合的制度，从多方面保证设备安全、正常运行。

在设备运行过程中，一些运转的零部件会磨损、老化，降低了设备的技术性能。为了恢复设备的技术性能，在检修时，需要用新的零部件更换已经磨损老化的旧零部件。因此，还必须做好设备备品配件的管理。

（2）智能建筑设备经济运行管理的主要任务就是在设备安全、正常运行的前提下，节能降耗，减少能耗费用、操作维护费用、检查修理费用。这些都需要通过在设备运行管理过程中采用切实有效的节能技术措施和加强设备能耗的管理工作来实现。

4. 智能建筑设备管理

智能建筑设备管理也包括两方面的内容：设备维修管理和设备更新改造管理。

设备维修管理包括维护保养和计划检修。通过制订科学、合理的维护保养措施和检修计划，可以提高设备的完好率和使用寿命。

我们知道，设备也是有使用寿命的。设备使用到一定年限后，其效率就要降低，能耗增大，维护费用增加，出现故障的概率增大。为了保障设备性能的正常发挥，就需要对设备进行改造或更新。

设备改造就是应用现代科学的新技术，对原来的设备进行技术改进，如通过新技术提高设备的使用功能和减少能源消耗，提高设备的技术功能及经济特性。

设备更新就是用新型设备来代替原有的老设备，主要是对已经达到了使用寿命的设备且运行已经达不到技术、经济指标的老设备进行更新。

10.3.3　物业智能化管理的作用

物业智能化管理的作用表现在以下几个方面。

1. 可以保证设施功能的正常发挥和延长其使用寿命

智能建筑中各种自动化设备是物业智能化管理的重要组成部分，科学、合理地对这些设备进行使用、维护保养，使设备始终可靠、安全、经济地运行，给人们的生活和工作创造舒适、安全、方便、快捷的条件，直接体现物业的使用价值和经济效益。

建筑物本体及其中的设施、设备都是有寿命的。通常建筑物本体的寿命为60～70年，而设施、设备的寿命为6～25年。

由于智能建筑的设施日趋自动化、大型化和高性能化，初期投资在智能大厦总投资中的比例也越来越大，参见表10-1～表10-3。

表 10-1　　　　　　　　　各项投资在智能建筑总投资中所占的比例

种 类	土 建	给 排 水	空 调	电 气	升 降 机
超高层	63.4%	5.0%	12.6%	11.8%	7.2%
一般	67.8%	4.5%	13.1%	10.1%	4.5%

第 10 章 智能建筑系统集成及物业智能化管理

表 10-2   各项费用在智能建筑总建设中的比例

种 类	土 建	给 排 水	空 调	电 气	升 降 机	室 外
钢筋混凝土	62.62%	6.04%	14.53%	12.75%	3.47%	0.59%
混凝土	70.67%	7.10%	8.92%	10.10%	2.75%	0.46%

表 10-3   各项费用在智能建筑电气设备中的比例分配

电气设备	受 变 电	预备电源	干线动力	电灯插座	电 话	防 灾	通 信
费用分配比例	23%	6%	17%	34%	8%	8%	4%

智能建筑的寿命周期成本中各项费用的比例分配如图 10-4 所示。

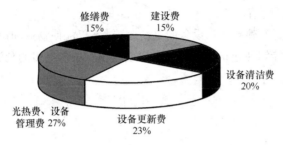

图 10-4 寿命周期成本中各项费用的比例

从图 10-4 中可以看出，设备的物业管理费用占据了设备寿命周期成本的 85%。因此，保持设备的功能，尽量减少设备的故障，确保设备的高效率，是发挥设备投资效益的重要环节。

设备在其寿命周期内发生故障的情况可以用故障曲线表示，其形状就像一个浴盆，一般称为"浴盆曲线"，如图 10-5 所示。

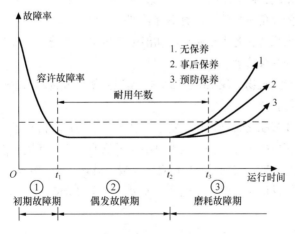

图 10-5 设备在其寿命周期内的故障曲线

图 10-5 中的 1、2、3 这 3 条曲线分别代表了 3 种不同的保养方式：1 为只使用不保养，2 为事后保养，3 为预防保养。可见，采取预防保养可以大大延长设备的使用寿命。

从图 10-5 中还可以看出，设备在其寿命周期内可以分为 3 个阶段：初期故障期、偶发故障期和磨耗故障期。物业设施管理人员应根据不同的时期采取相应的管理措施，以延长设备的使用寿命。

2. 为用户提供良好的生活与工作环境

物业智能化管理可以分为管理和服务两个方面。管理方面主要是做好户籍、产权、出租、设备等方面的管理工作；掌握房产的变动和使用情况；把房屋的基本信息和设备的使用情况及时、准确地进行记录。服务方面主要是充分保证满足用户的要求，及时登门进行日常服务，使房屋和设备能够得到及时的维护和修理；也可以通过优质服务，对智能建筑中的各种自动化设备进行超前检修，保证设备安全正常运转，为用户提供良好的生活与工作环境；还可以充分利用智能建筑这一平台，对居住在智能建筑内的用户进行水、电、气三表的自动抄报，并通过网络及时通知用户和实现缴费；对用户的报修信息及时进行处理，平时还可以通过网络及时发布相关信息，为用户提供快捷、便利的信息服务；实现对用户信息、收费、报修、综合服务等的计算机网络化管理，为用户提供优质的服务，充分发挥智能物业的价值。

3. 可使物业保值、增值

物业智能化管理通过对建筑物和设备的更新改造，不仅能使物业和设备提升档次和适应性，使物业保值、增值，还能够使建筑物更容易出售或出租，获取更多的利润或租金，产生较好的经济效益。

本章小结

智能建筑的系统集成就是在系统总体设计的指导下，借助于建筑物内的 3 个自动化系统，利用计算机网络和硬件、软件接口把各个各自分离的系统连接起来，使分离的设备、功能、信息等综合到一个相互关联的、统一的、协调的大系统之中，使大系统在各个子系统的功能上产生增值功能，实现对智能建筑内各种自动化设备的综合管理。

智能建筑物管理系统（IBMS）是以系统集成技术为基础开发出的大批配套应用的软件。

物业智能化管理是指在物业管理中，运用计算机技术、自动控制技术、通信技术等高新技术和设备，实现对物业及物业设施、环境、消防、安防等的自动监控和集中管理，实现对用户信息、收费、报修、综合服务等的计算机网络化管理，为用户提供优质的服务，充分发挥智能物业的价值。

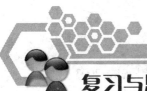

复习与思考题

1. 什么是智能建筑的系统集成？系统集成有什么作用？
2. 集成化管理包括哪些内容？
3. 系统集成有哪些步骤？
4. 什么是物业智能化管理？
5. 物业智能化管理的目的是什么？
6. 物业智能化管理有哪些基本内容？
7. 物业智能化管理有哪些作用？

参 考 文 献

[1] 张振昭，许锦标. 楼宇智能化技术［M］. 2 版. 北京：机械工业出版社，2003.

[2] 沈瑞珠. 楼宇智能化技术［M］. 北京：中国建筑工业出版社，2004.

[3] 盛啸涛，姜延昭. 楼宇自动化［M］. 西安：西安电子科技大学出版社，2004.

[4] 孙景芝. 建筑智能化系统概论［M］. 北京：高等教育出版社，2005.

[5] 赵乱成. 智能建筑设备自动化技术［M］. 西安：西安电子科技大学出版社，2002.

[6] 王化祥，张淑英. 传感器原理及应用［M］. 天津：天津大学出版社，2002.

[7] 张宝芬，张毅. 自动检测技术及仪表控制系统［M］. 北京：化学工业出版社，2003.

[8] 吕景泉. 楼宇智能化技术［M］. 北京：机械工业出版社，2002.

[9] 肖昶. 调音技术［M］. 西安：西安电子科技大学出版社，2004.

[10] 吴达金. 智能化建筑（小区）综合布线系统实用手册［M］. 北京：中国建筑工业出版社，2002.

[11] 潘瑜清. 智能建筑计算机网络［M］. 北京：中国电力出版社，2005.

[12] 李志斌，等. 新编办公自动化实用教程［M］. 北京：中国宇航出版社，2003.

[13] 陈虹. 楼宇自动化技术与应用［M］. 北京：机械工业出版社，2005.

[14] 余明辉，贺平，陈海. 综合布线技术与工程［M］. 北京：高等教育出版社，2004.